学术引领系列

中国学科发展战略

软件科学与工程

国家自然科学基金委员会
中国科学院

科学出版社
北京

内 容 简 介

“软件定义一切”，软件已经成为信息化社会不可或缺的基础设施。高效地构建和运用复杂软件系统的能力已经成为国家和社会发展的一种核心竞争力。本书系统综述软件和软件技术的发展历程与现状，总结软件科学与工程学科（简称软件学科）的基本内涵和发展规律；从系统观、形态观、价值观和生态观四个视角探讨软件学科的方法论新内涵，并进一步梳理其学科方向的重大挑战问题和主要研究内容；简要回顾我国软件学科的发展历程，并提出学科发展的建议。

本书适合战略和管理专家、相关领域的高等院校师生、研究机构的研究人员阅读，有助于读者洞悉软件学科发展规律、把握前沿领域和重点方向。同时，本书可供科技管理部门决策时参考，也可作为社会公众了解软件学科发展现状及趋势的读本。

图书在版编目（CIP）数据

软件科学与工程 / 国家自然科学基金委员会，中国科学院编. 一北京：科学出版社，2021.1

（中国学科发展战略）

ISBN 978-7-03-067196-7

Ⅰ. ①软… Ⅱ. ①国… ②中… Ⅲ. ①软件科学 Ⅳ. ①TP31

中国版本图书馆 CIP 数据核字（2020）第 249611 号

丛书策划：侯俊琳 牛 玲

责任编辑：朱萍萍 纪四稳 / 责任校对：韩 杨

责任印制：赵 博 / 封面设计：黄华斌 陈 敬

科学出版社 出版

北京东黄城根北街 16 号

邮政编码：100717

http：//www.sciencep.com

北京市金木堂数码科技有限公司印刷

科学出版社发行 各地新华书店经销

*

2021 年 1 月第 一 版 开本：720×1000 1/16

2024 年11月第四次印刷 印张：21 1/2

字数：375 000

定价：128.00 元

（如有印装质量问题，我社负责调换）

中国学科发展战略

联合领导小组

联合工作组

中国学科发展战略·软件科学与工程

顾问专家组

（以姓氏拼音为序）

陈　纯　陈左宁　何积丰　怀进鹏　李　未　廖湘科　林惠民
陆汝钤　吕　建　孙家广　王怀民　杨芙清　杨学军　赵沁平
周巢尘

工　作　组

组长： 梅　宏

成员（以姓氏拼音为序）：

白晓颖　卜　磊　陈　红　陈　恺　陈　谋　陈碧欢　陈晋川
陈一峯　陈雨亭　陈跃国　陈振宇　崔　斌　邓水光　丁　博
杜小勇　冯新宇　高　军　郝　丹　胡振江　黄　罡　金　芝
李宣东　刘　超　刘志明　卢　卫　罗　磊　马晓星　毛晓光
毛新军　梅　宏　莫则尧　彭　鑫　荣国平　沈　洁　孙晓明
孙艳春　王　戟　王　涛　王怀民　王林章　王亚沙　魏　峻
吴毅坚　熊英飞　许　畅　晏荣杰　尹一通　詹乃军　张　峰
张　刚　张　健　张　路　赵文耘　钟　华　周明辉　邹　磊

秘　书　组

组长： 王　戟

成员（以姓氏拼音为序）：

郝　丹　马晓星　彭　鑫　王　戟　周明辉

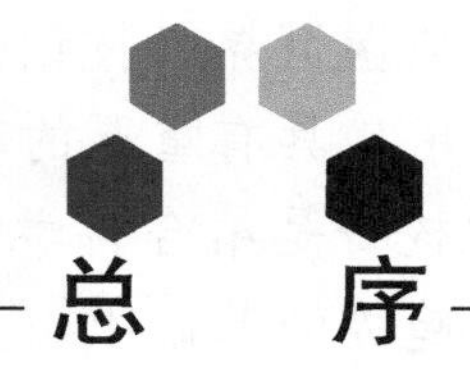

总　序

白春礼　杨　卫

17 世纪的科学革命使科学从普适的自然哲学走向分科深入，如今已发展成为一幅由众多彼此独立又相互关联的学科汇就的壮丽画卷。在人类不断深化对自然认识的过程中，学科不仅仅是现代社会中科学知识的组成单元，同时也逐渐成为人类认知活动的组织分工，决定了知识生产的社会形态特征，推动和促进了科学技术和各种学术形态的蓬勃发展。从历史上看，学科的发展体现了知识生产及其传播、传承的过程，学科之间的相互交叉、融合与分化成为科学发展的重要特征。只有了解各学科演变的基本规律，完善学科布局，促进学科协调发展，才能推进科学的整体发展，形成促进前沿科学突破的科研布局和创新环境。

我国引入近代科学后几经曲折，及至上世纪初开始逐步同西方科学接轨，建立了以学科教育与学科科研互为支撑的学科体系。新中国建立后，逐步形成完整的学科体系，为国家科学技术进步和经济社会发展提供了大量优秀人才，部分学科已进入世界前列，有的学科取得了令世界瞩目的突出成就。当前，我国正处在从科学大国向科学强国转变的关键时期，经济发展新常态下要求科学技术为国家经济增长提供更强劲的动力，创新成为引领我国经济发展的新引擎。与此同时，改革开放 30 多年来，特别是 21 世纪以来，我国迅猛发展的科学事业蓄积了巨大的内能，不仅重大创新成果源源不断产生，而且一些学科正在孕育新的生长点，有可能引领世界学科发展的新方向。因此，开展学科发展战略研究是提高我国自主创新能力、实现我国科学由“跟跑者”向“并行者”和“领跑者”转变的一项基础工程，对于更好把握世界科技创新发展趋势，发挥科技创新在全面创新中的引领作用，具有重要的现实意义。

学科发展战略研究的核心是结合科学技术和经济社会的发展需求，在分析科学前沿发展趋势的基础上，寻找新的学科生长点和方向。在这个过程中，战略科学家的前瞻引领作用十分重要。科学史上这样的例子比比皆是。在 1900 年 8 月巴黎国际数学家代表大会上，德国数学家戴维·希尔伯特发表了题为“数学问题”的著名讲演，他根据过去特别是 19 世纪数学研究的成果和发展趋势，提出了 23 个最重要的数学问题，即“希尔伯特问题”。这些“问题”后来成为许多数学家力图攻克的难关，对现代数学的研究和发展产生了深刻的影响。1959 年 12 月，美国物理学家、诺贝尔奖得主理查德·费曼在加利福尼亚理工学院举行的美国物理学会年会上发表了题为“物质底层大有空间——一张进入物理新领域的请柬”的经典讲话，对后来出现的纳米技术作出了天才的预见。

学科生长点并不完全等同于科学前沿，其产生和形成不仅取决于科学前沿的成果，还决定于社会生产和科学发展的需要。1841 年，佩利戈特用钾还原四氯化铀，成功地获得了金属铀，可在很长一段时间并未能发展成为学科生长点。直到 1939 年，哈恩和斯特拉斯曼发现了铀的核裂变现象后，人们认识到它有可能成为巨大的能源，这才形成了以铀为主要对象的核燃料科学的学科生长点。而基本粒子物理学作为一门理论性很强的学科，它的新生长点之所以能不断形成，不仅在于它有揭示物质的深层结构秘密的作用，而且在于其成果有助于认识宇宙的起源和演化。上述事实说明，科学在从理论到应用又从应用到理论的转化过程中，会有新的学科生长点不断地产生和形成。

不同学科交叉集成，特别是理论研究与实验科学相结合，往往也是新的学科生长点的重要来源。新的实验方法和实验手段的发明，大科学装置的建立，如离子加速器、中子反应堆、核磁共振仪等技术方法，都促进了相对独立的新学科的形成。自 20 世纪 80 年代以来，具有费曼 1959 年所预见的性能、微观表征和操纵技术的仪器——扫描隧道显微镜和原子力显微镜终于相继问世，为纳米结构的测量和操纵提供了“眼睛”和“手指”，使得人类能更进一步认识纳米世界，极大地推动了纳米技术的发展。

作为国家科学思想库，中国科学院（以下简称中科院）学部的基本职责和优势是为国家科学选择和优化布局重大科学技术发展方向提供科学依据、发挥学术引领作用，国家自然科学基金委员会（以下简称基金委）则承担着协调学科发展、夯实学科基础、促进学科交叉、加强学科建设的重大责任。继基金委和中科院于2012年成功地联合发布“未来10年中国学科发展战略研究”报告之后，双方签署了共同开展学科发展战略研究的长期合作协议，通过联合开展学科发展战略研究的长效机制，共建共享国家科学思想库的研究咨询能力，切实担当起服务国家科学领域决策咨询的核心作用。

基金委和中科院共同组织的学科发展战略研究既分析相关学科领域的发展趋势与应用前景，又提出与学科发展相关的人才队伍布局、环境条件建设、资助机制创新等方面的政策建议，还针对某一类学科发展所面临的共性政策问题，开展专题学科战略与政策研究。自2012年开始，平均每年部署10项左右学科发展战略研究项目，其中既有传统学科中的新生长点或交叉学科，如物理学中的软凝聚态物理、化学中的能源化学、生物学中生命组学等，也有面向具有重大应用背景的新兴战略研究领域，如再生医学，冰冻圈科学，高功率、高光束质量半导体激光发展战略研究等，还有以具体学科为例开展的关于依托重大科学设施与平台发展的学科政策研究。

学科发展战略研究工作沿袭了由中科院院士牵头的方式，并凝聚相关领域专家学者共同开展研究。他们秉承“知行合一”的理念，将深刻的洞察力和严谨的工作作风结合起来，潜心研究，求真唯实，“知之真切笃实处即是行，行之明觉精察处即是知”。他们精益求精，“止于至善”，“皆当至于至善之地而不迁”，力求尽善尽美，以获取最大的集体智慧。他们在中国基础研究从与发达国家“总量并行”到“贡献并行”再到“源头并行”的升级发展过程中，脚踏实地，拾级而上，纵观全局，极目迥望。他们站在巨人肩上，立于科学前沿，为中国乃至世界的学科发展指出可能的生长点和新方向。

各学科发展战略研究组从学科的科学意义与战略价值、发展规律和研究特点、发展现状与发展态势、未来5～10年学科发展的关键科学问题、发展思路、发展目标和重要研究方向、学科发展的有效资助机制与政策建议等方面进行分析阐述。既强调学科生长点的科学意义，也考虑其重要的社会价值；既着眼于学科生长点的前沿性，也兼顾其可能利用的资源和条件；既立足于国内的现状，又注重基础研究的国际化趋势；既肯定已取得的成绩，又不回避发展中面临的困难和问题。主要研究成果以“国家自然科学基金委员会—中国科学院学科发展战略”丛书的形式，纳入“国家科学思想库—学术引领系列”陆续出版。

基金委和中科院在学科发展战略研究方面的合作是一项长期的任务。在报告付梓之际，我们衷心地感谢为学科发展战略研究付出心血的院士、专家，还要感谢在咨询、审读和支撑方面做出贡献的同志，也要感谢科学出版社在编辑出版工作中付出的辛苦劳动，更要感谢基金委和中科院学科发展战略研究联合工作组各位成员的辛勤工作。我们诚挚希望更多的院士、专家能够加入到学科发展战略研究的行列中来，搭建我国科技规划和科技政策咨询平台，为推动促进我国学科均衡、协调、可持续发展发挥更大的积极作用。

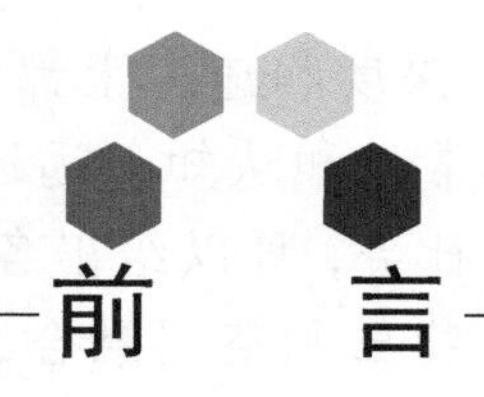

前　言

我们正处在一个变革的时代！新一轮工业革命、互联网下半场、数字经济成型展开期……种种说法不断涌现。在这场“变革”的背后，“信息化”是其中的核心驱动力，而软件则是其中的基础性使能技术。

在人类社会的发展史中，农业社会延续了数千年。然而在不到300年的时间内，工业革命给人类社会带来翻天覆地的变化。工业化导致了工业社会，然而，即使是发展最快的美国，也直到20世纪50年代才完成工业化历程。从40年代第一台电子计算机出现算起，信息技术才发展80年左右，而第一波信息化的浪潮，直到70年代末和80年代初才随着个人计算机的大规模普及应用而开启，可总结为以单机应用为主要特征的数字化阶段。从90年代中期起，以美国提出“信息高速公路”建设计划为重要标志，互联网开始了大规模商用进程，信息化迎来了蓬勃发展的第二波浪潮，即以互联网应用为主要特征的网络化阶段。经过二十多年的快速发展和积累储备，数据资源大规模聚集，其基础性、战略性地位日益凸显，我们正在开启信息化的第三波浪潮，即以数据的深度挖掘和融合应用为主要特征的智能化阶段。

短短几十年，信息化已广泛并深刻地影响和改变了人类社会。特别是在过去的二十多年，以互联网为核心的信息技术深度渗入经济社会的方方面面，冲击着原有的社会结构，并逐渐编织起新的社会网络，建立新的基础设施，扩散先进的思维模式和行事方法，人类逐渐进入信息社会。信息技术正从助力社会经济发展的辅助工具向引领社会经济发展的核心引擎转变，“数字经济”正逐渐成型，即将进入其爆发期和黄金期。毫无疑问，信息技术及信息化带来的这场社会经济“革命”，在广度、深度和速度上都将是空前的，也将远远超出我们从工业社会获得的常识和认知，远远超出我们的预期。

从技术视角考察信息社会，可以给出各种描述：万物数字化、数字孪生、万物互联、人机物三元空间融合、泛在计算、高速无线通信、智能应用、智慧城市等。然而，无论如何，这将是一个高度依赖信息基础设施的社会，而芯片和软件是信息基础设施最基本的构成元素，因此这也是一个软件无处不在的社会。软件是信息基础设施的有机构成成分，是处理数据信息的工具、呈现知识智能的载体，是各类智能应用的实现形式，更是各类社会经济活动基础设施数字化、平台化的使能技术。就这个意义而言，这也是一个“软件定义一切”（software defined everything）的社会。面向未来，软件的角色和地位将比历史上任何时候都更加重要和关键，软件技术也将面临比历史上任何时候都更严峻的挑战。正是在这样的一个时代背景下，受国家自然科学基金委员会与中国科学院学部联合立项资助，启动了“软件学科发展战略研究”，希望通过实施该项目，可以系统地回顾和梳理软件学科的基本架构和内涵、发展脉络和规律、研究方法和成就，分析和梳理未来人机物融合计算模式对软件技术带来的挑战，勾画新时代软件学科的架构、内涵和外延，指出值得重点关注的研究方向，进而给出我国发展软件学科的政策建议。

相对而言，软件学科还是一个年轻的学科，但却是一个与时俱进、发展迅速的学科。“软件”一词的出现不过60来年，即使加上早期针对“程序”的研究，其学科发展也才近70年。然而，软件技术体系已完成数轮螺旋式迭代升级，软件范型的变迁，外化为软件语言与软件理论、软件构造方法、软件运行支撑、软件度量与质量评估，以及相应的软件支撑平台的体系化协同发展。同时，软件学科还是一个“入世”的学科，它和信息产业（特别是软件产业）关系紧密、互动频繁。事实上，软件学科和软件产业已形成互为依赖、协同发展的共生体，这也使软件学科的发展受自身规律和产业应用需求的双轮驱动。

从宏观层面考察软件学科的发展，可以看到若干重要趋势：软件应用的行业领域越来越广，应用内涵越来越深，软件运行的平台环境日益网络化、复杂化和开放化，软件系统的规模和复杂度呈数量级增长，软件生态的全球化带来错综复杂的供应链，软件承载的社会责任越来越大，软件学科的研究内容也涌现出更多的“科学”性。这些现象均昭示，软件学科的发展到一个重要的历史节点，需要系统性地回顾和梳理，更需要战略性地界定和谋划。

本项目自2017年启动，为期两年。为圆满完成项目任务，我们设计了由顾问专家组、工作组和秘书组构成的项目组架构，并制定了详细的工作推进计划。顾问专家组由软件领域的中国科学院/中国工程院院士组成，对项目研究工作给予指导，对项目研究成果给出评审意见和咨询建议；工作组由来自国内数十家单位的学者组成，分为软件理论（张健和胡振江牵头）、软件工程（金芝和李宣东牵头）、系统软件（王怀民和杜小勇牵头）、软件生态（赵文耘和周明辉牵头）和软件学科教育（毛新军牵头）五个专题组，负责相关主题的研究工作和文稿撰写。秘书组由王戟牵头，组员有周明辉、马晓星、郝丹和彭鑫，负责项目的协调推进和总体报告的撰写汇总。参与本书研讨、撰写和意见反馈的专家涉及海内外近百名学者。他们出于对软件学科发展的浓厚兴趣，秉承对我国软件事业发展的使命感，基于在软件领域长期耕耘所积累的丰富经验、深厚知识和深刻洞察，在自己教学、科研任务繁重的情况下，积极参与项目工作，为本书的顺利完成做出重要贡献。

两年多里，我们先后召开了六次大规模的全体工作组会议、数十次专题组和秘书组会议，并在全国软件与应用学术会议（NASAC 2018）和中国计算机大会（CNCC 2019）等多个场合报告本项目的进展；多次将阶段研究进展和成果呈顾问专家组审阅、指导；邀请近40名海内外知名学者参加以“软件自动化”为主题的雁栖湖会议。

工作组内外专家的辛勤努力，终汇成此书。本书第一部分回顾软件和软件技术的发展历程；第二部分从顶层阐述“软件作为基础设计”这一发展趋势下软件学科的方法论新内涵，并分主题方向阐述学科发展面临的重大挑战及未来方向；第三部分回顾我国软件学科的简要历程，并从科研、教育和产业三个方面提出若干政策建议。白晓颖、杜小勇、胡振江、金芝、李宣东、毛新军、王怀民、王林章、张健、赵文耘及秘书组分别组织并负责了各章节撰写，秘书组和我本人完成了全书的统稿与定稿。

在本项目研究过程中，还产生了一个副产品，即在2019年第一期的《软件学报》上组织发表了九篇综述文章，介绍了相关学科分支的发展历程和现状。本书的最后成稿，不少内容来自这些综述文章。

本项目研究得到国家自然科学基金委和中国科学院的联合资助，在此再致谢意！

囿于知识和能力所限，书中难免存在疏漏和不足，恳请广大读者谅解并给予批评指正。

梅　宏
中国科学院院士
中国计算机学会理事长
2020年5月

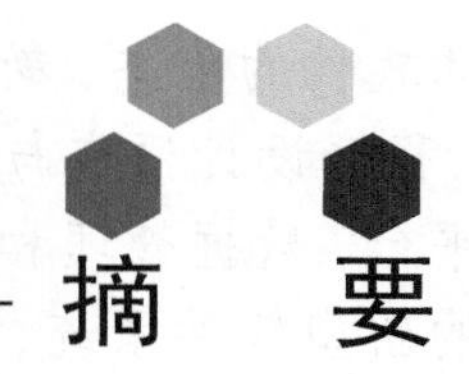

摘 要

软件是世界数字化的直接产物、自动化的现代途径、智能化的逻辑载体。时至今日，小到一个智能传感器、一块智能手表，大到一座智慧城市、一张智能电网，无不依赖于软件系统的驱动与驾驭。软件重塑了从休闲娱乐、人际交往到生产生活、国计民生等社会经济的方方面面。“软件定义一切”日益成为一种现实。软件已经成为信息化社会不可或缺的基础设施，高效地构建和运用复杂软件系统的能力成为国家和社会发展的一种核心竞争力。

本书第一部分回顾软件和软件技术的发展历程，通过梳理软件发展脉络，总结软件科学与工程学科（简称软件学科）的基本内涵、主要线索、研究方法和发展规律，并指出，软件是定义计算的逻辑制品，其实质是以计算为核心手段实现应用目标的解决方案，而软件学科本质上是一门具有高度综合性的方法论学科；而后，分别从程序设计语言与理论、系统软件、软件工程、软件产业等方面阐述学科领域的内涵和外延，以及相应的发展历程、现状和存在的主要矛盾。

七十多年的发展历史表明，软件学科具有独特的发展规律。当前，随着物联网、云计算、大数据和人工智能应用的蓬勃发展，软件及软件学科面临着前所未有的系统复杂性和可信性要求的重大挑战，也孕育着新的科学和技术变革的重大机遇。

本书第二部分指出在人机物三元融合新时代，软件学科随着应用范围的扩张、计算平台的泛化和方法技术的发展，学科的边界不断拓展，内涵不断深化。在总论“软件作为基础设施”这一发展趋势的基础上，以系统观、形态观、价值观和生态观四个视角探讨软件学科的方法论新内涵，并指出，这些新内涵必将引发软件范型的变革，并辐射到软件语言与理论、软件开发、运行和度量评估等各个层面的方法及技术，进而在整体软件的生态、教育、产业等方面产生深刻影响；而后，从软件理论，程序设计语言与支撑环境，软件开发方法与技术，操作系统与运行平台，数据管理和数据工程，软件质量与安全保障，面向人机物融合的新型软件系统、软件生态、软件学科教育等方面展开，给出了学科的重大挑战问题和主要研究内容。

最后，本书第三部分回顾我国软件学科从艰苦创业到与国际并肩成长的简要历程，指出未来面临的挑战和机遇，并建议从加强软件基础前沿研究、升级完善软件学高等教育体系和构建软件产业良性发展环境等方面推进我国软件学科和软件产业的可持续发展。

Abstract

Software is the crux of digitization, the modern approach to automation, and the logic reification of intelligence. Nowadays, almost everything is becoming software-driven, be it a small gadget or a grand smart city. Software has been reshaping all aspects of our life and society, from personal entertainments to the national economy. "Software-Defined Everything (SDx)" is increasingly a reality. It is widely recognized that software constitutes an indispensable infrastructure of our civilization, and the capability to build and operate advanced software systems has become a core competence of a country.

The first part of this book reviews the development of Software Science and Engineering, a.k.a. the Software Discipline. It begins with a summary of the fundamental problems, timeline strands, driving forces, research paradigms, and development patterns for the discipline. It is concluded that software, as a logic artifact, encodes a computing-based solution to an application problem in a real-world environment. The Software Discipline is a highly-integrated methodological discipline in its essence. Then, a set of subfield reviews for Programming Languages and Software Theory, System Software, Software Engineering, and Software Industry are provided for the understanding of the intension and extension, as well as the history, the current status, and the challenges of the discipline.

With the continuous expansion of computing platforms and application scopes, the discipline has experienced explosive growth in the past 70 years. At present, with the further development of Internet of

Things，cloud computing，big data，and artificial intelligence，software and the Software Discipline are facing new challenges brought by unprecedented system complexity and trustworthiness requirements，as well as significant opportunities for fundamental scientific and technological transformations.

The second part of the book focuses on the new trends of the Software Discipline. In this new era of Human-Cyber-Physical fusion and Software-as-the-Infrastructure，the intension of the discipline is greatly enriched，and its extension is expanded. A new perspective is first developed with the viewpoints from system science，software morphology，human-centric values，and software ecology. With this perspective，software paradigm shifts are under incubation，which will lead to new advancements and revolutions in all aspects of the discipline. The part then presents the core challenges and future directions in Software Theory，Programming Languages，Software Development Methodologies，Operating Systems，Data Management and Engineering，Software Quality Assurance，Critical Domain Software，Software Ecology，and Software Education.

Finally，the third part of the book briefly summarizes the history of the Chinese Software Discipline，highlighting its founding as well as its growing side by side with the world. After discussing the specific challenges faced by the Chinese software academia and industry，the book proposes a sustainable development strategy for the Software Discipline in China. It urges the government and the community to enhance fundamental software research and infrastructural system development，upgrade the higher education system for software，and establish the healthy and sustainable growth environment for the software industry.

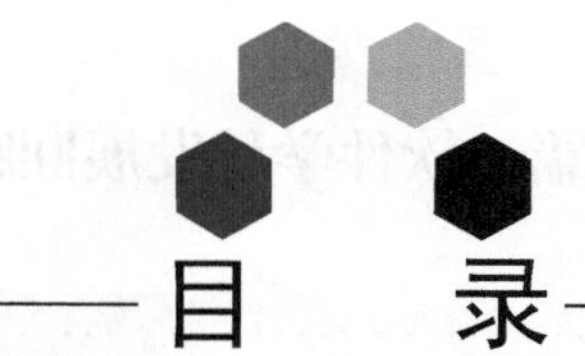

目　录

第一篇　软件学科发展回顾

第二篇　新时代的软件学科

第三篇　中国软件学科发展建议

总　论

软件承载着我们的文明。

Our civilization runs on software.

Bjarne Stroustrup

软件是信息系统的灵魂，是世界数字化的直接产物、自动化的现代途径、智能化的逻辑载体。时至今日，小到一个智能传感器、一块智能手表，大到一座智慧城市、一张智能电网，无不依赖于软件系统的驱动与驾驭。软件已经成为信息化社会不可或缺的基础设施。软件重塑了从休闲娱乐、人际交往到生产生活、国计民生等社会经济的方方面面，“软件定义一切”日益成为一种现实。高效地构建和运用高质量软件系统的能力成为国家和社会发展的一种核心竞争力。

软件是定义计算的逻辑制品，其实质是以计算为核心手段实现应用目标的解决方案。因此，软件科学与工程学科（简称软件学科）本质上是一门具有高度综合性的方法论学科。七十多年的发展历史表明，软件学科具有独特的发展规律，其内涵与外延随着计算平台与应用范围的不断拓展而迅速发展。当前，随着物联网、云计算、大数据和人工智能应用的进一步发展，软件及软件学科面临着前所未有的系统复杂性和可信性要求的重大挑战，也孕育着新的科学和技术变革的重大机遇。本书回顾和总结软件学科的发展历程与发展规律，进而针对人机物三元融合、“软件定义一切”的发展趋势，展望学科发展的关键问题和重要研究方向，并给出学科领域未来发展的政策建议。

第一节　软件与软件学科

一、软件

软件因可编程通用计算机的发明而生，人们通常将软件理解为计算机系统中与硬件相对的部分，包括程序及其文档，以及相关的数据。在软件的存在形式之上，究其所表达和实现的实质内容，软件是以计算为核心手段实现应用目标的解决方案。

不同于一般物品，软件是一种人工制品，同时也是一种纯粹的逻辑制品。作为一种人工制品，软件需要以适应其所处环境的方式完成应用目标；作为逻辑制品，软件开发的困难不在于物理限制而在于逻辑构造。因此，软件开发活动在本质上不同于传统工程制造：后者在于“造物”，前者可谓“拟人”，即表达人脑思维形成的问题解决方案。软件没有传统产品意义下的“边际成本”，即复制成本几乎为零，主要成本在于它的“创造”、“成长”和“演化”。

软件既受刚性约束，又能柔性适应。软件以计算为实现手段，受逻辑正确性、图灵可计算性和计算复杂性的刚性约束。而通用图灵机模型和存储程序式计算机架构又使软件具有无与伦比的灵活性，在前述刚性约束下，其丰富的动态语义可以表达千变万化的计算解决方案。高度灵活性也使软件不仅仅是系统中的信息处理工具，也是管理各类资源、融合人机物的“万能集成器”，原则上规模可以无限扩展。这就使整个人工系统的复杂性向软件集中。纵观软件的发展历程，其复杂性呈爆炸性增长趋势。软件成为人类所创造的最复杂的一类制品。对复杂性的驾驭成为软件开发和运维的核心挑战。

二、软件的重要作用

进入21世纪以来，信息技术飞速发展，已经广泛覆盖并深深渗入社会经济的方方面面。近年来，以云计算、大数据、物联网、人工智能为代表的新一代信息技术推动了软件的跨界融合发展，开始呈现"网构化、泛在化、智能化"的新趋势，并不断催生新平台、新模式和新思维。可以说，信息技术的深度应用已经推动人类社会步入一个新的发展阶段。

从使能技术的视角看，软件技术在信息技术中始终处于"灵魂"地位，所有新的信息技术应用、平台和服务模式，均离不开软件技术作为基础支撑。例如，谷歌所有的网络服务均由软件实现，涉及的代码达到20亿行。更为重要的是，软件技术不仅引领信息技术产业的变革，在很多传统领域（如制造、能源、交通、零售等）中的存在比重和重要性也在不断加大。例如，宝马7系的软件代码总量超过2亿行，特斯拉Model S的软件代码总量超过4亿行。软件在支持这些传统领域产业结构升级换代甚至颠覆式创新的过程中起到核心关键作用，加速重构了全球分工体系和竞争格局。作为新一轮科技革命和产业革命的标志，德国的"工业4.0"和美国的"工业互联网"均将软件技术作为发展重点。无所不在的软件已走出信息世界的范畴，深度渗入物理世界和人类社会，并扮演着重新定义整个世界的重要角色。从这个意义上说，我们正在进入一个"软件定义一切"的时代。

三、软件学科

软件学科是以软件为研究对象，研究以软件解决应用问题的理论、原则、方法和技术，以及相应的支持工具、运行平台和生态环境的学科。换言之，软件学科本质上是一门方法论学科。

尽管软件学科的内容一直在不断深化、边界一直在不断扩展，作为一门方法论学科，其焦点始终是如何驾驭用计算为手段解决应用问题的复杂性，而合适的软件抽象是驾驭这个复杂性的关键。可以将计算平台集合看成平台空间，将可能的软件集合看成解空间，而将应用需求归入问题空间。唯有凭借恰当的软件抽象，方能有效认知并合理建模这三个空间，进而在其间建立映射，为给定应用需求找到可在合适计算平台上高效运行的软件解。若以软件抽象为视角，则软件学科可大致划分为四个子领域，即软件语言与软件理论、软件构造方法、软件运行支撑以及软件度量与质量评估，如图0-1所示。

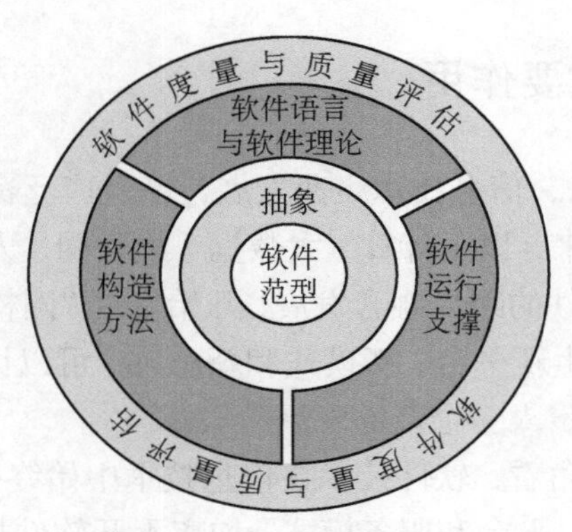

图 0-1　软件学科基本架构

软件语言的核心任务是建立通用的抽象机制，包括抽象的表示和抽象之间的关系，为问题空间、解空间和平台空间建模。软件语言包括程序设计语言、各类建模语言以及编程模型等。其中程序设计语言用于描述软件的计算行为，提供基础的软件抽象。一方面，程序设计语言需要提供更有效、有力，更符合人类思维方式的语言设施，以降低软件开发的难度、提高软件制品的质量；另一方面，这些语言设施又需能被高效地实现以保证软件的执行效率。软件理论旨在构建正确、高效软件系统的理论和算法基础，包括可计算性理论、算法理论和程序理论等。

软件运行支撑的核心任务是建立解空间向平台空间的映射方法并构建平台空间抽象的计算实现。运行支撑系统包括操作系统、编译系统、中间件和数据库管理系统等，它们负责驱动下层计算资源有效运转，为上层应用提供共性服务，从而将计算平台的概念从硬件扩展到软件层面上。

软件构造方法的核心任务是建立问题空间抽象到解空间抽象的映射方法，构建解决方案，完成特定应用目标。其关键问题包括如何理解所面对的问题空间、如何理解当前需要软件来解决的问题并以此设计可能的解决方案，以及如何高效高质量地开发出能满足需求的软件等。软件构造方法包括软件开发的技术、管理等方面，形成了软件学科的软件工程分支的主要内容。

软件度量与质量评估的核心任务是将基于软件抽象的制品与服务及其构造、运行过程作为观察对象，度量、评估和预测其质量与效率等指标。它通过定性和量化的手段发现软件模型、开发和运行的规律，并评价解决方案对应用目标的满足程度。

这四个子领域是密切联系、相互作用的，贯穿其中的是软件范型①。每一

① 这里的软件范型对应的英文是 software paradigm。遵循习惯，在本书中程序设计和程序设计语言的 paradigm 译为“范式”。

个范型为软件工程师（或程序员）提供一套具有内在一致性的软件抽象体系，具化为一系列软件模型及其构造原理，并外化为相应的软件语言、构造方法、运行支撑和度量评估技术，从而可以系统化地回答软件应该“如何表示”、“怎样构造”、“如何运行”及“质量如何”的问题[1]。软件范型的变化将牵引构造方法、运行支撑、度量和质量评估的一系列变化，带动软件学科的发展。

四、软件学科的重要地位

软件学科在整个计算机学科中占有举足轻重的地位。从 1966 年首届图灵奖至 2019 年的 54 次颁奖中，属于软件领域的有 37 次（约占 68.5%），其中以程序设计语言、编译和操作系统为主的有 22 次获奖，还有 4 次数据库获奖。

从目前我国人才培养一级学科划分看，软件学科横跨了计算机科学与技术、软件工程、网络空间安全等三个一级学科，特别是与计算机软件与理论二级学科和软件工程一级学科关系密切。与国际本科计算教育学科划分相比，软件学科横跨了 *ACM/IEEE Computing Curricula* 的五个学科，即计算机科学、计算机工程、软件工程、信息技术、信息系统。

随着信息技术及信息化的快速发展，软件学科也逐渐成为一门基础学科，并向其他学科渗透。基础学科是指某个拓展人类可认识改造的世界疆域之不可替代的知识体系，具有独特的思维方式与方法论，为其他学科发展提供不可或缺的支撑。首先，软件是将物理世界拓展为信息-物理-社会融合世界的主要手段；其次，“软件定义”赋能的计算思维有可能成为继实验观察、理论推导、计算仿真、数据密集型科学之后的综合性的科学研究手段，尤其是为以信息-物理-社会融合系统为对象的科学研究提供赖以运作的理论基础和实践规范；最后，以软件知识为主体的计算机教育已经成为包括我国在内的多个国家的国民基础教育课程体系的主要内容之一。

第二节　发展历程与发展规律

一、软件学科发展历程

以程序化的系列步骤表达解决方案是人类思维的基本形式之一。但直到 20 世纪 40 年代末存储程序式电子计算机出现以后，现代意义上的软件才真正出现。粗略而言，软件的发展历程可分为如下四个阶段。

（一）第一阶段

从存储程序式电子计算机出现到实用高级程序设计语言出现之前为第一阶段（20 世纪 40 年代末到 50 年代中期）。在此阶段，计算机处理能力有限，应用领域主要集中于科学计算与工程计算。编制程序所用的工具是低级语言。系统软件主要提供程序载入、汇编等功能。程序开发无系统方法，强调编程技巧。

（二）第二阶段

从实用高级程序设计语言出现到软件工程提出之前为第二阶段（20 世纪 50 年代中期到 60 年代后期）。在此阶段，计算机处理能力迅速提高，应用领域扩展到商业数据处理等领域。人们开发了操作系统以充分利用系统资源。为了适应大量数据处理问题的需要，数据库及其管理系统开始出现。Fortran、COBOL、ALGOL 等高级语言大大提高了程序设计的效率。但软件的复杂程度迅速提高，研制周期变长，质量难以保证，出现了软件危机。为此，人们提出结构化程序设计方法，并开始了程序正确性和软件可靠性的理论研究。

（三）第三阶段

从软件工程提出到基于互联网的软件服务广泛使用之前为第三阶段（20 世纪 60 年代后期到 90 年代后期）。计算机系统的处理能力继续增长，向嵌入式和局域网或基于广域网的企业计算延伸；应用领域扩展到社会生产生活的诸多方面。以系统化、工程化的方法开发大型软件逐渐成为主流，软件开发方法和技术迅速发展，对象化、构件化等方法获得广泛应用。分布式应用和分布式软件得到快速发展，出现了软件中间件。关系数据库管理系统高速发展，获得很大成功。软件知识产权得到重视，基于软件产品形态的软件产业迅速发展。

（四）第四阶段

从基于互联网的软件服务广泛使用到现在为第四阶段（20 世纪 90 年代后期以来）。随着互联网和万维网的普及以及物联网、移动互联网的兴起，软件的应用范围向泛在化发展，全面融入人类生产生活的各个方面。软件的核心价值日益以网络服务的形式呈现。云计算、大数据和人工智能技术的进步推动了服务化的软件产业的繁荣。软件技术呈现网构化、泛在化和智能化的发展趋势。与此同时，开源软件运动取得巨大成功，软件和软件技术的可获得性极大提升，对整个软件生态产生了重要影响。

二、软件学科发展规律

纵观软件学科的历史，可以发现其发展的外在驱动力始终来自计算平台的发展和应用范围的扩张，而内在驱动力来自其核心问题的解决，追求更具表达能力、更符合人的思维模式的编程范式，追求更高效地发挥计算机硬件所提供的计算能力，不断桥接异构、凝练应用共性并沉淀计算平台，同时更好地满足用户对易用性的需求。这是由软件学科的方法论学科本质所决定的。

换言之，如何深入软件开发所涉及的问题空间、平台空间和解空间，并在其间有效协同，是软件学科的“元”主题，而随着问题空间和平台空间的拓展，如何以更好的软件抽象帮助驾驭软件开发的复杂性，即尽量避免引入附属的复杂性，更好理解和应对本质的复杂性[2]，是学科发展的“元”规律。不同层次的抽象（集中体现在软件语言等表达设施）、抽象的计算实现（集中体现在系统软件）和使用（集中体现在软件工程）组成了软件学科的主体内容，而体系化的软件范型迭代更新则展现了学科发展的脉络。

图 0-2 展示了在应用范围扩张和计算平台发展驱动下主要软件范型的发展历程。例如，结构化软件范型是由于 20 世纪 60 年代计算机基础能力（计算、存储与外设）的快速发展和软件危机的出现而导致人们对基础的程序设计方法与语言的科学思考而产生的。它以结构化的程序抽象较好地协调了软件开发的平台空间与解空间，解空间和平台空间匹配较好，但问题空间和解空间差别大。随着计算机的应用范围从计算与数据处理向各类行业应用延伸，软件应用的问题复杂性迅速提升。而对象化（或称面向对象）软件范型进一步发展了从宏观角度控制复杂性的手段，如数据抽象、信息隐蔽、多态等，并强调将问题空间纳入软件设计的范畴，提出与问题结构具有良好对应关系的面向对象程序抽象与支撑机制，从而协调了软件开发的问题空间和解空间。同时，在平台空间也发展出中间件和容器等技术以支持对象抽象在网络化计算平台的实现。

除了通用软件范型的迭代更新，软件学科中的各类专门抽象也随着平台空间和问题空间的发展而发展。例如，关系数据库以关系模型抽象很好地平衡了来自平台空间的性能需求和来自问题空间的易用性需求，取得巨大成功；但非结构化、海量数据的应用问题出现后，数据库不再采用严苛的关系模型，转而使用更为灵活的键值对结构、文档模型、图模型等更契合问题空间的抽象，同时给出这些抽象在大规模分布计算平台上的高效实现。

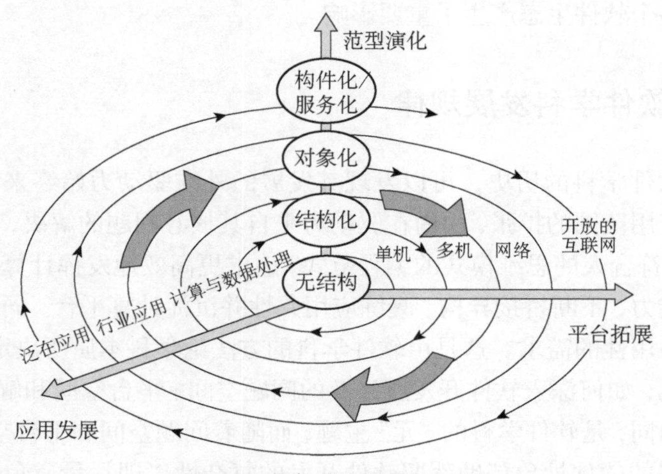

图 0-2 软件范型的发展历程

三、我国的软件学科、教育与产业

中国计算机软件事业发展始于 20 世纪 50 年代中后期。起步阶段，主要是面向国家战略急需，迅速填补程序开发、算法设计、系统软件等方面的空白，自力更生地为国产计算机研制配套的操作系统、编译系统和应用软件。改革开放后，中国软件界不断扩大国际交流与合作，在跟踪学习中迅速发展，全面融入世界。除在国产超级计算机上配备操作系统、高级语言编译系统和应用系统等软件，我国在程序理论、算法理论等方面取得一批基础性的成果，在大规模综合性的软件工程环境、软件自动化技术、软件中间件等方面取得一系列成果。进入 21 世纪以来，在面向互联网的软件新范型、软件运行平台、群体化软件开发平台及大数据计算和应用平台等方面，中国取得有国际影响力的成果。

近十年来，在软件学科顶级国际期刊和学术会议上，中国学者开始大量发表研究成果，学术水平逐步得到国际学术界的认可。从计量指标来看，中国学者的论文、引文的数量及国际合作的规模呈现持续增长的态势，在主要会议和期刊上发表论文的占比渐增，部分指标已经位于世界前列。但是，我国软件学科在不同子研究领域的发展很不平衡，软件理论和语言等基础研究比较薄弱；以操作系统、编译环境、数据库系统、开发运维环境为代表的基础性软件设施和生态方面的自主构建能力还不能满足我国信息化进程的重大需求。

自 20 世纪 80 年代初以来，我国的软件教育，尤其是软件工程教育，迅速发展，先后开展了开设软件工程系列课程、试办软件工程专业、培养软件工程硕士研究生等一系列建设工作。2001年，国家开展示范性软件学院的建设，全国共有37家（首批35家）重点高校试办示范性软件学院。2010年，教育部软件工程专业教学指导委员会编制了《高等学校软件工程本科专业规范》，以指导我国软件工程专业建设。2011年，国家增设软件工程一级学科。截至目前，我国已有三百多所高校成立了软件学院或开设了软件工程专业，形成本、硕、博多层次成系统的软件工程教育体系。2019年，软件工程专业教学指导委员会推出了中国软件工程知识体系C-SWEBOK。2019年，教育部出台的《2019年教育信息化和网络安全工作要点》指出，要在中小学阶段逐步推广编程教育。

随着软件基础性的地位日益突出，国家对软件人才培养的数量和质量提出了更高的要求。在发展软件学科的专业教育之外，也需大力推进软件通识教育，并积极利用在线教育等新兴技术促进软件教育的发展。

基于软件学科发展的技术和人才积累，我国的软件产业伴随着改革开放的东风起步。1980年6月，国家电子计算机工业总局颁布试行《软件产品实行登记和计价收费的暂行办法》，中国软件登记中心、软件工程国家工程研究中心（北京）和中国软件行业协会先后成立，推动软件产业的形成和发展。此后，随着计算机的日益普及带来的需求增长、国家法律法规和产业政策的不断完善，我国软件产业迅速壮大。尤其是进入21世纪以来，其发展尤为迅猛。据国家有关部门统计，软件与信息技术服务业产值从2000年的560亿元增至2019年的7万亿元，且近年来保持每年10%以上的增速。根据工业和信息化部公布的数据，2019年我国软件产业从业人数达到673.2万人。尽管面临国际软件企业巨头的竞争，但是国内软件企业通过自主创新，逐渐探索出符合中国国情的发展道路。近年来，国内龙头软件企业在软件研发投入和产出上持续增长，技术水平不断提高，市场影响力日益扩大。

在迅速发展的同时，我国软件产业也存在一些问题。在总量上，我国软件产业占电子信息产业的比重约为30%，显著低于发达国家的50%～70%，仍有巨大的发展空间。我国软件产业基础薄弱，在操作系统、编译系统、软件开发环境、数据库管理系统等基础软件和电子设计自动化（electronic design automation，EDA）、计算机辅助工程（computer aided engineering，CAE）等核心工业软件领域有待摆脱受制于人的局面。我国软件企业科技创新和自我发展能力不强，数据和知识的确权、保护及共享水平亟待提高，产业链和产业生态有待完善。考虑到软件产业自身的发展规律和当前的国际政经竞合形势，我国软件产业的进一步发展和升级亟须软件学科在原创技术和人才供给方面提供更有力的支持。

第三节　发展趋势与挑战问题

一、软件成为基础设施

人类信息化发展经历了以单机应用为主要特征的数字化、以联网应用为主要特征的网络化两个阶段，正在开启以数据的深度挖掘和融合应用为主要特征的智能化新阶段。计算的泛在化和“软件定义一切”的发展趋势使软件正在成为信息社会的新型基础设施，软件学科也进入一个新时代。

“计算的泛在化”是指计算变得无处不在而又无迹可寻。万物数字化、万物互联使得计算无处不在，形成人机物三元融合的发展趋势。计算自然融入人类生产、生活活动的环境和过程之中，无须关注，不着痕迹。“软件定义”是指软件以平台化的方式，向下管理各种资源，向上提供编程接口，其核心途径是资源虚拟化及功能可编程。而“软件定义一切”则将软件平台所管理的资源和提供的编程抽象泛化到包括计算、存储、网络、软件服务等在内的各类计算资源，包括各种数字化机电设备和可传感物体对象在内的各类物理资源，乃至可通过激励机制调配的人力资源。

软件的基础设施地位具体表现为两个方面：一方面，软件自身已成为信息技术应用基础设施的重要构成成分，以平台方式为各类信息技术应用和服务提供基础性能力和运行支撑；另一方面，软件正在“融入”支撑整个人类经济社会运行的“基础设施”中，特别是随着互联网向物理世界的拓展延伸并与其他网络的不断交汇融合，软件正在对传统物理世界基础设施和社会经济基础设施进行重塑，通过软件定义的方式赋予其新的能力和灵活性，成为促进生产方式升级、生产关系变革、产业升级、新兴产业和价值链诞生与发展的重要引擎。从经济社会整体发展的角度，计算成为人类与物理世界互动的中介，软件对人类社会的运行和人类文明的发展进步起到重要支撑作用。

在此宏观趋势下，软件学科的边界日益拓展，内涵不断深化。

二、软件学科的拓展

软件学科的拓展来自软件应用范围扩张、计算平台泛化和软件方法技术发展三个方面的驱动。

（一）软件应用范围扩张角度

从软件应用范围扩张的角度看，计算日益变得无处不在，人机物三元融合不断深入。软件的角色也从负责应用过程中孤立、确定的信息处理环节，转变为负责定义并协同整个应用涉及的人机物各类资源，实现应用价值。软件作为应用解决方案，涉及的范畴扩展到各类物理设备、物品和人类的主观体验与价值实现；软件学科不可避免地涉及控制科学、系统科学及心理学、管理学、经济学和社会学等范畴的问题，并以软件学科自身的方法论将其内化和拓展。

（二）计算平台泛化角度

从计算平台泛化的角度看，计算平台从传统的集中式单机发展到并行与分布平台，到今天的“云-边-端”异构多态计算平台。软件定义技术为这个人机物融合的平台提供可编程计算抽象。软件作为解决方案，在这个计算平台之上利用数据资源，协同人机物，实现应用价值；通过在这个平台上提供服务，并进一步积累数据，不断拓展这个计算平台。

（三）软件方法技术发展角度

从软件方法技术发展的角度看，软件的基本形态从计算机硬件的附属品，到独立的软件产品，再转变到云化和泛在的软件服务，软件形态的耦合边界趋于模糊，开发运维一体化成为趋势；面向计算平台和应用需求变化及拓展的软件演化成为软件的常态，元级结构以及在基于规则的演绎之上发展出数据驱动的归纳，将成为超大规模软件体系结构的重要元素，各种场景的适应和成长是软件运行支撑发展的焦点；软件开发经历了从实现数学计算到模拟物理世界，将拓展到虚实融合创造的转变，人类社会和赛博空间的虚实互动促进着软件系统向社会-技术系统（socio-technical system）发展；对软件作为客体对象的考察从以个体及其生产使用为主扩展到生态的层面，转换为考虑软件及其利益相关者群体的竞争、协作等社会性特征，软件度量与质量评估的科学观察对技术的发展和软件生态的发展具有重要意义。

三、软件学科的新理解

在软件作为基础设施、“软件定义一切”的背景下，软件进一步成为构造开放环境下复杂系统的关键。在研究方法学的层面上，认识软件学科的内涵需要有新的视角，包括以驾驭复杂性为目标的系统观、以泛在服务和持续演化为特征的形态观、以人为中心的价值观，以及关注群体协作平衡的生态观。

（一）系统观

软件学科的系统观有三层含义。第一层含义是复杂系统。现代软件系统具有前所未有的规模和内部复杂性，且所处的环境具有开放性，并面临由于“人在回路”所带来的不确定性。这使得看待软件的视角从封闭规约下的确定行为系统向开放环境中的复杂自适应系统、从单体系统向系统之系统转变。第二层含义是系统论。上述复杂软件系统的整体性质，常常难以用其组成部件的性质来解释。此时单纯依赖还原论方法难以驾驭其复杂性，需要借鉴系统论方法。第三层含义是系统工程。软件学科的关注点应从为应用系统提供高质量的软件部件，上升到关注人机物融合的整个系统的价值实现。

以系统观看软件学科发展，软件科学与自然科学、社会科学等各个领域产生千丝万缕的联系，信息物理融合、软件社会化、大数据时代的软件新形态使得软件必然成为社会-技术系统。人机物融合的软件系统，其复杂性本身就呈现在系统乃至系统的系统层面上，综合性和系统性也越来越强，必须当成复杂系统来认识和对待。这就要求超越传统还原论的思维藩篱，发展作为复杂系统的软件理论。近年来，软件科学在系统观方向上进行了不少探索，包括基于复杂网络来认识大规模软件系统的整体性质、基于多智能体（agent）的软件系统和方法、复杂自适应软件与系统、群体化软件开发方法等。网络化和大数据催发了融合软件系统与系统论研究的切入点，数据驱动的软件设计和优化初显端倪，在一些特定领域获得很大成功。例如，基于深度学习的方法从海量的样本中构建出神经网络，其泛化能力可视为通过神经元系统的涌现而达成的功能。然而，总体来看，这些研究仍较初步，未能形成体系化的软件系统论和软件系统工程方法。

软件学科的发展也将促进系统论和系统学的发展。在“软件定义一切”的时代，软件成为复杂适应系统认知的载体和实验平台，而软件发展形成的以形式化体系为基础的规则驱动软件理论、高性能计算之上建立的模拟仿真技术、与进入智能化阶段形成的大数据驱动的软件方法，为建立还原论和整体论的辩证统一奠定了良好的基础，软件走向人机物融合更是为系统论和系统学的发展提供了实践探索的大场景。正如詹姆士·格雷（James Gray）所指出的，大数据将成为人类触摸、理解和逼近现实复杂系统的有效途径。

（二）形态观

在空间维度上，随着应用范围的拓展，软件对人类生活和现实世界的渗透力越来越强，呈现泛在化的趋势；在时间维度上，随着应用上下文环境及用户需求的变化不断适应和演化，软件呈现出持续成长的趋势。与之相应地，软件的范型进一步向网构化以及数据驱动的方向发展，这对软件学科的内涵发展将产生多个方面的影响。

首先，"软件定义+计算思维"将成为每个人解决现实问题、满足自身需求的新范式。未来的人类社会及日常生活的方方面面都将以软件定义的人机物融合应用的方式来实现。实现用户需求的应用软件将越来越多地以最终用户编程的方式面向应用场景按需构造。同时，这也要求我们为支持人机物融合的泛在服务软件提供通用的编程抽象（包括编程模型和语言），支持这种最终用户编程。

其次，适应泛在而专用化甚至变化的计算设备和运行平台成为软件的普遍要求。大量的应用软件将从通用的硬件和平台迁移到专用的硬件和平台上，需要新的方法和工具支持来实现大范围的软件迁移与优化。软件平台需要具有预测和管理未来硬件资源变化的能力，能适应硬件、底层资源和平台的变化，乃至能相对独立地长期生存演化。

再者，内生的持续成长能力将成为软件的基本能力。除了自适应能力，软件将越来越多地具备支持自演化的持续生长能力。这种持续生长不仅意味着通过各种智能化方法调整软件的算法和策略从而实现优化运行，而且还意味着软件通过各种生成及合成能力不断增强自身的能力。因此，未来软件定义中功能与数据的界限将进一步模糊，越来越多的功能将通过数据驱动的方式进行设计，并实现自演化和自生长。

最后，软件与人将在不断汇聚的群体智能中实现融合发展。软件的覆盖面越来越广，软件所能获得的关于用户行为和反馈的数据越来越全面和丰富，并在此基础上形成越来越强的群体智能。这种群体智能注入软件后又将服务于每个最终用户，这样软件能够在各种应用场景中以更加智能化和个性化的方式满足用户自身的需求，从而在使用中越来越有"灵性"和"人性"。

（三）价值观

软件在整个系统中的角色定位日益从负责应用过程中的信息处理环节转变为实现应用价值的主要载体。这就要求对软件质量的理解从以软件制品为中心的传统软件质量观拓展转变到以人为中心的价值观。传统的软件质量观下，人们主要关注软件制品的正确性、高效性、易用性等外部质量属性和易维护性、易移植性等内部质量属性。这些质量属性一般是客观的。软件的价值观是建立在传统的软件制品质量属性基础上的，强调用户体验，强调软件系统的应用对人类价值的实现。软件通过一系列价值要素体现了主观的人类价值。除了可以用经济价值衡量的软件质量，尤其需要强调软件的可信性、安全性、伦理和持续性等价值要素。

软件系统的可信性包括软件本身可信和软件行为可信两个方面。软件本身可信是指软件的身份和能力可信，即软件开发过程提供可信证据（如关于软件质量的过程记录和评审、测试结果等），对软件及其组成成分的来源和质量进行自证；软件行为可信是指软件运行时行为可追踪且记录不可篡改，即通过监控软件运行过程并控制其对周围环境的影响，使包含该软件在内的整个系统的对外表现符合用户要求。软件及其应用场景日趋多样，自身以及运行环境的复杂性越来越高，加剧了软件可信面临的挑战。

软件系统的安全性要求其为人类活动和生存环境提供必要的安全保障，包括功能安全（safety）和信息安全（security）。功能安全是指不会因为软件自身的缺陷而给人员、设施、环境、经济等造成严重损害，信息安全是指系统保护自身免于被入侵及信息被非法获取、使用和篡改，具体包括机密性、完整性和可用性三个方面。在人机物融合的趋势下，软件作为基础设施，参与并掌控了很多关键领域的资源，其安全性威胁会给整个系统甚至人类社会带来致命的威胁。因此，安全性随着软件成为基础设施的现状变得愈发重要。

软件系统的伦理是指系统的行为应符合社会道德标准，不会对个人和社会产生负面影响。社会道德定义了一定时间区域内人们的行为规范，可具体表现为无歧视、尊重隐私、公平公正等，并最终体现于软件系统的具体行为。因此，软件系统的伦理也体现在软件行为的上述方面，并需要通过软件开发和运行的诸多机制进行支持。

软件系统的可持续性是指软件系统在持续不间断运行、维护和发展过程中，始终能提供令人满意的服务的能力。这是软件作为信息社会基础设施的必然要求。同时，为满足各类应用快速增长、新技术不断涌现的需求，软件系统需要具有开放扩展能力，即能集成各种异构的技术及子系统，支持各类软件制品的即时加载/卸载，对内部状态及外部环境变化的感应、自主响应及调控机制，以及个性化服务的定制等。

（四）生态观

软件的开发、运行、维护和使用涉及三大类元素，包括软件制品（包括开发态和运行态）、软件涉众（包括开发者、使用者和维护者等）和软件基础设施（包括承载软件制品开发与运行等活动的软件基础设施等）。这些元素彼此作用、互相依赖，形成复杂的生态系统，需要用生态化的观点去理解和研究。生态系统可以从下述维度来刻画。

首先，软件生态系统的关键元素是软件涉众、软件制品和软件基础设施，三者互相融合、依赖和影响。软件涉众之间、软件制品之间、软件基础设施之间存在各种依赖，网状的依赖形成各种供应链，而软件涉众、软件制品和软件基础设施之间因为彼此依存也存在各种影响。生态的要义在于供应链的形成和各种影响的相互作用需要达到平衡。

其次，软件生态系统具有深刻的社会性，开发者和用户都是社会体，参与或主导生态的企业也有很强的社会性。参与生态的社会群体如何协作以建立生态并不断适应变化以支持可持续生态是软件生态的核心挑战。群体关系（对立、独立或互补）之间的平衡是秩序之本，非平衡是运动变化之源。

最后，软件生态系统是由人类智能和机器智能交互并融合而实现的。人类智能体现为分布在全球的开发者和用户；机器智能体现为支撑分布式开发和使用的软件工具与基础，支持人们更好地协作、开发和无处不在的使用，并且在开发和使用活动中不断迭代增强。通过众多的个体认知的汇聚，以及商业和宏观调控角度的战略调控，人类智能和机器智能相互协作、补充，并向群体混合智能方向发展。

软件从过去的个体作坊开发，到不同组织内或组织间人员混合参与的组织化开发，再发展到数以万计互相依赖的软件形成的供应链和庞大的生态系统下的社会化开发。其转变给软件开发带来前所未有的创新可能。相应地，生态观对软件方法学带来显著的变化。软件和软件学科需要从以往关注个体软件的构建和运维转变到关注有广泛社会参与的软件体系的构建、运维和成长，以及软件生态的平衡和适应各种变化的可持续发展。同时，软件学科与其他学科的交叉性将更加凸显，社会学、经济学、组织学、生物学等学科的理论和发现可用来研究海量软件活动数据隐含的软件生态网络，其发现反过来对其他学科的发展也将很有裨益。

四、学科研究的主要问题

软件学科的学科内容主要涵盖软件语言与软件理论、软件构造方法、软件运行支撑、软件度量与质量评估四个方面的内容，而软件范型贯穿其间，使之相互配合形成方法论意义上的有机整体。软件范型的变化将牵引软件技术体系的变化。而上述系统观、形态观、价值观和生态观的新视角将引起软件范型的变化，并辐射到软件开发、运行和度量各个层面方法和技术的变革，进而对软件的整体生态与教育方面产生深刻的影响。

（一）软件语言与软件理论

软件语言与软件理论方面将着力解决如何建立适应人机物融合的软件范型基础这一基本问题。软件理论的核心是从复杂系统的角度来建立构建正确、高效、可靠、安全软件系统的理论和算法基础，拓展可计算理论传统研究的内容范围，特别是需要支撑大数据与持续计算的算法和计算复杂性理论，以及在新的硬件架构（异构多态）和计算平台（如量子计算平台）的计算理论和程序理论等。与软件理论紧密相关，软件语言将重点研究泛在计算各种抽象，构建领域特定的程序设计语言，探索语言演化和生长机制，以及基于“语言工程”的软件设计方法和支撑环境，共同奠定软件范型发展的理论和语言基础。

（二）软件构造方法

软件构造方法将研究人机物融合场景下的软件开发范型和技术体系，换言之，即研究面向应用场景需求以及如何“软件定义”人机物融合的“场景计算机”。面向高效、高质量、低成本的目标，软件构造的技术方法和组织模式需要应对复杂场景分析与建模、群体智能开发、人机协作编程、开发运维一体化等一系列挑战，亟待新方法和技术的发展。

（三）软件运行支撑

软件运行支撑将向支撑人机物融合、具有“资源虚拟化”和“功能可编程”特点的泛化运行平台发展，满足作为社会基础设施在规模、适应、演化、安全、效能等方面的诸多严格要求。未来的泛在操作系统与运行平台，需在软件定义的新型运行平台架构、泛在资源的高效虚拟化和调度方法、软件系统持续适应演化的支撑机制、人机物融合过程中的安全与隐私保护等关键问题上寻求突破。

（四）软件度量与质量评估

软件度量与质量评估是软件学科的科学观察和工程构造相交融的重要方面，其未来的重要变化是在复杂系统和软件生态层面的科学观察，并以此为基础推进软件开发和运行层面的持续发展。一方面，将通过有效的度量和分析，理解和利用大规模代码及项目的供应链行为，研究个体学习和群体协作，并探索软件生态的形成和可持续机制机理等。另一方面，以应用场景的价值牵引，带动软件质量和保障技术的发展成为重要趋势，未来突破的重点将在数据驱动的智能系统质量保障、人机物融合场景下的系统可信增强、大规模复杂系统安全缺陷检测、物联网环境下的系统安全保障等方面。

“以数据为中心”是人机物融合时代的最为突出的特征，数据工程和数据管理是未来软件构造和运行支撑的共性沉淀。在数据工程方面，需要应对异构数据整理、数据分析和数据安全与隐私保护等挑战。在数据管理方面，需要研究如何管理大数据，特别是如何利用新型硬件混合架构来实现大数据的管理。

软件学科的发展呈现纵横交错的发展态势，即共性沉淀和领域牵引相辅相成的格局。学科发展的途径将呈现为：先在已有共性方法上发展领域特定方法，然后反馈并带动新型共性方法的发展。在人机物融合及“软件定义一切”的大背景下，以卫星系统、流程工业控制系统、智慧城市系统、无人自主系统等为代表的重大领域都蕴含着平台再造与整合的发展机遇，即以软件作为万能集成器对相关系统原有的软硬件和服务资源进行解构，然后以平台化的方式进行重构，从而建立软件定义的融合发展平台。此外，高性能 CAE 软件系统等专用工程软件也是软件学科的重要关注点。此类软件用于支撑高端装备、重大工程和重要产品的计算分析、模拟仿真与优化设计，具有重大应用价值；其高效能、高精度、高定制的需求也将推动软件技术的发展。

软件学科的发展离不开软件教育体系、内容、方法、手段的变革。软件教育需要构建包括顺应“软件定义一切”发展趋势的通识教育、针对人机物融合时代特点的专业教育、融合软件学科知识的其他学科专业教育和继续教育的完整体系，并建设发展相应的教育理念和方法。

第四节　政 策 建 议

我们比任何时候都需要更加重视软件学科建设，牢固确立软件学科的优先发展地位，准确把握新时代软件学科的发展方向。建议从加强软件基础前沿研究、升级完善软件学科高等教育体系和构建软件产业良性发展环境等维度规划我国的软件学科发展战略。

一、加强软件基础前沿研究

新时代的软件学科面对的软件是人机物融合、泛在、可演化的复杂系统。这样的系统已经超出传统软件学科关注的以计算机为中心的软件范畴，因此加强软件基础前沿研究既现实又紧迫。

（一）加强面向人机物融合、泛在计算模式的软件理论研究

新时代的软件系统是持续演化、人机物融合、泛在的开放复杂系统。以互联网（物联网）上大量涌现的人机物融合的智能云服务系统为例，软件系统需要处理持续增长的网络大数据，融合离散计算与连续的物理空间，服务行为具有不确定性和持续演化性。此类软件系统已经超出当前算法和程序理论的研究范畴。需要借鉴复杂系统思想、理论和方法，拓展与控制理论的交叉，研究开放的新型软件理论，为新时代的软件学科提供理论支持。

（二）加强面向泛在计算的程序设计语言及其支撑环境研究

随着计算向各个领域的渗透，降低普通用户学习门槛成为面向泛在计算的程序设计语言关注的重点。需要结合各个行业领域的软件定义需求，以领域特定的程序设计语言设计原理和高效实现为目标，研究面向领域应用的新型程序设计语言理论、程序设计语言的演化和互操作性机理、程序设计语言的支撑环境和工具链等，提供共性和个性兼顾的编程支撑。

（三）布局基于软件定义方法的泛在操作系统原理和技术研究

需要研究以“连接协调”为核心的新型软件体系结构下泛在操作系统模型和机理、各类新型异构资源的抽象机制及其虚拟化技术、应用需求导向的按需高效资源调度、内生可信安全机制等，以及研究如何充分发挥泛在操作系统的“元层”共性基础支撑作用，有效驱动和实现“信息-物理-社会”空间的协同持续演化。

（四）探索以数据为中心的新型应用开发运行模式及其平台支撑

随着大数据应用的繁荣和数据作为主要资产定位的确立，围绕数据部署应用将成为一种主要的应用模式。需要研究异构海量数据的抽象和建模、多元（源）数据资源的互操作和调度管理技术及平台、以多元（源）数据为中心的应用快速开发和高效运行技术，以及相应的数据安全和隐私保护技术等。

（五）加强对大规模代码和项目的供应链和生态行为研究

开源、众包等软件开发社区模式已成为传统组织型软件开发模式之外的重要模式。需要以刻画和分析复杂的软件供应链模型为基础，研究个体如何高效认知复杂项目和生态、群体如何高效高质地协作完成各类软件开发相关的任务、软件涉众如何围绕软件构建可持续性演化的生态系统等。基于互联网群体智能的软件开发方法和支撑平台研究、基于软件工程大数据的软件自动化方法和技术研究，以及软件知识产权的甄别和保护技术也是值得关注的重点。

（六）重视软件技术研究和应用的价值取向及管理

鉴于软件的基础设施化的发展趋势，需要加强复杂人机物融合系统安全可靠保障、机器学习赋能软件的质量评估和风险防控等，同步发展软件确保工具环境、软件基础设施以及软件生态治理。需要推进以人为中心的软件价值观研究和规范，研究各种社会因素带来的超越软件使用质量的新型软件价值及其约束和规范、可能风险的防护和提示机制等，软件技术及其应用的伦理研究也应受到关注。

二、升级完善软件学科高等教育体系

软件不仅成为社会经济活动的基础设施，还将重塑人们的思维模式。在现代高等教育体系中，软件教育不仅仅是面向软件专门人才的专业教育，还应该成为覆盖全体大学生的通识教育。

（一）布局面向全体大学生的软件通识教育

要通过以“算法抽象+编程思维”为核心的认知教育，帮助学生形成用算法和编程理解数字空间的认知能力；通过以“语言案例+编程案例”为核心的实践案例教育，帮助学生形成自主学习编程工具、解决现实计算问题的实践能力。要使大学软件通识教育与中小学的计算机基础教育相衔接；要与当下大学开设的“大学计算机基础”通识课程融合衔接；要与大学各类专业教育和未来终身学习相衔接。

（二）重构软件学科专业人才培养体系

需将以计算机为核心的软件学科知识体系拓展为以网络为平台的软件学科知识体系，系统能力培养标准也要由计算机空间拓展到网络空间，建立与软件新“四观”相适应的高层次研究型专门人才培养方法，强化解决以网络为平台的复杂系统问题的能力，造就勇于开拓新时代软件学科“无人区”的探索者，为中国引领新时代软件学科发展培养领军人才。

（三）开展面向其他学科专业的软件工程教育

为适应“软件定义一切”的时代特点，结合各行业领域信息化转型发展需求，需构建面向其他学科专业的软件工程课程体系，实现复合型、创新型和跨界人才培养，有效提升行业领域应用专门人才与软件专业人才合作开发复杂应用软件的能力，为各行业领域提供高端软件开发人才，提高基于计算机和网络开发仿真、设计、分析、制造、测试等工具软件的能力和水平。

（四）构建并开放软件教育支撑平台

要把握软件学科实践性的特点，坚持以泛在化的计算机和网络为支撑工具，支持软件人才实践能力培养，研发支持软件人才培养的支撑软件和大规模开放在线课程（massive open online course，MOOC），与开源软件资源以及开源软件开发部署云平台对接，构建开放共享的软件开发、部署、维护、升级和演化的实训平台，推广大规模开放在线实践（massive open online practice，MOOP）教学，对接软件产业环境，形成支撑大学教育和终身教育的开放平台。

三、构建软件产业良性发展环境

在“软件定义一切”成为经济社会基础设施的时代背景下，强大的软件产业需要强大的软件学科支撑，同时也提供了软件学科发展的沃土。需要把握住新时代软件的颠覆式发展机遇期，实现创新发展和跨越发展。

（一）完善知识产权保护

需加强软件知识产权保护的宣传，加强各个领域、各种形态、各种应用场景下的软件技术知识产权保护方法和措施研究以及法规制定，完善健全软件知识产权保护体系并建立严格的实施机制，切实保护软件技术和应用创新，促进我国软件产业的技术升级。

（二）大力发展融合应用

在智慧城市、社会治理、智能交通、敏捷物流、信息消费等重点领域加强投入，发展软硬融合的垂直设计技术，构建人机物融合的关键应用系统；推进相关抽象规范和软件标准的制定，引导形成以应用程序编程接口（application programming interface，API）经济为基础的人机物融合应用生态；构建相应的大数据互操作平台和应用开发工具，支撑高附加值软件产品和服务的技术创新及应用。

（三）布局新基础设施建设

结合数字中国建设和数字经济发展新需求，打造新一代信息技术主导的社会经济活动的新型基础设施，如 5G 通信网、物联网、人工智能开放平台和大型数据中心等。同时，加快推动传统物理基础设施的软件定义改造和升级，如电力传输网、交通路网等。以此为基础，面向传统行业领域数字化转型、网络化重构和智能化提升的迫切需求，大力推进软件定义方法在各行业的推广应用，推进工业互联网技术研发和平台构建，按需打造各行业特定的泛在操作系统。

（四）积极培育开源生态

需培育基于开源模式的公益性生态环境建设，“参与融入”国际成熟开源社区的同时，以建设中文开源社区逐步“蓄势引领”。探索开源生态下的新型商业模式，并以其为抓手提升我国在信息技术领域的核心竞争力和国际影响力，特别是通过中文开源平台的建设构建国家软件资产托管和共享体系。

（五）推进公共数据开放

需通过政策和法规制定，鼓励地理、气候、统计、环境、交通等政府数据和公共数据开放，构建基于互联网的大数据开放共享平台及开放的数据分析工具库，支持不同组织和个人开展数据汇聚、管理、分析和应用的大规模协作以及高附加值的数据类软件产品及服务创新。

第五节 本章小结

经由七十多年的发展，软件已经成为信息社会不可或缺的基础设施，支撑着国计民生，承载着现代文明。本书旨在勾画软件科学与工程的学科体系及其发展态势，指出其所面临的挑战和未来的研究方向。如未做到，乃能力及知识所限，请读者见谅。

第一篇　软件学科发展回顾

第一章 引　言

《计算机科学技术百科全书》中对软件给出如下描述[3]：

> 细言之，“软件”一词具有三层含义。一为个体含义，即指计算机系统中的单个程序及其文档；二为整体含义，即指在特定计算机系统中所有上述个体含义下的软件的总体；三为学科含义，即指在研究、开发、维护以及使用前述含义下的软件所涉及的理论、原则、方法、技术所构成的学科。在这种含义下，软件宜称为软件学，但一般仍称作软件。

这个描述主要从计算机系统中与硬件相对的角度，说明了软件的存在形式。而从软件的历史渊源看，它所描述的实质内容是用来完成给定应用目标的可计算函数[4]。本书将软件视为以计算为核心手段实现应用目标的解决方案。软件属于人工制品，以适应其所处环境的方式完成应用目标。更进一步，它是一种计算的逻辑制品，既有图灵可计算性[4, 5]和计算复杂性[6]的刚性约束，又有通用图灵机模型给予的巨大通用性和灵活性。软件已经成为人类认识和改造世界的关键工具，承载着信息时代人类的文明。

软件科学与工程学科（简称软件学科）是以软件为基本研究对象的人工科学（或称人工制品科学，science of artificial[7]），包括研究和分析、开发和运行、使用和演化软件等活动所涉及的理论、原则、方法、技术、工具与系统等。回顾计算机科学技术的发展历史，从 1966 年首届图灵奖至 2019 年的 54 次颁奖中，属于软件领域的有 37 次（68.5%），其中以程序设计语言、编译和操作系统为主获奖的有22次，还有4次数据库获奖。在方法论的意义上，软件学科构成整个计算机科学技术学科的相当大的部分，并与系统科学、控制科学以及经济学、社会学等相关学科交叉融合，具有高度综合性。作为本书第一部分的开篇，本章将简要回顾软件和软件技术的发展历程，通过梳理软件发展脉络，总结软件学科的基本内涵、主要线索、研究方法和发展规律，为第一部分软件学科历史回顾的展开进行铺垫，同时为第二部分学科发展战略研究提供背景。

第一节　软件发展简史

本节试图从“编程”表达解决方案和“抽象”实现复杂性控制两个基本视角简要回顾软件发展历史，为本章第二节讨论软件学科发展基本规律提供背景。

一、人力/机械计算时代

程序化是人类思维的基本形式之一。如果广义地理解“计算”，那么“软件”的历史可以追溯到千年之前。人类历史上最早的计算设备是算盘，其算法口诀可视为一种程序化计算的规则。到东汉时期，提花机的设计中蕴含了用程序方式编织特定图案的思想。类似的设备直至1805年才在欧洲出现，即提花织机（jacquard loom[①]）。1842年，第一位程序员Ada Lavelace为Babagge的分析机写了第一个程序，功能是计算伯努利数（Bernoulli number[②③]）。可见，早在机械计算时代，可编程的思想已经萌芽。

Computer一词最早出现在1613年，用来指完成演算或计算的人员。这种用法一直持续到19世纪末第二次工业革命时期产生了用来演算的机器为止[④]。著名的哈佛大学天文台在1877～1919年期间雇用了一批妇女作为处理天文数据的技术工人。在电子计算机出现之前的人力和机械计算时代，Mathematic Tables项目是最大、最复杂的计算项目。该项目的关键思想就是利用编程完成特定函数的计算。Gertrude Blanch女士作为“数学的导演”和“计算的经理”，

① http://www.columbia.edu/cu/computinghistory/jacquard.html。
② https://en.wikipedia.org/wiki/Analytical_Engine。
③ https://computerhistory.org/blog/ada-lovelace-day。
④ https://www.computerhope.com/issues/ch000984.htm。

设计了人力计算团队执行的“算法”。其算法设计成为此后数十年超越函数的标准计算思路。逐渐地，人们发明了表达编程的记号和方法，例如，1921 年 Lillian Gilbreth 和 Frank Gilbreth 的过程图（process chart），后来的程序流图与之形式十分类似。可以看到，计算和编程是紧密相关的，而编程的结果事实上是给出了一种计算应用（数学计算）的解决方案，它可以由人力计算或机械计算完成。然而，在人力/机械计算时代，还未形成通用计算设备编程的思想。

二、电子计算时代

1936 年，艾伦·麦席森·图灵（Alan Mathison Turing）在他的著名论文“On computable numbers，with an application to the entscheidungs problem”中提出了图灵机和通用图灵机模型[4]，建立了现代计算机和软件的理论模型。20 世纪 40 年代，计算机先驱相继研制了 Colossus（1943 年）、ENIAC（1946 年）、EDSAC（1949 年）和 Mark I（1949 年）等电子计算机[8]。EDSAC 作为第一台存储程序结构的电子计算机，给出了通用图灵机理论模型的物理实现，从而开启了通用计算的时代，也标志着现代意义的软件的诞生。早期的程序通过一种微开关的形式加载到机器硬件上。50 年代后，出现了用户和计算机之间的简单交互。Grace Hopper 在 1951 年和 1952 年为 UNIVAC I 编写了 A-0 系统，这是第一个电子计算机的编译器[9]。从今天来看，A-0 更像现代编译器概念的加载器或链接器，可以认为是第一个系统软件。UNIVAC I 的程序由一组子程序和参数序列组成。两年后，A-2 系统成为第一个开放源码的软件。早期的驻留管理程序将程序从纸带或者穿孔卡上读入计算机中进行加载，这种技术直接导致历史上第一个商用操作系统的出现，即 1956 年推出的 IBM 704 操作系统。

三、软件和软件工程的出现

自冯·诺依曼计算机诞生之初，存储程序原理即表明了程序在计算中的核心位置。程序被作为研究对象促进了计算机学科的发展。早期最重要的系统成果有两个方面：一是随着机器语言到汇编语言再到高级语言及解释和编译技术的出现，开发程序的生产率得到迅速提高；二是为了发挥硬件性能、改善人机交互、有效管理资源而产生了操作系统，显著提高了程序运行的可靠性，降低了计算机使用成本。围绕程序是什么、怎么写、怎样运行的研究随着计算机的发展形成了计算机学科的重要分支；数据结构、算法理论和程序理论形成了学科的重要基础，计算机应用领域开始拓展。计算机学科在世界范围内受到重视，一些高校先后设置了计算机系。

“软件”一词最早出现在1953年兰德公司Carhart的报告中[10]，用来说明讨论可靠性时与硬件相对应的“人因”。而人们现在通常理解中的“软件”这一术语来自Tukey在1958年所发表的论文[11]。文中指出“软件由精心编排的解释程序、编译器以及自动编程的其他方面组成，它们至少像电容器、晶体管、电线和磁带等现代计算机硬件一样重要”。软件的概念逐渐形成并清晰起来，具有了形态（程序和编程）上的早期认识。或许是巧合，1968年出现了两个软件发展史上的重大事件，这两个事件的背景都与IBM著名的IBM S/360系统相关。

第一个事件是软件与硬件的解绑[12]。早期的软件依附在硬件之上解决应用问题，软件完全是针对其运行的硬件开发的，不能再用于其他硬件。此时的计算机系统中硬件和软件是相互“捆绑”的。技术上的一体带来了商业上的一体。计算机公司（如IBM）的商业模式在收费上采取只考虑硬件价格而软件和系统服务免费的策略。这在当时对用户是很有吸引力的，也增强了公司的竞争力。到1964年时，情况发生了变化，IBM发布了新的IBM System/360系统，其目标是用户能够升级硬件系统而不需要替换或改变它们的应用程序。这在事实上形成了一种把应用解决方案剥离出硬件系统的技术可行性。而稍后美国无线电公司（RCA）也宣布了其新的Spectra 70系统与IBM System/360兼容。这使得IBM难以阻止RCA在市场上“免费”使用其软件。1968年，IBM宣布了其软件和硬件系统的解绑。此后，软件从计算机系统硬件中剥离出来，获得了可以独立发展的空间，有机会产生独立的商业和竞争模式。可以看到，除了商业上的反垄断和市场竞争因素，软件本质上所具备的“解决方案”的独立性和计算平台抽象使解绑具备了历史必然性和技术可行性。软件学科的独立存在凸显。之后的发展以比尔·盖茨（Bill Gates）创立微软和拉里·埃里森（Larry Ellison）创立Oracle为标志，软件成为独立产品并形成巨大产业，应用领域从科学计算和商业计算开始不断扩大，逐渐从作为硬件附属品的软硬件一体化阶段过渡到软件产品化、产业化阶段。人们逐步认识到软件是计算机系统的灵魂，其共性沉淀形成的系统软件向下管理计算机系统的各类资源，向上满足应用软件对计算机系统的功能需求。

第二个事件是软件工程的提出。计算机能力的快速提高和软件复杂性增加导致了“软件危机”现象。典型的案例是IBM System/360的操作系统OS/360的进度、开销和可靠性均不尽如人意。北大西洋公约组织（North Atlantic Treaty

Organization, NATO）在 1968 年举行了首次软件工程会议[13]。在这次会议上，专家首次提出需要与其他领域的工程方法一样系统化地进行软件开发。正如 Margaret Hamilton 在开发阿波罗在轨飞行和导航系统项目中所明确指出的，“我努力使软件具有其应有的地位，使构造软件的活动受到应有的尊重，因而我开始用‘软件工程’将其与硬件和其他类型的工程区分开来，成为整个系统工程的一部分”[14]。软件工程的出现激活了软件发展的巨大活力。这一史实也证实了软件发展的外在驱动力，即不断增长的应用需求和计算能力。

四、软件发展的主线

软件通常可分为应用软件、系统软件和支撑软件。应用软件是指特定应用领域专用的软件，面向用户完成既定应用目标，如工业控制软件、飞行控制软件、公共管理软件、人机交互软件、聊天软件、财务软件等；系统软件位于硬件层之上，为应用软件提供服务，如 Windows 或 Linux 操作系统、各种数据库管理系统、编译程序及软件中间件等；支撑软件是支撑各种软件的开发与维护的软件，如软件开发工具及环境等。系统软件和支撑软件又统称为基础软件。

追溯软件发展可以有多条线索，既可以考察计算机系统平台、应用形式的发展，也可以采用程序设计语言、系统软件、支撑软件等角度。从计算平台看，软件运行平台从主机平台、微机平台、局域网平台、互联网平台到万物互联平台；系统软件也从批处理式、交互式、网络化发展到云边端融合等模式去支撑从少量集中到海量分布异构的资源管理和利用。从应用形式看，软件的应用目标从最初以军事为主的科学计算起步，拓展到商业计算、个人计算、网络计算、云计算，到如今泛在计算等林林总总各个领域的场景需求，应用软件极大丰富。为更好地面向需求，满足各类质量、进度和成本约束，驾驭各类复杂性成为软件学科的一大重要挑战，软件语言从机器语言、汇编语言、高级语言发展到领域特定语言，成为描述软件的基本方式。在此之上形成软件方法学，主要涉及指导软件设计的原理和原则，以及基于这些原理、原则的方法和技术。狭义的软件方法学也指某种特定的软件设计指导原则和方法体系。从 ALGOL[15]诞生至今，软件方法学从结构化方法[16]、对象化方法[17, 18]、构件化方法[19]，向服务化[20]、智能化和网构化[1]的方向发展。

（一）以抽象为主线的软件学科发展

软件抽象是理解软件学科及其发展的关键。一方面，软件抽象是软件开发者认识问题、表达并实现解决方案的语汇，是软件学科的核心研究对象和软件工程的主要工具。软件抽象影响乃至决定了软件认知和表达的边界。另一方面，作为一门方法论学科，帮助开发者驾驭软件开发的复杂性始终是中心问题，而抽象是驾驭复杂性的主要手段。软件抽象是软件学科知识沉淀的载体和发展进步的标志，系统软件和工程方法均以其支撑或使用的软件抽象为主要特征。

细言之，以计算手段解决问题的过程是从应用需求的问题空间到计算平台约束的解空间的映射过程，包括从解空间到平台空间上的计算实现①。软件可以看成现实世界中的问题及其求解方案在计算机上的一系列符号表示。如何将现实世界表示为人和计算机都能够理解的符号系统是软件学科最核心的问题之一，此即软件模型及其建模问题[21, 22]。软件模型是解决方案（现实世界描述、问题描述及其求解方案）的抽象表示。软件模型组成了解空间，是将现实世界问题空间映射到计算机世界平台空间的“桥梁”；从人工科学的角度看，软件模型的集合构成问题空间到平台空间的界面。构造软件模型的语汇（又称基本元素）是各类软件抽象设施，构造模型的方法是各类抽象的分解、组合和变换，建立抽象和抽象之间的关系。

Sapir-Whorf 语言相对论假设对语汇的重要性给出了一个表述[23]。其较弱的版本称为语言相对论，是指语言影响思维与决策；较强的版本称为语言决定论，则是指语言决定思维与认知边界。这一原理也突出地表现在软件学科。认识软件的切入点是认识各种软件抽象，宏观地说，软件方法学的核心是探讨如何建立、实现和使用抽象。软件抽象设施集中体现在各种软件语言，特别是程序设计语言和建模语言，也包括程序框架、编程接口等。从结构上看，基于认知程度的不同，高层抽象可以分解为低层抽象，低层抽象可以组合或聚集为高层抽象，抽象之间还有不同语义保持度的转换。在问题空间、解空间和平台空间表述时，可以建立或者定义所需的抽象，也可以使用已定义的抽象表述对象或者实现一个新定义的抽象。软件范型为软件工程师（或程序员）提供一套具有内在一致性的软件抽象体系，具化为一系列软件模型及其构造原理[24-27]。

换个角度看，软件抽象的重要性也体现在它是驾驭软件复杂性的基本手段。可以说，软件是人类制造的最复杂的一类制品。高度灵活性使软件不仅仅是系统中的信息处理工具，也是管理各类资源、融合人机物的“万能集成器”。

① 本质上，平台空间属于解空间中可直接计算执行的部分，其中计算平台形成了对解空间的约束。

这就使整个人工系统的复杂性向软件集中。驾驭复杂性的能力（复杂性的种类、程度的提升）体现了软件发展的水平。从以算法复杂性为主，到结构复杂性，再进入网络化时代的交互复杂性和规模复杂性，直至今日，数据复杂性、社会复杂性也将纳入软件需要驾驭的复杂性之中，建立、实现、使用抽象的循环迭代不断往复，推进着软件技术的发展。

软件抽象与数学抽象的不同之处在于，它是可编程的单元并有计算的实现，以有效管理硬件平台、提升解空间抽象层次为目标，构成了软件运行支撑技术的主要内容，即系统软件技术。面向应用目标，构建问题空间抽象并以系统化的方法映射到解空间为目标，则构成了软件开发方法的主要内容。进一步，通过科学观察，针对不同层次抽象的软件制品及其过程进行度量和质量评估，便构成了软件度量与质量评估的主要内容。

（二）程序设计语言与程序理论

程序设计语言提供计算平台直接实现的解空间抽象和构建抽象的设施，是软件范型的表示载体和描述工具。程序设计语言力图以更方便、更一致、更准确的方式表示软件，从而使开发者可以用更少的代码完成更多的工作，用更优的结构来控制编程复杂性，用更加严格规范的语法来预防编程错误等。换言之，程序设计语言的设计总是以更具表达能力和提高软件开发效率与质量为主要追求目标。

军事领域的科学和工程计算是计算应用的最初需求。面向科学和工程计算建立的抽象成为软件发展的早期里程碑。为了满足数值计算的需求，Backus于1953年发明了Fortran语言[28]。Fortran语言是第一个正式推广的高级程序设计语言，于1957年在IBM 704计算机上实现。Fortran语言提供的抽象对用数学公式表达的问题求解提供了直接支持。经过多年的版本更替，Fortran语言至今仍在使用。Fortran语言的主要贡献者Backus于1977年获得了图灵奖。

1960年，面向常规商业信息处理的COBOL语言发布，即COBOL-60[29]。COBOL提供了面向周期性循环处理和数据变换的抽象，适合于报表、情报、计划编制等商业数据处理，如今仍有应用。同一时间段，面向通用计算的算法语言ALGOL 60诞生，成为美国计算机协会（Association for Computing Machinery，ACM）当时算法描述的标准，它提供了数据结构、块结构、递归等设施[30, 31]。ALGOL语言的意义重大，一是它确立了结构化高级程序设计语言设计的基础，之后的Pascal[32]、C[33]、Java[34]等命令式程序设计语言都是在此基础上发展出来的；二是它催生了试图严格或形式化地定义语言和程序的一大批软件基础理论成果。ALGOL 60 的主要贡献者 Peter Naur 获得了 2005 年的图灵奖。

20 世纪 60 年代末至 80 年代，历经 Simula 67[35]、Smalltalk[36]、C++[37] 等语言，面向对象程序设计形成，提供了类（对象）、方法（消息传递）、继承等设施，引入封装和多态等机制，抽象数据类型成为其重要的理论基础之一。

与命令式程序设计语言不同，人们还在 20 世纪 50 年代末探索了声明式程序设计语言，其代表是基于 λ 演算的函数式语言 LISP[38]、基于 Horn 子句的 Prolog[39]、基于关系演算的 SQL[40] 等。以 LISP 为例，它提供了用于问题求解的函数抽象，首次在语言中支持递归函数定义。LISP 的设计思想深刻地影响了 ML[41]、Haskell[42] 等函数式程序设计语言[43] 的发展。

随着人们对程序设计安全可靠、便捷有效等要求的提高，以及计算平台向并发、分布、异构发展，程序设计语言呈现两个走向：①程序设计范式的融合，如面向对象语言和函数式语言相融合并支持并发、安全计算，出现了 Scala、Rust 等程序设计语言，展现了强劲的势头；②面向特定领域的语言受到重视，它们针对领域应用提供高效便捷的抽象，如面向大数据处理的 MapReduce[44]、面向区块链智能合约的 Solidity[45] 等。

程序设计语言向上要表达问题求解方法，向下要在计算机系统上实现。围绕语言的语法、语义和语用等方面的程序理论和围绕问题求解的计算理论成为软件理论的重要部分。从 ALGOL 60 开始，关于程序（构造）的理论研究就开始了，其基本内容是在计算理论的基础上建立程序的形式语义，并对程序及其性质进行推理，其本质是基于数学的方法来建立抽象及抽象之间的联系[46, 47]。在 20 世纪 60 年代到 70 年代，人们建立了程序设计语言的操作语义、公理语义、指称语义和代数语义。以形式语义为基础，人们长期探索程序的形式开发、形式验证等形式化方法和技术以提高软件生产率与软件质量，取得显著的进展。例如，模型检验基于判定理论，利用高效的数据结构与算法能快速自动地验证一大类计算机硬件和软件系统的关键性质。Edmund Melson Clarke、E. Allen Emerson 和 Joseph Sifakis 因此获得了 2007 年的图灵奖[48]。与程序相关的问题的求解判定和算法复杂性也成为程序设计语言设计与形式化方法的重要内容。

（三）系统软件

随着硬件能力快速提高，以操作系统和编译器为代表的系统软件成为在平台空间中建立抽象、使用抽象来实现更高级抽象的焦点。系统软件着力提高平台空间抽象的执行效率，并提升解空间的抽象层次，向问题空间抽象接近，拉近问题与解之间的距离。具体来说，一方面，系统软件通过建立、使用并实现有效的平台空间抽象对各类资源进行有效的管理；另一方面，系统软件力图在计算平台上凝练建立、沉淀实现应用软件中的共性解空间抽象并加以复用，以尽可能提高软件开发效率。

操作系统抽象的三个基本要素是抽象表示、管理机制和策略。其基本思路是抽象表示沉淀共性模型、管理机制和策略分离。例如，进程是程序执行的抽象，进程调度是进程抽象和计算资源的管理机制，调度算法是管理进程的控制策略。进程抽象的实现中使用了进程控制块，调度机制和算法分而治之地完成进程管理。操作系统中各类资源管理大多采取这样的设计思路，包括内存管理（页面、换页、换页策略）、输入输出（input/output，I/O）管理和安全管理等。在编译器中，从高级语言源程序到机器目标代码之间，历经了抽象语法树、中间语言代码、四元式等多层级的抽象，目标代码生成过程是这些层级抽象的映射。在系统软件发展过程中，人们发现并设计了不同粒度的抽象、抽象使用和实现的原理与方法。例如，换页策略使用局部性原理、抽象的信息隐藏和分而治之原理等。程序设计语言和软件工程中许多重要的概念都来自操作系统和编译器的设计，如管程、递归协程序等。Liskov 在操作系统发展 50 周年研讨会上讨论了操作系统、程序语言和抽象之间的关系，指出抽象对构建系统软件的作用[49]。

20 世纪 50～60 年代，操作系统出现之初主要是解决在计算机上加载和运行程序，以及设备驱动、输入输出控制等工作。集成电路的兴起增强了计算机的能力，中央处理器（central processing unit，CPU）和外设的性能差异突出，高效地共享和管理硬件、发挥硬件效能成为操作系统的重要驱动力。为此，先后产生了多道程序设计，分时、实时等操作系统技术，系统设计变得复杂，能力也变得强大。著名的系统有 IBM System/360 的操作系统。以操作系统设计为矛盾焦点之一，人们意识到了“软件危机”。软件的复杂性驾驭成为一个至今仍存在的挑战。70 年代，UNIX 操作系统及其家族的发展和成熟，成为当今主机操作系统的基础。80 年代，随着商业计算和微处理器时代到来，出现了一批微型计算机和工作站操作系统，其代表是 MS-DOS、Linux、Solaris 和 Windows 等。90 年代，在“网络就是计算机”的理念推动下，以主机和微机操作系统为基础，以桥接异构的互联互通互操作为主要目标的中间件和网络化操作系统成为系统软件的增长点。进入 21 世纪后，以 iOS 和 Android 为代表的移动操作系统，与主机操作系统向数据中心扩展所形成的云操作系统一同构建了云端计算系统软件的基本格局。更好地满足用户对易用性的需求成为系统软件生态化发展的重要因素。可见，追求充分发挥硬件的能力，利用软件抽象技术统筹管理好硬件以形成灵活、高效、可信、统一的虚拟资源，是驱动系统软件发展的动力。

由于应用范围的迅速拓展，数据量及其复杂性迅猛增长，数据资源成为重要管理对象。用于数据资源的抽象、操作和管理的数据库管理系统渐渐分离出来成为系统软件相对独立的部分。

（四）软件工程

软件工程把工程化的思想应用于团队化的复杂软件系统构造活动，促进了软件开发方法与软件开发过程的发展。

软件开发可以看成使用各种抽象构建并实现新抽象获得问题解的过程。分而治之的模块化和组合化是使用抽象和在使用中建立新抽象的基本思路。程序设计语言提供了基本的抽象，在其基础上，软件开发试图在问题空间中建立有更强表达能力并易于向平台空间抽象高效映射的一系列抽象。因此，软件开发的诸多基本抽象往往力求与程序设计语言的抽象尽可能相容或一致，使软件工程模型不同阶段、不同层次的抽象有较好的对应，保持较好的可跟踪性和平滑的实现映射。例如，20 世纪 70 年代的结构化分析和设计方法对应于结构化程序设计、80 年代的面向对象分析和设计方法对应于面向对象程序设计等。另外，在程序设计语言抽象的基础上，为了与人们应用问题求解思维过程的一致，在软件的需求和设计上也出现了含有高层的抽象设施的软件语言，也称为软件建模语言。它们具有面向问题空间描述的抽象形式，例如，在面向对象方法学中的统一建模语言（unified modeling language，UML）[50]用 Use Case 对需求进行抽象建模，用 Message 对需求和设计中类交互进行抽象。更进一步，随着软件抽象粒度和层次的提升，软件开发方法和软件语言的发展愈加紧密。例如，基于复用思想的软件构件化方法中提出了软件体系结构，构件和构件间的连接子成为其重要组成；服务化方法定义了服务和服务间的流程编排；以及网构化方法提供了自主实体和实体间的按需连接等。

软件生命周期不同阶段有不同的抽象，由抽象间的（使用/实现）关系复合构建映射成为软件开发的重要任务。然而，高级程序设计语言不可能以内嵌的方式提供问题求解需要的所有抽象，需要具有从内嵌类型构造不同层次抽象的能力。同时，不同层次抽象之间内嵌信息隐藏能力。这些动机促使了抽象数据类型的出现[51]。抽象数据类型用抽象对象上一组操作的方式定义了该类抽象对象，即用类型上的操作来定义新类型。它一方面封装了底层操作抽象的细节，另一方面又构造了一组新的类型抽象。迭代地，这些不同抽象之间的关系通过分解、组合封装的方式，形成低级抽象实现高级抽象、高级抽象精化为低级抽象的分层软件结构，呈现一个垂直方向的模型映射关系。将这种思想从类型抽象扩展至需求层面、设计层面，形成了模型驱动（model-driven）的软件开发方法[52]。模型成为软件系统的抽象描述，逐渐基于模型（model-based）这个说法就成为更能够表达其宽泛含义的术语。基于模型的软件开发得到较大的发展，出现了基于模型的软件开发（model-based software development）、基于模型的测试（model-based testing）、基于模型的规约（model-based specification）等技术。

软件开发方法从制品的角度来认识、构造和演进软件。而另一方面，软件作为人类的智力产品，其质量存在不确定性，同时其产生和发展过程中蕴含着复杂的协作。因此，从工程化的角度看，软件度量和质量保证，以及软件开发和演化的动态过程也是必不可少的。以软件开发方法为基础，软件工程必然延伸到度量、质量和过程。例如，UML 软件工程不仅支持面向对象的分析与设计，还支持从业务建模、需求获取、分析、设计、实现、测试到部署的迭代化软件开发活动，在此基础上形成了统一软件开发过程（Rational Unified Process，RUP）。软件过程模式从早期的手工作坊式生产组织方式、企业化生产组织方式发展到社会化生产组织方式。企业化生产组织方式方面的里程碑事件主要有软件过程的提出（1970 年）、能力成熟度模型（capability maturity model，CMM）（1988 年）、Scrum 过程框架（1995 年）、统一软件开发过程（2000 年）、外包（2001 年）、敏捷和极限编程（2001 年）、个人软件过程（personal software process，PSP）（2005 年）等；而社会化生产组织方式的重要模式和工具有开源软件运动（1997 年）、分布式版本管理工具与开源代码托管平台如 Git（2005 年）与 GitHub 等，以及相应的开发社交平台 Stack Overflow（2007 年）等。

第二节　软件学科的内涵、发展规律和基本架构

一、内涵与学科特征

软件实质是以计算为核心手段实现应用目标的解决方案，是一种人工制

品[7]，其内涵特征包括三个方面：

（1）功能性，即有何种结构和行为；

（2）目的性，即达成什么应用目的；

（3）适应性，即依赖何种环境下。

不同于一般的人工制品，软件也是一种纯粹的逻辑制品。作为逻辑制品，其困难不在于物理限制而在于逻辑构造。因此，软件开发活动本质上不同于传统工程制造：后者在于“造物”，前者可谓“拟人”，即表达人脑思维形成的问题解决方案。

软件学科是以软件为研究对象，研究以软件求解应用问题的理论、原则、方法和技术，以及相应的工具支持、运行平台和生态环境的学科。其核心内容是以计算为工具的问题求解方法论，目标是达成效能、效率和价值的统一。Wirth 在《软件工程简史》一文中指出“如果说我们能从过去学到什么，那就是计算机科学本质上是方法论学科。它开发并传授多样化应用中的共性知识和技术”[53]。我们认为，在这个意义上，软件学科实质上就是 Wirth 所说的计算机科学的主体。

软件的功能性、目的性和适应性，使软件学科呈现出艺术、科学和工程共存的学科特征。这源自于软件本身融合了人类活动、数学物理规律约束的计算模型和装置，以及面向应用价值的工程设计。软件之目的性是其工程属性的来源，而功能性的设计及设计的柔性孕育了艺术、方法和原创的结合，运行软件的硬件平台物理特性和可计算性限制构成了软件发展必须遵循的科学规律约束。艺术、科学和工程在软件发展的不同阶段和侧面会相互渗透乃至相互转换。归根到底，其目的性表征的价值、软硬平台与外部环境所形成的功能以及界面适应性是其核心，这也成就了软件成为万能集成器和黏合剂的基础设施地位。

二、学科发展的基本规律

纵观软件学科发展历史，随着计算时代从数字化时代发展到网络化时代，再到目前人机物融合、智能化时代，软件和软件学科在继承中发展；变化成为常态，正所谓“变是不变的真理”。可以从两个方面来认识软件学科发展的规律：①本学科发展的驱动力是什么；②本学科的研究方法论是什么。

（一）发展的驱动力

软件是兼具刚性约束和柔性适应的产物。平台和应用的可计算、复杂性和正确性形成了软件需要遵循的刚性约束，而人的认知规律和人力资源管理的深化与提高，内在的各种方法学引导、功能和适应性设计，造就了软件的柔性多样，也给予了软件学科无穷的发展活力。作为一门面向人工制品的方法论学科，软件学科发展的外在驱动力来自应用范围的扩张和计算平台的发展；其内在驱动力来自其核心问题的解决，追求更高效地发挥计算机硬件所提供的计算能力，不断凝练应用共性并沉淀到系统软件平台中，同时更好地满足用户对易用性的需求。

1. 外在驱动力

计算平台的发展和应用范围的扩张分别构成了软件学科发展的平台驱动力和应用驱动力。不断变迁的平台构成了软件灵活成长的平台空间；而不断扩张的应用构成软件所需解决的问题空间。在平台空间和问题空间之间，软件构成了桥接二者的解空间。软件的发展是这三个空间变化、渗透和互动的产物。

应用拉动、平台变化，推动软件的发展。从应用驱动力的角度，软件的应用范围不断扩展，渗透力不断增强。不断增长的应用诉求拉动了软件技术从最初单纯的计算与数据处理拓展到各个行业的应用，乃至现在无所不在的应用，软件学科无可比拟的渗透力变得空前强大，软件的形态、开发方法和运行支撑等诸多方面发生了巨大的变化。从平台驱动力的角度，计算平台从单机发展到局域网、互联网、物联网，从云计算、端计算、边缘计算到泛在计算，形成了从封闭、静态环境（单机计算平台）到开放、动态环境（泛在计算平台）的态势，造就了软件发展的不竭动力，使软件所能提供的解决方案的解空间空前强大。在应用驱动力和平台驱动力的联合作用下，“软件定义一切”成为趋势。

2. 内在驱动力

从学科的技术角度看，软件的内在驱动力来自如下几个方面：追求更具表达能力、更符合人类思维模式、易构造、易演化的软件模型；支持高效率和高质量的软件开发；充分发挥硬件资源的能力，支持高效能、高可靠和易管理的软件运行；桥接异构性，实现多个应用系统之间的互操作；凝练应用共性并沉淀计算平台；更好地满足用户对易用性的需求。基于抽象的复杂性控制成为学科发展的核心要素。围绕抽象和复杂性控制，软件技术从系统化走向形式化和自动化，软件也向超大规模、开放适应、持续成长方向发展。

（二）学科方法论

从研究的角度，软件学科需要建立在计算机上运行软件的科学和工程基础之上。从应用的角度，需要建立开发软件制品的方法和过程来高效、高质和低成本地构建软件系统。与计算学科类似[54]，在软件学科中，基本方法可以归为三类，即理论方法、实验方法和设计方法。

1. 理论方法

理论方法首先给出软件对象的定义描述，并假设它们之间可能的联系，通过证明来判断这些联系是否成立，并解释所得到的结果。源于以图灵机为代表的形式化计算模型的奠基性贡献，数学一开始就进入计算机理论研究。通过建立形式理论、推理获得结果并解释结果，形成了软件作为数学对象来研究和开发的方法学。这种方法提供了开发模型并理解模型边界的分析框架，在软件正确性方面发挥了重要作用。理论方法将软件视作数学对象开展研究。

2. 实验方法

实验方法属于实验科学方法。它首先基于假设构造一个模型，通过对实验成果的统计/量化度量和分析，来确认所获得的模型。例如，为评价一种软件开发的新方法或者工具，需要通过建立假设条件下的模型，开展实验、度量和分析，以说明方法和工具较已有方法的先进性。实验方法源自于自然科学和社会科学方法。对软件学科的研究，可以利用计算的手段开展软件的实验研究，即仿真，包括用软件模拟软件的模型方法或用数据科学方法来研究软件及其环境的现象和方法。

3. 设计方法

设计方法是人工科学的特有方法。它着眼于为了解决一个问题来工程化地构造一个软件，其基本过程是表述需求、表述规约、设计和实现系统并测试系统。设计中不断对已有的软件解决方案进行观察，提出更好的解决方案，建立/开发、度量和分析，重复直到满足问题需求。这种模式是一种演化改进的方法，关键在于设计时符合人的思维模式，尽量减少问题求解的额外复杂度。设计方法属于工程方法，面向问题，通过系统的设计过程来构造解决方案。

上述三类方法各自具有不可替代的作用，理论方法用来描述和揭示软件模型及其之间的联系；实验方法运用实验手段收集数据和实验结果，来预言软件行为并与现实世界进行比较；设计方法则是依据软件模型和计算对象的映射规律来设计完成解决方案。

以模型为数学对象，形成了软件学科的基础（数学）理论方面的内容，其基本方法是理论方法。从软件代码逆向到软件抽象模型，即从软件代码能否构造一个符合该代码系统的模型，并对软件进行断言或者预言，形成了软件学科的科学方面的内容，其基本方法是实验方法。从应用目标到设计软件模型再到软件，即面向问题获得求解模型并构造一个符合该模型的软件系统，形成了软件学科的工程方面的内容，其基本方法是设计方法。这三个方面在软件学科的研究中并不是正交的，往往会联合在一起共同解决学科问题。

三、软件学科的基本架构

我们就软件学科的现状，将软件学科体系梳理为四个方面的内容（图 0-1）：软件语言与软件理论、软件构造方法、软件运行支撑及软件度量与质量评估。贯穿四者之间的是软件范型。每一个范型为软件工程师（或程序员）提供一套具有内在一致性的软件抽象体系，具化为一系列软件模型及其构造原理，并外化为相应的软件语言、构造方法、运行支撑和度量评估技术，从而可以系统化地回答软件应该“如何表示”、“怎样构造”、“如何运行”以及“质量如何”的问题[1]。软件范型是软件学科的核心，每次软件范型的变迁（图 0-2），都会引发软件语言与软件理论、软件开发方法和运行支撑技术的相应变化，并导致新的软件质量度量和评估方法的出现。

软件语言包括程序设计语言、各类建模语言以及编程模型等。其中程序设计语言用于描述软件的计算行为，提供了基础软件抽象，承载着软件的范型。一方面，程序设计语言需要提供更有效、有力，更符合人类思维方式的语言设施，以降低软件开发的难度，提高软件制品的质量；另一方面，这些语言设施又需能被高效地实现以保证软件的执行效率。软件语言与软件理论紧密关联。软件理论包括可计算性理论、算法理论和程序理论等。可计算性理论回答什么能或不能在计算平台上求解，算法理论回答如何在计算平台上高效能地求解问题。程序理论回答软件抽象是什么以及它们之间联系的问题。

软件构造方法重点解决如何面向应用目标开发软件的问题，其主要研究大型软件系统高质量高效率开发的方法、技术和工具，属于软件工程的范畴。软件构造（开发）是一项困难的任务，而困难可区分为实质性（essential）的和附属性（accidental）的[2]。可以认为，前者来自软件所要解决问题本身所固有的复杂性和多变性，而后者源自解决问题时所用技术手段和过程步骤方面的不足。软件构造方法旨在消除附属性困难，并帮助开发者理解和驾驭问题本身的实质性困难。软件构造技术核心是有效控制问题求解的附属复杂性，是一个不断建立抽象、使用抽象来实现抽象的过程。

在软件运行支撑方面重点解决如何在计算平台上高效、高可靠地运行软件的问题。其基本途径是逐层的虚拟化技术和系统优化技术，运行平台包括操作系统、数据库、中间件等。操作系统可视为构架在硬件资源上的软件虚拟机，以追求更高效地发挥各种硬件资源所提供的计算能力，提供友好的人机交互界面。而数据库、中间件等均可视为架构在下层资源上的一层虚拟机，充分发挥下层资源的计算能力，提供高效的资源管理和更自然的人机界面。本书将运行支撑方面的学科内容归入系统软件的范畴。

软件度量与质量评估重点解决软件如何度量与质量评估的问题。作为人工制品，软件本身及其构造、运行均可以成为科学观察和建模的对象，形成软件的静态模型、动态模型、科学度量模型、质量模型等软件度量的基本内容，软件度量尤其关心其系统质量，追求软件的正确性、功能性指标和性能指标等。随着软件的广泛应用，人们越来越关心软件系统是否更好（更快捷、更安全、更可靠、更灵活）地解决了现实世界中的问题，如何判断或度量软件是否可信、是否符合应用价值取向、是否达到目的成为软件学科的重要内容。本书将其与软件构造方法一并归入软件工程的范畴。

软件强大的渗透性，使软件和产业紧密相连，并产生了软件产业。软件的问题解决方案和人工制品特性、软件发展的外部驱动力决定了其形成产业的必然性，而强大的产业需求不断地拉动软件的发展，软件学科与软件产业相互促进，共生共荣。

第三节　本章小结

软件是最为复杂的人工制品。本章通过梳理软件发展的脉络，指出软件是以计算为核心手段实现应用目标和价值的解决方案。可编程是软件的基本特征，建立抽象、实现抽象和使用抽象是软件发展的主线。软件学科是以软件为研究对象，通过科学方法、实验方法和设计方法等途径，研究设计、运行、使用软件及其规律的学科。

第一篇的后续几章分别从程序设计语言与理论、系统软件、软件工程、软件产业等方面进一步阐述学科领域的内涵和外延，以及相应的发展历程、现状和存在的主要矛盾，目的是从各个方面来阐述软件发展的学科特性，把握学科现状和发展规律，为展望学科的未来发展奠定理性思考的基础。

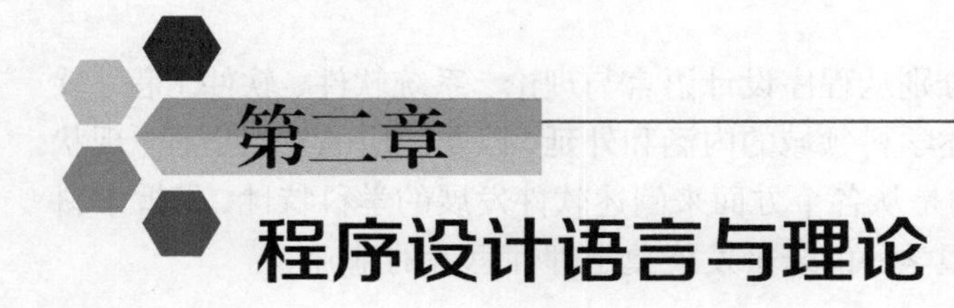

第二章 程序设计语言与理论

第一节 概 述

软件工程师在开发软件系统时，不可避免地要用到某种程序设计语言。顾名思义，程序设计语言是程序员用来描述程序的语言，为程序员表达基于计算的解决方案提供了（通用）抽象设施。一般来说，每种程序设计语言往往具有某种应用背景、所属的语言范式以及各自的个性特征。历史上，曾出现过数百种程序设计语言。近几年，TIOBE①、IEEE②等给出了目前常用的程序设计语言，排名居于前列的包括 Java[34]、C[55]、Python[56]、C++[57]、C#[58]、JavaScript[59]、PHP[60]等。大多数程序设计语言的创建都受其之前语言概念的启发，而新出现的程序设计语言提供更强、更为自然的抽象设施，程序员的工作变得更加简单、有效。Sebesta[61]从高级语言机制的设计角度对程序设计语言进行了深入细致的介绍和比较。

程序理论是软件理论的重要组成部分。作为程序设计语言的基础，提供程序抽象及其之间的推理和构造原理，不仅可以用于描述程序设计语言的语法、语义，还可以支撑程序的正确性构造，指导程序高效、正确地实现。

① https://www.tiobe.com/tiobe-index。

② https://spectrum.ieee.org/computing/software/the-top-programming-languages-2019。

第二节 程序设计语言

在计算机发展的早期，人们往往是用二进制（0/1 序列）给计算机发指令。这显然很不方便。后来，逐渐出现了汇编语言以及各种高级语言。一般来说，提高软件开发本身的效率与质量需要更符合人类思维的程序设计语言；而提高现实计算机硬件系统的利用率和执行效率，则需要使用较低级的程序设计语言，这样程序可以更直接地控制硬件资源。较通用的程序设计语言适用于广泛的应用领域和应用场景，可吸引大量的语言使用者，积累充足的遗产代码，便于培训与推广共享资源；但高度通用的语言设计上难以兼顾开发效率与执行效率。很多针对特定应用领域的程序设计语言更容易通过合适的语言机制同时改善软件开发与执行的效率。此外，多样化的编程接口常具有部分的程序设计语言功能，反映了相应的编程模型的特点，也可以起到程序设计语言的作用。

程序设计语言的发展往往在不同程度上得到计算机系统和行业应用需求发展的推动。新出现的程序设计语言通常是应对新兴应用或者新兴计算机体系结构的需要。从程序设计语言发展历史角度看，应用需求的影响明显处于主导地位。

一、语言的设计、实现及生命周期

为了便于使用与推广，程序设计语言的设计与实现通常要遵守一定的规则。同时，不同应用的涌现也推动了多种程序设计语言的提出与发展。

（一）设计

一个好的程序设计语言需要具备多种不同的质量属性，如易读性（所编写的程序容易理解）、易写性（能够让程序员清晰、准确地表达计算意图）、通用性（具有良好的表达能力，能表达出所需的计算需求）、正交性（不同维度的语言元素可以自由组合）、一致性（相似的语法结构有相似的语义）、易实现性（容易开发出编译器和解释器）、可靠性（能尽量减少程序员的编程错误）、易维护性（添加新功能和修复缺陷比较容易）、可扩展性（允许用户定义新的语言成分）、标准性（利于程序在不同机器和系统间的移植）等。

语言设计是上述几个方面的综合权衡，在实践中有不同角度，体现不同的侧重点：从程序设计语言理论角度出发设计的语言十分关注语言语义的清晰性、灵活性、简洁性，往往直接反映了理论领域的创新成果，如 Pascal、Ocaml、X10 等；从系统软件与体系结构角度出发设计的语言，关注如何充分利用系统结构的特点来优化性能，如图形处理器支持的 CUDA；从应用角度出发设计的语言关注与目标应用的契合度以及编程的便易性，如 XML、PHP、Julia、SQL、TensorFlow、PyTorch 等。

（二）实现

语言的传统实现方式分为从高级语言到机器代码的静态编译与直接对高级语言程序解释执行两种方式。如果存在中间语言，那么在不同层次可能分别采用不同方式混合实现，如避免在运行时的编译性能消耗和内存消耗的运行前编译（ahead of time，AOT），以及根据当前硬件情况实时编译生成机器指令的运行时编译（just-in-time，JIT）。编译技术仍然是语言实现的关键技术：一方面，类型检查等静态程序分析均在编译阶段实施；另一方面，代码生成过程中的优化技术是对程序员屏蔽硬件复杂性的主要手段。

通用语言的程序可以像 OpenMP 那样插入新的语言机制的语句；也可以反过来在大数据处理编程框架 MapReduce、Hadoop、Spark 等新风格的程序中插入通用语言的子程序，不仅简化了分布式并行数据处理编程，而且允许程序员设计灵活高效的程序用于数据处理；一些编程模型的实现甚至不引入任何新的语法扩展，仅仅以子程序库的形式出现，如科学计算中广泛使用的 MPI 由 C 和 Fortran 程序库实现，支持多种形式的消息传递通信。

（三）发展

自从 20 世纪 60 年代以来的发展历程看，程序设计语言的抽象级别显著提高。历史上曾出现过将程序设计语言分为四代的提法。

（1）机器语言：由二进制代码指令 0、1 构成，不同的处理器具有不同的指令系统。由于机器语言难编写和维护，人们已很少直接使用这种语言。

（2）汇编语言：汇编语言指令可以直接访问系统接口。由汇编程序翻译成的机器语言程序效率高，但同样难以使用与维护。

（3）高级语言：面向用户，独立于计算机种类与结构，因此易学易用，通用性强，应用广泛。

（4）声明式语言：使用这种语言编码时只需说明“做什么”，不需描述算法细节。数据库查询语言是其中的一种，用户可以使用它对数据库中的信息进行复杂的操作。

在程序设计语言发展最初阶段，程序设计语言按照主要编程范式，可以归类为过程式、面向对象、函数式、逻辑式等。随着C++、C#等语言的出现，传统分类之间的界限逐渐变得模糊。现代的编程语言往往具有若干种类编程语言的元素，这就是多范式编程语言。

二、应用驱动的程序设计语言发展

按照程序设计语言的类型，图 2-1 给出以时间为主线的不同类别语言的发展过程。从不同角度来看，一种程序设计语言既可能属于系统编程语言，又是面向对象语言。从发展过程来看，一种语言在发展过程中会不断进行扩充，融入不同的范式，进而趋近于多范式语言。计算机产业的发展往往是新的产业应用从已有的应用模式中成长出来而不是取而代之。新语言的出现往往标志着信息技术在新的应用领域的扩张。本节主要以应用驱动的视角来介绍程序设计语言的发展。

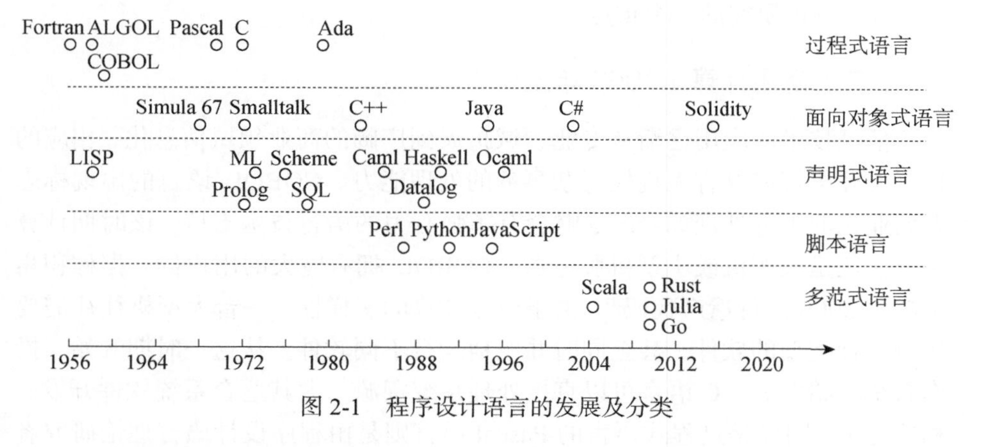

图 2-1　程序设计语言的发展及分类

（一）科学与工程计算（1954 年至今）

早期计算机系统硬件结构简单，软件专用性强，主要用于核反应计算、密码破译等专业性强的科学与工程计算领域，解决数值计算问题，直接服务对象往往是政府与军工行业。由 Backus 主导实现的 Fortran 语言标志着具有完整工具链的程序设计语言出现。Fortran 语言符合典型的过程式语言的特征，由从事系统结构和系统软件的研究人员设计，采取编译的方式实现，反映了程序设计与计算机系统之间的紧密联系。串行的科学计算软件开发方法已成熟，积累的大量遗产代码保证了 Fortran 这样的语言在其适用领域仍然具有生命力。

早期语言的准确语义往往通过编译器的实现来体现，针对特定体系结构由编译器的开发者设计。20 世纪 50 年代末出现了一些由计算机逻辑理论与程序语义研究者设计和实现的程序设计语言，如 ALGOL 和 LISP 语言。70 年代后出现的大量函数式语言如 ML、Haskell 往往具有清楚而简洁的数学表示，设计出发点上更多地考虑如何优美地表示计算，但由于缺乏工业级应用的针对性以及性能上对常见体系结构的适配性，其应用范围受到限制。

科学与工程性质的计算，尤其是高性能计算往往与计算机体系结构密切相关，发展了多种形式的编程接口。OpenMP 是共享内存的并行计算所常用的编程接口。其特点是在 C 或 Fortran 中插入指导语句，希望在不改变原有串行程序语义的条件下利用共享存储器的多线程并行加速计算。MPI 是跨平台的消息传递通信程序库，完全不增加额外的语法机制。图形处理器语言 CUDA 在 C 基础上扩展了一些语法机制，用以区分在 CPU、图形处理器（graphics processing unit，GPU）上运行的程序片段，做出不同的编译。并行程序设计模型一直是程序设计理论研究的一个重点。

（二）商用计算（1960 年至今）

信息技术的应用逐渐从专业领域扩展到广阔的商业领域信息化，相应的程序设计语言需具有大规模复杂事务的处理能力。COBOL 语言的出现标志着商业化的事务处理如金融、财会有了强有力的语言技术支持。该时期计算系统往往是大型机或小型机服务器。COBOL 拥有庞大的用户群，据称积累了超过 2000 亿行遗产代码[①]。由于商业计算的多样性，一台大型机往往需要运行多种类型的软件，甚至同时并发地运行不同软件。从这一时期开始，操作系统开始发展，C 语言可以直接处理系统资源，尤其适合系统软件开发。相比之下，同样是过程式语言的 Pascal 语言则是由程序设计语言理论研究者设计的更加安全和规范的语言。数据库查询语言 SQL 是较早出现的领域专用语言，它不具有完整的程序设计语言功能，但可看成针对关系数据库应用的编程模型。

随着商用计算而来的是软件大规模化。20 世纪 60 年代末出现了一系列旨

① http://cobolcowboys.com/cobol-today。

在有效控制大规模软件开发过程复杂性的程序设计思想。面向对象的思想及其第一个语言 Simula 67 试图通过数据封装对不同程序模块访问共享变量的方式进行限制，使程序更具有模块组装特性。Dijkstra 提出避免使用 GOTO 语句的结构化程序设计思想[62]，对程序的控制流进行限制。

（三）人工智能（1960 年至今）

人工智能自诞生以来，广受关注。在该领域也出现了若干专用语言，用于编写程序求解非数值计算、知识处理、推理、规划、决策等具有智能的各种复杂问题。例如，基于 λ 演算的函数式编程语言 LISP，具有对符号表达式的支持、交互式环境和可扩展性等特性，曾大量用于人工智能系统的开发。历史上，人工智能形成了符号主义、连接主义、行为主义等流派。

符号主义就是以符号逻辑系统为基础来表示知识。20 世纪 70 年代，Robert Kowalski 等提出了逻辑可以作为程序设计语言的基本思想，将逻辑和计算这两个截然不同的概念统一在一起。这就是逻辑程序设计（logic programming），而 Prolog 语言就是典型的逻辑程序设计语言。对经典的逻辑程序设计语言可以进行各种扩充。例如，将状态转移的控制机制引入时序逻辑系统的 XYZ/E 是世界上第一个可执行的时序逻辑程序设计语言[63]。

连接主义的代表是试图模拟人脑的人工神经网络。近十年来，深度学习显示出了强大的学习能力和广泛的应用前景。TensorFlow、PyTorch 等工具针对深度神经网络学习算法的特点，提供便于高级语言调用接口，搭建神经网络结构然后以高性能方式运行学习算法。这些多样的领域特定语言工具不具备完整的通用程序设计语言功能，但十分适合特定的应用场景。

行为主义是一种基于“感知-动作”的行为智能模仿方法。它认为行为是有机体用来适应环境的各种物理反应的组合。有机体只有在与环境的交互过程中，通过反复学习才能达到适应复杂、不确定客观环境的目的。演化计算和强化学习是其两个研究方向。面向主体编程是基于行为主义的一种计算框架，与面向对象中的对象相比，主体的粒度更大、智能性更高，且具有一定的自主性。该编程方法主要用于多主体系统的开发与设计。

（四）个人计算与系统编程（1981 年至今）

在摩尔定律背景下，计算机硬件系统的价格不断下降，个人使用计算机的情形越来越普遍。随个人计算而来的是软件的多样化，应用形式从事务处理和业务处理扩展到教育与娱乐。软件开发团队与人员的数目大量增加。为了便于使用与推广，相应的程序设计语言不仅构成简单，而且功能较全，适应面广。Basic 是在计算机发展史早期应用最为广泛的程序设计语言之一，它结构简单、易于学习、执行方式灵活，很快就普遍流行起来。C++是 C 语言的面向对象扩展，又增加了泛型编程机制，更适合大中型程序的开发。

作为一种新的多范式语言，Rust 不仅能够提供友好的编译器和清晰的错误提示信息，而且速度快、内存利用率高，同时具有丰富的类型系统保证内存安全和线程安全。目前从初创公司到大型企业，已有很多公司都在使用 Rust，应用非常广泛。

（五）Web 服务与移动计算（1990 年至今）

伴随着互联网的出现，Web 服务软件一改复制销售形式，直接通过互联网向终端用户提供服务。其服务形式多样、方式多变。服务的反应速度往往受限于互联网的带宽与延迟，而不是计算的速度。客户端与服务器端交互程序设计语言重点关注软件的开发效率，而不是程序的性能。典型的支持此类应用的脚本语言有 JavaScript、PHP 等。

20 世纪 90 年代后智能手机的出现与普及将计算拓展到个人随身携带的新模式。一些为 Web 服务设计的语言仍然适用，但新的应用形式也带来了新的挑战。许多项目需要同时以网页、平板以及智能手机形式提供服务。由于应用需求与服务逻辑的易变性，软件的任何更新希望在不同平台上一致地更新。它们不仅需要支持复杂的功能，还需要解决跨平台、跨设备、跨操作系统可移植的难题。Java 语言具有平台独立及可移植性等特点，被广泛用于 Web 应用程序、桌面应用程序和移动应用程序的开发。

（六）大数据分析与处理（2004 年至今）

平台系统的大规模数据分析与处理需求，首先来自互联网的搜索服务。其特点是大量采集的数据需要多台服务器的集群通过并行计算高速处理。分布式并行计算带来了性能优化与可靠性的挑战。但是，在平台建设期无法预知随时可能出现的各种数据分析需求。应用开发人员需要随时针对应用需求快速、灵活地编程，而不必为系统级的性能与可靠性问题所困扰。

设计易用而且高效的并行程序设计语言，是数十年来计算机科学的一个难题。2004 年谷歌公司发布 MapReduce[64]，标志着工具化的大数据编程框架出现。其设计思想是将数据集的操作限制为并行函数式语言中最基本和常用的 Map 和 Reduce 两个命令。对个体数据项的处理由应用开发人员使用 C 和

Java 这样的通用语言来编程，而数据集层次的操作由担任分布式操作系统角色的运行时系统负责执行。Hadoop 和 Spark 是基于 MapReduce 的主要开源工具。尽管此类语言工具不具有独立的语法系统，但其功能和语义直接反映了并行函数式语言与过程式语言混合的编程模型，实质上起到程序设计语言的作用。

（七）区块链计算（2009 年至今）

区块链是一种去中心化的数据库，其实现基于分布式数据存储、点对点传输、共识机制、加密算法等技术，支撑了一类新型互联网应用模式。当前其最重要的应用是互联网金融。这是一种以互联网为载体的金融服务形式，而并非仅仅将互联网作为连接客户的信息系统。开源软件技术主导的金融服务形式始于 2009 年出现的第一个数字货币——比特币。数字货币以区块链记账技术为基础，提供类似法定货币的金融功能，具有特殊的金融服务属性。以太坊数字货币扩展了记账技术，支持区块链中记录完整的程序并以可验证的方式执行这样的程序：合同即程序，程序即合同。这就是智能合约（smart contract）。Solidity 是目前最流行的合约编程语言。Solidity 语法类似于 JavaScript，支持继承、类和复杂的用户定义类型，通过编译的方式生成以太坊虚拟机中的代码。

第三节 程序理论

程序设计语言都具有语法和语义。语义表示程序的含义。程序理论涵盖程序设计语言的设计、实现，以及程序正确性的分析方法等。本节介绍程序设计语言的语法与语义基础，并给出描述程序设计规范的形式化方法。图 2-2 给出程序理论发展的时间脉络及其应用趋势。其中，形式语言是用数学方法研究程序设计语言的语法，研究语言的组成规则。类型理论可以帮助完善程序设计本身，帮助编译或运行系统检查程序中的语义错误。形式语义是程序设计理论的组成部分，以数学为工具，利用符号和公式，精确地定义和解释计算机程序设计语言的语义。而形式规约将需求中的事物状态和行为描述用数学符号进行形式化表达，为编写计算机程序和验证程序的正确性提供依据。

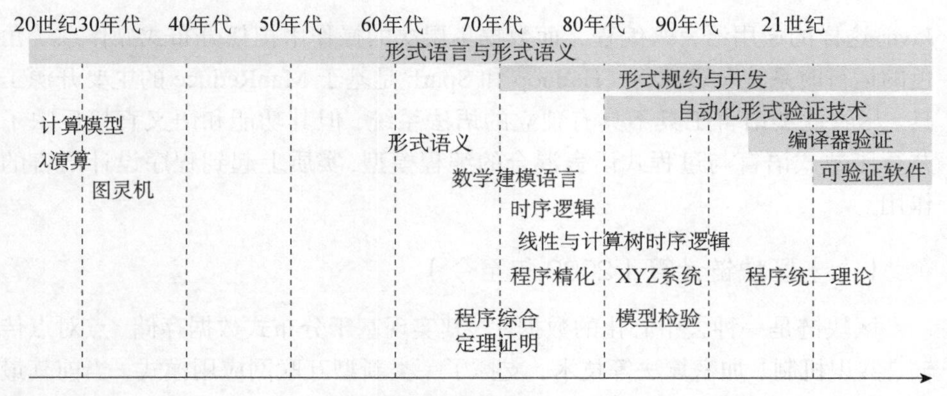

图 2-2　程序理论的发展

一、程序设计语言的语法

程序设计语言都有自己的语法，而语法的定义是一系列规则的集合，这些规则的基础就是形式语言，从而保证规则是无二义性的。文法是形式语言中十分重要的基本概念，是描述语言的语法结构的一组形式规则。文法有四种分类，其中最常用的为正则文法和上下文无关文法。正则语言可以用正规式定义，上下文无关语言可以用上下文无关文法（元素和规则的集合）定义。程序设计语言中的大多数算术表达式可用上下文无关文法生成。正则语言是最简单的语言类，是上下文无关语言类的一个真子类。对程序设计语言编写的程序进行分析和处理（编译）时，需要判断对应的句子是否合法，可以通过对应语言的自动机进行判断。自动机是形式语言的另一种表示方法。其中，正则语言可以转换成有限状态自动机、上下文无关语言可转换成下推自动机表示，反之亦然。针对某种特定输入的一系列有限的规则，对不同的输入元素，自动机依据自身的状态会做出不同的响应，最后达到某种特定的状态。

二、程序设计语言的类型系统

现代软件工程通过形式化方法来确保软件系统的正确性。我们可以选择比较强大的框架（如霍尔逻辑、代数规范语言、模态逻辑等）来表达非常一般的正确性，但是这种框架使用起来不容易，需要程序员理解理论并掌握技巧。同时，也可以选择轻量级的技术，将自动检查器内置到编译器、链接器或程序分析器中，这样程序员即使不熟悉基础理论也可以使用。到目前为止，我们知道的最流行、最完善的轻量级形式化方法就是类型系统。对于普通程序员，类型系统起到方便思维、简化编程、避免错误和优化性能的作用。

类型系统是通过程序的每个组成部分的计算值对组成部分进行分类，证明程序的某种不好的行为（如运行时的类型出错）不会发生的一种形式化方法。从理论的角度来看，类型系统（或类型理论）是指逻辑、数学和哲学的一个大的研究领域。类型系统最早是在20世纪初为避免逻辑上的悖论而定义的。而后类型逐渐成为逻辑的标准工具，尤其是在证明论中。标志性的成果包括罗素（Russell）最初的类型分支理论、拉姆齐（Ramsey）的简单类型理论、马丁洛夫（Martin Löf）的构造性类型理论，以及贝拉迪（Berardi）、特劳（Terlouw）和巴伦德格（Barendregt）的纯类型系统。从计算机科学的应用角度来看，最早的类型系统用于简单地区分整数和浮点数（如在Fortran语言中）。在50年代末和60年代初，这种分类扩展到结构化数据（如记录的数组）和高阶函数。70年代，随着许多丰富的概念（如参数多态性、抽象数据类型、模块系统和子类型）的出现，类型系统成为一个研究领域。同时，人们也开始意识到，程序设计语言中的类型系统和数理逻辑中的类型系统相互关联、相互促进。

类型检查旨在检查程序中的每个操作所接收的是否为合适的类型数据。为了进行类型检查，编译器需要给源程序的每一个组成部分赋予一个类型表达式。然后，编译器要确定这些类型表达式是否满足一组逻辑规则。类型检查可分为动态检查（即运行时检查）和静态检查（即编译时检查）。动态检查（如Python的实现）是在运行时检查数据类型是否合适。动态检查的优点在于它提供了宽松、限制少的程序设计环境，这在交互式语言中是十分有用的。静态检查（如Java的实现）通过对程序的静态分析，在程序运行前排除潜在的类型错误。静态检查有利于错误的尽早发现和效率的提高。一个健全的类型系统可以消除对动态类型错误检查的需要，因为它可以帮助人们静态地确定错误不会在目标程序运行时发生。如果编译器可以保证它接受的程序在运行时刻不会发生类型错误，那么该语言的这个实现就称为强类型的。

强类型语言（如Java）和弱类型语言（如JavaScript）主要是站在变量类型处理的角度进行分类的。强类型语言是一种强制类型定义的语言，即一旦某一个变量被定义类型，如果不经强制转换，那么它永远不可改变。而弱类型语言是一种弱类型定义的语言，某一个变量被定义类型，该变量可以根据环境变化自动进行转换。弱类型语言的好处是一些数据类型不是很复杂的场景中基本可以不用关注数据类型的问题，这可以提高开发者的业务处理专注力，提升逻辑开发效率。强类型语言没有弱类型语言灵活，但是它的严谨性可以避免不必要的错误。

三、程序的语义

给定一个程序，如何判断它是否正确？这是很早以前人们就关注的问题。简单来说，如果一个程序恰当地实现了设计者与用户的意图，那么它就是正确的。严格意义上，程序的正确性[65]需要数学证明，不仅需要形式描述设计者与用户的意图，而且要形式描述程序的含义，并推导程序的行为满足设计者与用户的意图。程序含义的形式化描述就是形式语义。基于形式语义，不仅可以构建描述程序含义的基础，还可以用于验证程序的正确性。

程序设计语言的语法是符号化的，语义是该语言程序所描述的计算或过程。根据语义，程序设计语言的解释器或编译器可以将该语言程序编译成计算机可处理的机器语言程序。在程序设计语言的早期，人们使用自然语言解释语义。这种自然语言解释的语义不精确、有歧义，无法分析和证明程序的正确性。为了提高程序设计语言的可理解性、支持语言标准化、指导语言设计、辅助编译器开发、证明程序的性质和程序之间的特定关系，需要对程序设计语言的语义进行建模，给出严格的定义。为此，人们开始研究使用数学结构定义程序设计语言的语义，并扩展出各类形式规约（specification）语言[66]，形成了形式语义学[67]。它的基本方法是用一种元语言将程序加工数据的过程及其结果形式化，从而定义程序的语义。根据所用数学工具和研究重点，形式语义学可分为操作语义、公理语义、代数语义和指称语义四大类。

（一）操作语义

操作语义（operational semantics）使用结构化的归约规则，着重描述程序运行中变量赋值的变化、行为的变迁。它将语言中各个成分翻译成计算机系统中相应的一组操作。目前最为常见的操作语义由标号迁移系统（labeled transition system，LTS）给出，将程序执行描述成标号迁移系统，其中的状态是程序执行期间任意时刻观察到的变量取值。迁移规则规定如何从一个状态转换到下一个状态，每条迁移规则对应一个语句，称为标号。一条语句的语义由一组以其为标号的规则定义；标号规则具有组合性，即一个复合语句的规则可以由其成分语句的规则组合而成。

在描述串行程序语义的操作语义中，状态是一些简单的数据结构，迁移规则一般都是确定的、离散的，也不需要考虑标号间的通信和同步。为了定义复杂程序的操作语义，如面向对象程序、并发程序、实时程序、概率程序、混成系统等，人们对迁移系统进行了各种扩充，或扩充它的状态，或扩充它的迁移关系，抑或两者同时扩充。例如，为了定义面向对象程序，人们对程序状态进行扩充，引入堆和栈等复杂数据结构；为了处理并发程序，人们对标号迁移关系进行扩充，使用标号描述通信和同步；为了描述概率和随机程序，允许以给定的概率或者随机选取迁移规则等。

基于抽象机的操作语义易于描述实现方面的执行细节，操作性比较强，适合于语言编译器的开发与编译的优化。此外，操作语义中的状态是显式的、可操作的。在基于状态搜索的模型检验方法中，操作语义比较适合描述模型的语义，即状态的变化序列。然而，抽象机上的推理系统比较弱，不易对大规模或无穷状态的系统进行基于演绎推理的形式验证。

（二）公理语义

公理语义（axiomatic semantics）运用数学中的公理化方法给出计算机语言的语义。动态逻辑、模态逻辑、时序逻辑等可以用来作为定义程序公理语义的形式系统。每个基本语句都有一组公理和推理规则，它们与断言逻辑一起构成程序逻辑的证明系统。

在该形式系统中可以直接进行程序性质的规约和验证。程序逻辑的表达能力、可靠性、完备性以及可判定性都可归结为数理逻辑上的元性质，程序逻辑的解释模型通常就是程序设计语言的指称语义或操作语义。常见的公理语义有基于一阶逻辑扩展的 Floyd-Hoare 逻辑[68]、谓词转换器（predicate transformer）等。其中，Floyd-Hoare 逻辑最初是面向串行程序的，后来扩展至并发程序、实时系统、混成系统甚至量子系统等。针对指针程序和面向对象程序，产生了分离逻辑及其变种，从而把 Floyd-Hoare 逻辑的应用推进到实际的程序验证。公理语义在形式验证中应用比较多。

（三）代数语义

面向对象程序设计语言具有抽象数据类型、多态性等特点。在抽象数据类型的基础上发展起来的代数语义（algebraic semantics），是用代数方法研究计算机语言的语义。它把程序设计语言形式地定义为满足某种公理体系的抽象代数结构，然后利用这种代数结构的性质来证明用该语言编写的程序的正确性。

抽象数据类型将数据对象及对象上的操作封装、数据类型的特性与实现分离，具有模块化和可复用的性质。它与软件开发过程匹配比较自然，多用于程序精化与构造。

（四）指称语义

指称语义（denotational semantics）关注代表程序所作所为的数学对象，用数学对象上的运算来定义语言的语义。建立指称语义首先要确定程序设计语言的解释域（论域理论）。论域理论是指称语义的数学基础，讨论各种语言成分的指称（意义）的数学结构，并在各种数学结构之上定义语言语义，推导语言成分特性。例如，将程序设计语言的基本语法实体的指称定义为程序状态空间上的函数和泛函，复合语法实体的指称由构成它的子成分的指称复合得到。基于指称语义的相关理论，可以推导不同语言形式语义间的关系，也可以分析同一语言不同语义间的转换关系。

四、程序的规约

直接使用程序设计语言及其语义，难以描述和证明软件从需求文档到程序代码的开发过程各阶段创建的不同抽象层次的制品及其正确性。针对这一问题，人们开始研究高层抽象的形式规约语言的设计。形式规约语言是指由严格的递归语法规则所定义的语言，满足语法规则的句子称为合式或良构（well-formed）规约。

串行程序设计早期的程序逻辑是 Floyd-Hoare 逻辑。通过在一阶谓词系统基础上添加关于程序的公理和推理规则，构成了 Floyd-Hoare 逻辑的推理系统。类似的规约语言还有 Dijkstra 的卫式命令语言（guarded command language）的最弱前置断言演算。然而，早期的基于 Floyd-Hoare 逻辑的推理系统无法描述带指针和内存数据结构的程序规约，也无法描述并发程序的规约。分离逻辑是对 Floyd-Hoare 逻辑的扩展，以支持带有指针和内存数据结构的程序的验证。并发程序的规约在 Floyd-Hoare 逻辑的基础上，引入行为轨迹的变量或不变式。并发分离逻辑也支持并发程序验证。

Floyd-Hoare 逻辑中，程序与断言是分离的，而且也无法表达活性。针对这些不足，相继出现了基于模态逻辑的动态逻辑、基于动态逻辑的模态 μ 演算。作为模态 μ 演算的真子集，由 Amir Pnueli 提出的线性时序逻辑（linear temporary logic，LTL）和 Edmund M. Clarke 与 E. Allen Emerson 提出的计算树逻辑（computation tree logic，CTL）是并发系统规约和验证的常用语言。除了这些经典的逻辑，还有用于数理逻辑计算和并发系统正确性验证的动作时序逻辑（temporal logic of action，TLA）、用于有限序列中命题与一阶逻辑推理的区间时序逻辑（interval temporal logic，ITL）。为了处理一些非功能性质，还出现了各种扩充，如度量时序逻辑（measure temporal logic，MTL）、时段演算（duration calculus，DC）等。

五、程序设计理论框架

不同的形式语义有其各自的特点与适用范围。学者试图在这些语义的基础上构建一个统一的理论，相应地出现了一些程序设计理论框架。例如，20 世纪 80 年代初，唐稚松提出以时序逻辑作为软件开发过程的统一基础，并着手建立 XYZ 系统[63]。Goguen 和 Burstall 提出了一种抽象模型理论，以实现不同形式逻辑基础上的各种形式化方法的理论统一、技术和工具的集成与使用[69]。Hoare 和 He 提出了统一程序设计理论框架（unifying theories of programming，UTP），提供了在一种程序（如串行程序）语义模型理论基础上构建扩展程序（如并发）的语义理论，从而保证原来的理论在扩展的理论中能够重用[70]。

第四节　程序正确性构造

基于形式语义，可以确保程序的正确性，有两种方法：一种是先编写程序，再按照规约验证它的正确性；另一种是根据规约编写构造即正确（correctness-by-construction）的程序，包括程序综合与精化，如图 2-3 所示。

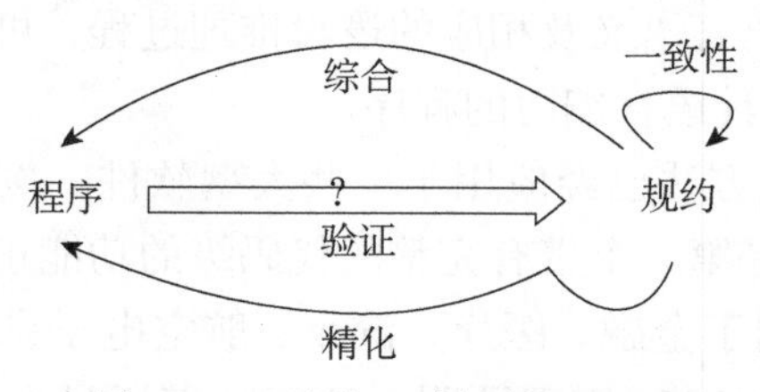

图 2-3　程序的正确性构造方法

一、程序验证

定理证明（theorem proving）、模型检验（model checking）是形式化验证

的两种主要方法。

（一）定理证明

这类方法将程序正确性验证问题看成数学定理证明，试图通过严格的逻辑推导来验证程序是否满足规约。

对串行程序进行验证，可以通过一组与程序设计语言语句对应的 Floyd-Hoare 逻辑公理和规则，将对程序的验证转化为一组数学命题的证明。对这种逻辑进行扩展，可以进一步证明并发程序的正确性。可以通过描述并发任务的无干扰性（non-interference）、并发任务间接口的抽象，实现并发程序的验证。

基于定理证明的验证工具可以分为两类，即基于自动定理证明器的自动验证和基于人机交互的半自动验证。常见的程序自动证明器（program verifier），如 Dafny、Why3、VeriFast、Smallfoot 等，大多都基于某种具体的程序逻辑。给定程序及其规约，证明器能够自动决定针对程序的每条语句使用程序逻辑中的何种公理或规则，并产生相应的验证断言作为证明义务。最终，由定理证明器完成对验证断言的证明。目前常见的自动证明器包括 Z3、CVC4、Yices 2 等。交互式的半自动验证工具，如 Coq 和 Isabelle/HOL 等，利用类型系统和逻辑之间的 Curry-Howard 同构关系，将构造证明的过程转化为编写程序的过程，而证明的正确性检查也变成类型检查问题。这种方法的优点在于无须牺牲规约和代码的表达能力，程序规约可以用表达能力很强的逻辑（如在 Coq 和 Isabelle/HOL 中使用的高阶逻辑）来表示。而且证明自身在机器中有显式表示，其正确性可以被自动检查，因此无须依赖自动定理证明算法的正确性，验证的结论也就更加可信。

近期提出的 K 框架提供了基于重写的语言[71]，用于定义程序设计语言的操作语义。结合 K 语言语义及相应的逻辑推理过程，可以在统一的框架中分析和验证各种程序设计语言编写的程序。

目前，形式验证方法已经应用于一些大型软件。例如，微内核操作系统 seL4 的 ARM 版本是第一个带有完整的代码级的功能正确性证明的通用操作系统内核，可以应用于金融、医疗、汽车、航空电子设备和国防部门。它的验证使用了 Isabelle/HOL 定理证明，这意味着通过形式化方法证明了实现（使用 C 语言编写）是满足其规约的。又如，对编译器的验证，可以保证程序从编写到产生的可执行代码的正确性。适用于 C99 编程语言的大部分语法的 CompCert 就是一个经过正式验证的优化编译器，支持 PowerPC、ARM、RISC-V、x86 和 x86-64 架构。

（二）模型检验

模型检验方法通过自动遍历系统模型的有穷状态空间，来检验系统的语义模型与其性质规约之间的满足关系。软件系统属于无穷状态系统，即使状态有穷，其状态空间规模通常远超当前计算机可处理的范围。在硬件系统模型检验取得巨大成功的时候，软件模型检验面临着严峻的挑战。对于无穷状态系统，符号化可达性分析可能不终止。软件模型检验的核心问题是如何建立可检验规模的软件模型（抽象）。一种方法是采用保守近似对模型进行抽象，另一种方法是使用限界模型检验，将模型空间爆炸涉及的参数（如循环次数、并发数等）限制在一定范围内，验证系统模型在此深度内是否满足系统规约。在软件模型检验中，利用静态分析、符号执行等方法抽取程序模型，以及基于路径的模型检验等静态和动态结合的方法，也是有效提高模型检验扩展性的重要途径。

二、程序的自动综合

按照某种形式规约表达的用户意图，程序综合（synthesis）能够使用指定的编程语言自动生成符合规约的程序代码。程序综合器通常在程序空间上执行某种形式的搜索，以生成与各种类型一致的程序约束（如输入输出示例、演示、自然语言、部分程序和断言）。程序综合是编程理论中最核心的问题之一[72]。早期的想法是通过组合子问题生成带有证明的、可解释的实现。一个分支是使用定理证明器首先证明用户提供的规约，再使用这个证明提取相应的程序逻辑。而另一个较流行的方法是从一个高层规约开始，不断地进行转换，直到实现目标程序。近期的程序综合方法中，用户提供规约的同时，还可以提供目标程序的语法框架。这样使得基于语法结构进行的综合过程更加高效，得到的程序的可解释性更强。

三、程序的精化

程序精化是将抽象（高级）形式规范可验证地转换为具体（低级）可执行程序的过程，是通过逐步细化分阶段完成的。精化（refinement）是一种数学表示法和若干规则的集合，通过结合规约语句、精化规则和语言本身，从程序规约推导出命令式程序。程序精化（程序规约转换成可执行代码）可分为数据精化和算法精化两种，将程序逐步转换为更加便于实现的形式：数据精化把抽象的数据结构转换为可以高效实现的形式；算法精化将程序逐步转换为更加便于实现的代码形式。

第五节　本章小结

开发软件离不开程序设计语言。随着计算机硬件技术的发展，软件的多样化、需求的复杂化推动了程序设计语言与程序理论的演化与发展。在计算机发展的不同阶段，为了应对一些典型应用，各种不同的程序设计语言应运而生。第一，同时支持面向对象编程和函数式编程的多范式程序设计语言逐渐成为主流；不仅经典面向对象语言 Java 和 C++中加入了函数式编程风格的支持，新流行的语言如 Swift、Kotlin 也均支持多范式编程。第二，虽然 JavaScript、Python 等动态类型的脚本语言大行其道，深受欢迎，新出现的语言（如 Swift、Typescript 等）重新强调静态类型安全，无须执行程序就能通过类型检查来发现程序中的类型错误，体现了开发者对程序安全和开发大型软件项目的能力的重视。第三，现代语言更加强调语法简洁，同时强调语言的可扩充性，重视领域专用语言，特别是内嵌式领域专用语言的开发（如 eDSL）。

同时，为了适应软件的新形态，程序理论也取得了长足的进步。首先，随着新领域的涌现，出现了新的计算模型与语义，如描述量子程序设计的理论模型；其次，程序规约的形式随着需求的发展日益复杂；再者，待验证程序的类型表现出多元化特征，从简单的串行程序到并发、分布式程序；最后，可验证程序规模日益增加，从简单的驱动程序，到编译器，甚至是操作系统层次。正是由于在程序设计语言和相关理论领域的先驱工作，目前此领域已经有 23 位著名学者获得了图灵奖。

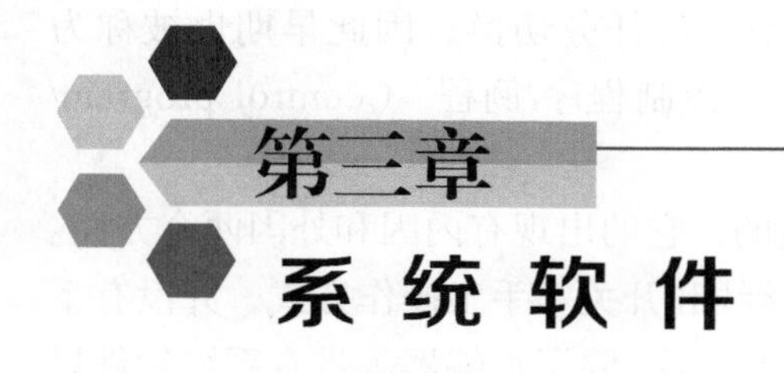

第三章 系统软件

第一节 概 述

系统软件是驱动下层计算资源有效运转、为上层应用提供共性支撑的软件，主要包括操作系统、编译系统、中间件和数据库管理系统。其中，操作系统负责管理计算系统软硬件资源、操纵程序运行，为应用软件提供公用支撑；编译系统（又称编译器）负责将源语言编写的源程序翻译为等价的可运行目标程序；中间件将系统软件的概念扩展到网络环境，为分布式应用软件部署、运行和管理提供支撑；数据库管理系统旨在统一管理和维护数据库中的数据，是组织、存储、存取、控制和维护数据的软件。

与面向特定领域、解决特定问题的应用软件不同，系统软件是运行于计算"系统"层面上的软件。此处的"系统"有两层含义：

（1）系统软件将计算系统的概念从硬件扩展到软件层面。通过将底层硬件资源进行适当的抽象和封装，系统软件为上层应用提供了一个软件平台（也可以称为"虚拟机"），使上层应用软件可以方便地使用各类资源，无须关注底层细节。这一平台承担了共性的资源管理功能，屏蔽了异构性和细节，使计算系统易于使用、易于编程。系统软件作为平台化的基础设施，封装了许多共性问题的解决方案，以避免应用软件去"重复发明轮子"。

（2）系统软件是驱动计算系统有效运转的控制器/协调者。一方面系统软件与计算系统中各类硬件资源直接交互，管理、调度和使用这些资源，使之可以高效协同；另一方面系统软件也直接管控上层应用的运行，从而达到提高程序装载和调度的自动化程度、资源利用率等目标。例如，操作系统可以通过批处理、分时共享等方法来实现计算系统的任务切换，因此早期也被称为“监督程序”（supervisory program）或“控制程序/例程”（control program/routine）[73]。

系统软件并不是与计算机一起诞生的，它的出现有内因和外因两个方面。早期的计算机（如 ENIAC）编程采用接线和开关等手工操作方式，并没有系统软件的概念。即使存储程序计算机出现之后，除了汇编器等带有系统软件思想的工具，操作系统等主流系统软件并未马上出现，应用软件仍是直接在裸机上运行。但是，人们很快认识到，将应用与硬件裸机直接绑定，无论是编程效率、应用管理/切换效率还是底层资源利用率都十分低下。特别是早期 CPU 速度和输入输出速度之间存在着巨大的差异，基于“时分复用”的“虚拟化”成为客观需求，推动了系统软件，尤其是操作系统的快速发展。系统软件出现的外因则是软件复杂性增长所导致的分工细化，特别是 20 世纪 50～60 年代，面向底层硬件资源的系统程序（system program）设计和面向领域的应用程序（application program）设计的分化，以及系统程序员和应用程序员的分工，直接推动了系统软件这一概念的广泛被接受。

第二节 操作系统

从功能定位的角度而言，操作系统是负责管理硬件资源、控制程序运行、改善人机界面和为应用提供支持的系统软件，是计算机软件生态链的基础核心。在一个计算系统中，操作系统向下是最靠近硬件的一层软件，它通过调用硬件驱动程序、固件等方式实现对硬件的管理；向上屏蔽硬件细节，为应用软件提供功能更为完善、灵活可编程的“虚拟机”，实现对各类应用软件的运行管理。因此，操作系统兼具“承上启下”和“管家”两类作用。操作系统具有特殊地位，其发展与上层应用需求和底层硬件形态的演化都有着密切联系。从最初与硬件和应用场景高度绑定，到之后逐渐独立于硬件，操作系统向上提供的服务越来越多，向下针对硬件的抽象程度越来越高，其内涵和外延不断拓宽，并在积累一段时间后产生质变，呈现出主机计算、个人计算、互联网和移动计算等明显阶段性特点（图 3-1）。

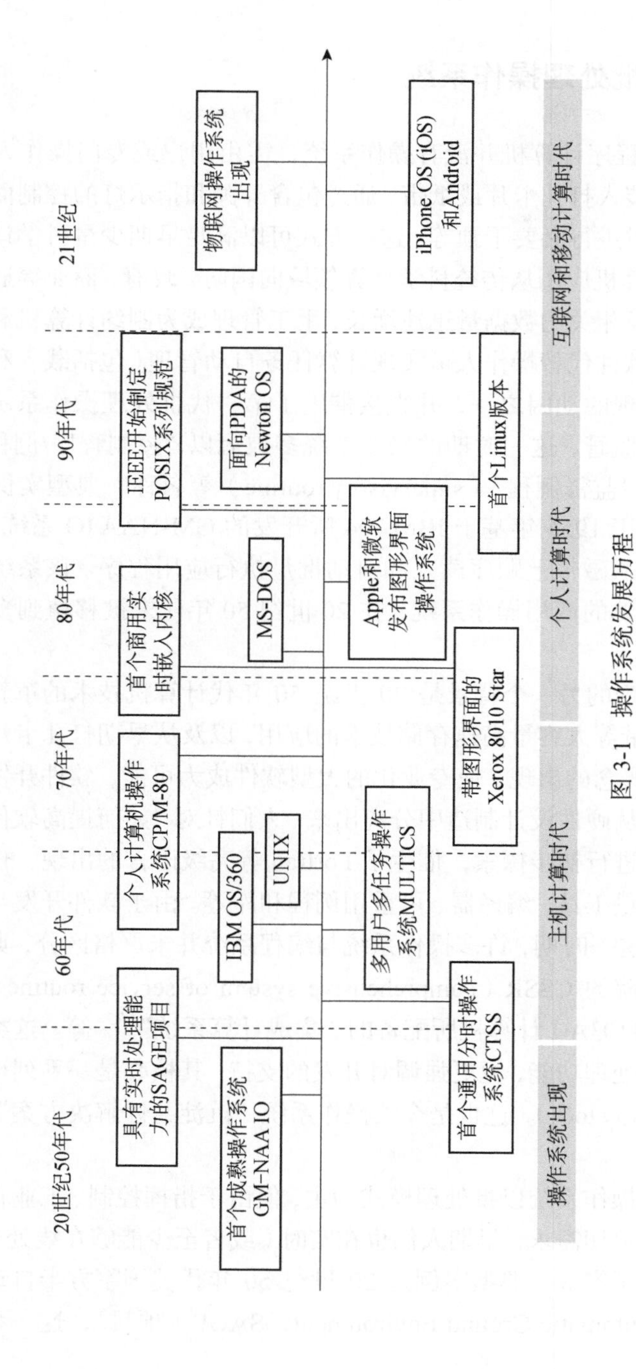

图 3-1 操作系统发展历程

PDA 指个人数字助理（personal digital assistant），IEEE 指电气和电子工程师协会（Institute of Electrical and Electronics Engineers）

一、单道批处理操作系统

早期的存储程序计算机并没有操作系统，需由用户或专门操作人员管理计算任务，包括装入打孔卡片或纸带、通过包含开关和指示灯的控制面板来了解状态、在出错时进行必要干预等。这一方式可以满足早期少量科学计算的需要。但是随着计算机应用从传统科学计算领域向国防、政府、商业等通用领域拓展，计算任务及相关的数据量迅速增长，手工管理成为制约计算机利用效率的瓶颈问题。用软件代替操作人员实现计算任务自动管理（包括载入和执行），这是操作系统出现的动因之一，并直接催生了第一代批处理操作系统。由于强调替代人进行监管，这一时期的操作系统多被冠以“控制程序/例程”、“管程”（monitor）、“监督例程”（supervisory routine）等名称。典型实例是通用汽车与北美航空于 1956 年基于 IBM 704 所开发的 GM-NAA IO 系统[74]，其核心的管程可以从磁带上顺序读入和自动批量执行应用程序。该系统通常被认为是第一个成熟的商用操作系统，在 20 世纪 50 年代末被移植到多个巨型机上。

操作系统出现的另一个背景是 20 世纪 50 年代计算机技术的革新，特别是磁芯内存、磁带等大容量高速存储技术的应用，以及从早期打孔卡片发展而来的“文件”等概念的出现，使专业化的大型软件成为可能，软件开发作为一个独立行业开始从硬件设计制造中分离出来。人们针对“如何提高软件开发的效率”这一问题进行初步探索，催生了 Fortran 等高级语言的出现，也在这一过程中积累了大量工具、编译器、可重用例程和库等。由于软件开发与运行密切相关，因此在这一时期，许多操作系统与编程系统并未严格区分，典型实例包括麻省理工学院的 CSSR（comprehensive system of service routines）、ERA 1103（UNIVAC 1103A）计算机所配备的“集成计算系统”[75]等。这类系统通常具备运行时批处理功能，但更强调对开发的支持，其核心是一系列可重用库和辅助工具（utility tool）。这也是今天操作系统“沉淀共性解决方案”能力的起源。

虽然第一代操作系统以批处理模式为主，但由于指挥控制、工业自动化等领域对计算机的迫切需求，早期人们也在实时（或者至少能够在线处理的）操作系统方面开展了实践。典型案例是 20 世纪 50 年代美国军方半自动地面防空系统（Semi Automatic Ground Environment，SAGE）项目①，这一系统通过

① https://en.wikipedia.org/wiki/Semi-Automatic_Ground_Environment。

多个主机实现了雷达数据的实时汇聚、处理和态势生成。由于该操作系统能够实现计算和输入输出操作过程的交叠、完成数据的在线处理，在部分文献中被认为是首个实时操作系统。

二、多道和分时主机操作系统

在大型主机时代，操作系统的发展主要围绕着提高计算资源的利用率和提高操作系统的抽象能力两条主线展开。

（一）提高计算资源的利用率

早期的操作系统采用单道批处理作业模型，此处的“单道”是指能够批量运行任务，减少了手工切换开销，但是在执行过程中只有单个程序在排他运行。由于 CPU 时间被大量浪费在等待输入输出数据的过程中，资源利用率仍然相当低。1956 年，UNIVAC 1103A 计算机引入了硬件中断（interrupt）的概念，为多个应用分时运行奠定了基础。此后，软件技术（如任务调度技术）和硬件技术（如内存保护机制）的协同发展，使得多道批处理、分时系统等支持多道程序（multiprogram）设计的操作系统开始出现。

（1）多道批处理是对单道批处理的扩展，允许单一计算机同时载入多个作业，使之可以以恰当的调度策略交替占用 CPU，从而提高资源利用率，其典型案例是 20 世纪 60 年代由荷兰计算机科学家 Dijkstra 所领导研发、基于层次化架构的 THE 操作系统[76]。

（2）分时系统的思想几乎与操作系统同时出现，其目标是“通过分时共享，使一台大的计算机能够像多台小型计算机一样使用”[77]。从 1961 年的首个 CTSS 分时操作系统[78]开始，此类系统均通过 CPU 时间片的划分来支持多个终端用户。

在 CTSS 的基础上，1965 年麻省理工学院、贝尔实验室和通用电气公司提出 MULTICS（MULTiplexed information and computing service）多用户、多任务操作系统研制计划[79]。该计划由于目标过于宏大而导致研制历经坎坷，但所提出的动态链接、分层文件系统等诸多思想对随后的操作系统产生重大影响，并直接促成了 1969 年 UNIX 操作系统的诞生[80]。UNIX 是支持多种处理器架构的多用户多任务分时操作系统，最早运行于小型机 PDP-11 上，在其诞生后的 50 年中对操作系统的研究和实践产生了较大影响。20 世纪 80 年代末 IEEE 和国际标准化组织（International Organization for Standardization，ISO）基于 UNIX 发布的可移植操作系统接口（portable operating system interface of UNIX，POSIX）标准已成为操作系统领域的事实标准。

（二）提高操作系统的抽象能力

在这一阶段，一系列重要的、今天人们所熟知的操作系统抽象（及其实现机理）被确立。其中，20 世纪 50 年代“文件”已经被用于描述存储于外部存储器（如磁鼓）中的数据单元，60 年代初文件系统已经成为许多操作系统的基本组成部分，并在 UNIX 操作系统中扩展为对所有输入输出设备能力的抽象；内存分页（段）和虚拟内存于 1959 年在英国曼彻斯特大学 Atlas 计算机原型系统中首先实现，并很快出现在 60 年代的商用计算机中，成为对内存资源的基本使用方式；多道程序，特别是分时共享理念的发展，推动了进程和线程的概念被提出，二者至今仍是 CPU 资源调度和使用的基本单位。上述抽象奠定了现代操作系统内核设计与实现的基础，也逐渐在软件领域形成了对“操作系统应当如何抽象计算机硬件能力”这一问题的共识。

与操作抽象能力提升相关的一个里程碑事件是“兼容”概念的提出。早期操作系统往往绑定到特定机型甚至特定应用场景，许多操作系统是计算机最终用户所开发或定制的。进入 20 世纪 60 年代，集成电路的发明促使计算技术迅速向工业、商业、教育等各个领域渗透，与硬件和应用场景高度绑定的操作系统已经无法满足日益增长的需求。在这一背景下，IBM 于 1961 年启动 OS/360 研制计划[81]，旨在为 System/360 系列计算机开发统一的批处理操作系统，为应用软件提供标准化、与特定机型和应用场景解耦的运行环境。其后，1968 年发布的 CP-67 操作系统和 1972 年发布 VM/370 操作系统扩展了分时共享的思想，首次提供了成熟的虚拟化能力，并率先使用了今天被广泛接受的“虚拟机监视器”（hypervisor）一词。“兼容”概念自此开始深入人心：操作系统与硬件和应用场景解耦，使得上层应用在任何时候都看到是一个标准化的、具有通用图灵机能力的“虚拟机”，而不同型号的硬件也通过操作系统的抽象封装，以一致的方式向上层应用提供其能力。这一思路直接推动了整个计算机软硬件生态链的快速发展。

三、个人/嵌入式操作系统

20 世纪 70 年代集成电路技术的高速发展推动了微处理器的出现，“旧时王谢堂前燕”的计算技术开始“飞入寻常百姓家”，并直接推动了操作系统技术的发展。具体表现为：一方面，个人计算机迅速普及，产品和技术快速发展，使得能“兼容”多种软硬件的操作系统成为主流，而且用户的非专业化导致图形用户界面成为主流操作系统的内嵌能力；另一方面，由于工业控制、航空航天、武器装备等领域微处理器的应用，嵌入和实时操作系统作为操作系统的一个分支开始登上历史舞台。此外，这一时期的开源操作系统（如 Linux）对本领域后续发展产生深远影响。

（一）个人计算机操作系统

20 世纪 70 年代中期 Intel 发布 8080 CPU 以后，Digital Research 发布了最早的微型计算机操作系统 CP/M-80，它由基本输入输出系统（basic input/output system，BIOS）、基本磁盘操作系统和控制台命令处理程序组成。其中，基本输入输出系统的引入，实现了操作系统其他模块与底层具体硬件的解耦，显著提高了操作系统的适用性和上层应用的可移植性。这种操作系统与具体硬件解耦的思想拓展了 System/360 大型机时代所提出的“兼容”概念，被后来的微软 MS-DOS 等操作系统所延续，直接为个人计算机软硬件生态链的快速发展奠定基础。

在个人计算机时代，操作系统的另一个重要进展是图形用户界面的加入。早在 1973 年，Xerox 即推出了支持可视化操作的 Alto 计算机，并于 1981 年发布了集成完整图形化桌面的操作系统 Xerox 8010 Star；1984 年 Apple 发布了具有图形用户界面的个人计算机 Lisa；1985 年微软公司发布了 Windows 系列操作系统。图形用户界面的发展极大地促进了个人计算机的普及：由于个人计算机面对的不是专业用户，易用性成为操作系统的瓶颈问题，因此基于窗口和鼠标的直观操作取代了烦琐晦涩的命令行界面。在此基础上，浏览器、音/视频播放器等一些常用软件开始被打包内置到操作系统中，拓展了操作系统“沉淀共性解决方案”这一角色的内涵，即不仅提供运行库供上层应用调用，也能直接支撑用户使用计算机完成常用功能。

此外，20 世纪 90 年代初 Linux 操作系统以开源软件形式出现，对操作系统技术、产品、产业乃至于相关法律政策、社会文化等都产生重大影响。开源作为一种群体智能汇聚、群体协作的有效方式，一方面可以有效推动操作系统产品的发展，应对操作系统自身的复杂性；另一方面，一个操作系统能否被广泛接受也取决于其生态链的完善程度，而开源则为生态链构建提供了一种基于众包的新模式。

（二）嵌入式和实时操作系统

20 世纪 70 年代单片机出现是计算机发展史上的重要事件之一，它促使在各类设备中"嵌入"计算机成为可能，可被视为最早的"信息物理融合"（cyber-physical）的尝试。80 年代，强调轻量级的嵌入式操作系统开始出现，此类操作系统在资源受限环境下运行，并且由于其与物理世界直接交互，往往同时需要提供对实时性（时间可预测性）的保证。首个商业嵌入式实时操作系统（embedded real-time operation system，ERTOS）内核 VTRX32 于 1981 年发布，后续涌现了 vxWorks、uCOS、QNX 等一系列被广泛应用的嵌入式实时操作系统产品。

四、智能终端操作系统

进入 21 世纪，新型计算模式不断出现，计算技术表现出两极化的趋势：一方面以"云"为核心，强调通过资源集约化和按需服务方式，推动信息技术实现社会化和专业化；另一方面以"端"为核心，强调信息技术的普适化，使计算服务如同水、电、空气一样随时随地可以获取而又不可见。需要指出的是，"云"和"端"二者并非割裂的，而是优势互补，正在通过"云+端"等形式共同推动着计算技术的新一轮革命。

当前，"云"上的系统软件形态主要以"平台即服务"基础设施等形式出现，它们运行于经典操作系统（如 Linux）之上，可被视为中间件技术的发展（参见本章第四节的第三部分）。"端"操作系统的代表则是已经广泛商用的移动操作系统，典型实例包括早期的 Newton OS、WinCE 到今天广泛使用的 Google Android 和 Apple iOS。此类操作系统在架构上与个人计算机操作系统并无本质区别，但更强调对移动和手持环境的支持，包括移动网络接入、各类传感器支持、电池管理、触摸屏交互等。与个人计算时代类似，操作系统在移动计算软硬件生态链中同样具有核心基础地位，特别是操作系统内置应用商店的出现，在降低用户查找、获取和安装应用程序难度的同时，也形成了可持续的商业模型，极大地推动了以操作系统为核心的软件生态链的成长。移动操作系统当前还表现出与桌面系统一体化的发展趋势，通过统一桌面和移动操作系统及其生态，将有利于操作系统更好地发展与维护。例如，谷歌继移动操作系统 Android 和轻量级桌面操作系统 ChromeOS 之后，正在研制跨平台的 Fuchsia 操作系统。

近年来，以 Android Things、Ubuntu Core、Mbed 和华为“鸿蒙”等为代表的物联网操作系统正在成为操作系统领域的新热点。此类操作系统在嵌入式操作系统基础上，一方面强调对“连接”以及建立在连接基础上的分布计算甚至“云-端”融合的支持，从而有力支撑“万物互联”的目标；另一方面强调对异构物联网设备能力的统一抽象，从而屏蔽物联网设备的碎片化特征，为提升物联网的可管理性和可维护性、构建物联网良好生态环境奠定基础。

第三节 编 译 系 统

编译系统是将源语言（如高级程序设计语言）编写的代码翻译为等价的、高效的、能被计算机或虚拟机执行的目标代码（如机器语言）的系统软件。编译系统的诞生早于操作系统，但如本章第二节所述，由于软件开发与运行的密切相关性，在计算机发展早期，通常并不严格区分操作系统（operating system）和编程系统（programming system），仅仅是后者更强调其对开发的支持，内置了编译能力、开发辅助工具和可重用例程/库等。随着程序设计语言的变迁，特别是高级语言的出现，编译系统逐渐成为系统软件的一个主要分支，其内涵和外延随语言及计算机体系结构的发展而不断扩展（图 3-2）。

一、从汇编器到高级程序编译器

作为机器体系结构抽象的符号化语言，汇编语言的目标是提高编程效率和质量。然而，计算机能读懂的只有机器指令，此时需要一个能够将汇编指令转换成机器指令的翻译程序。1947 年伦敦大学伯贝克学院的 Kathleen Booth 为 ARC2 计算机开发了第一个汇编语言及其机器汇编器。之后不久，开始出现带

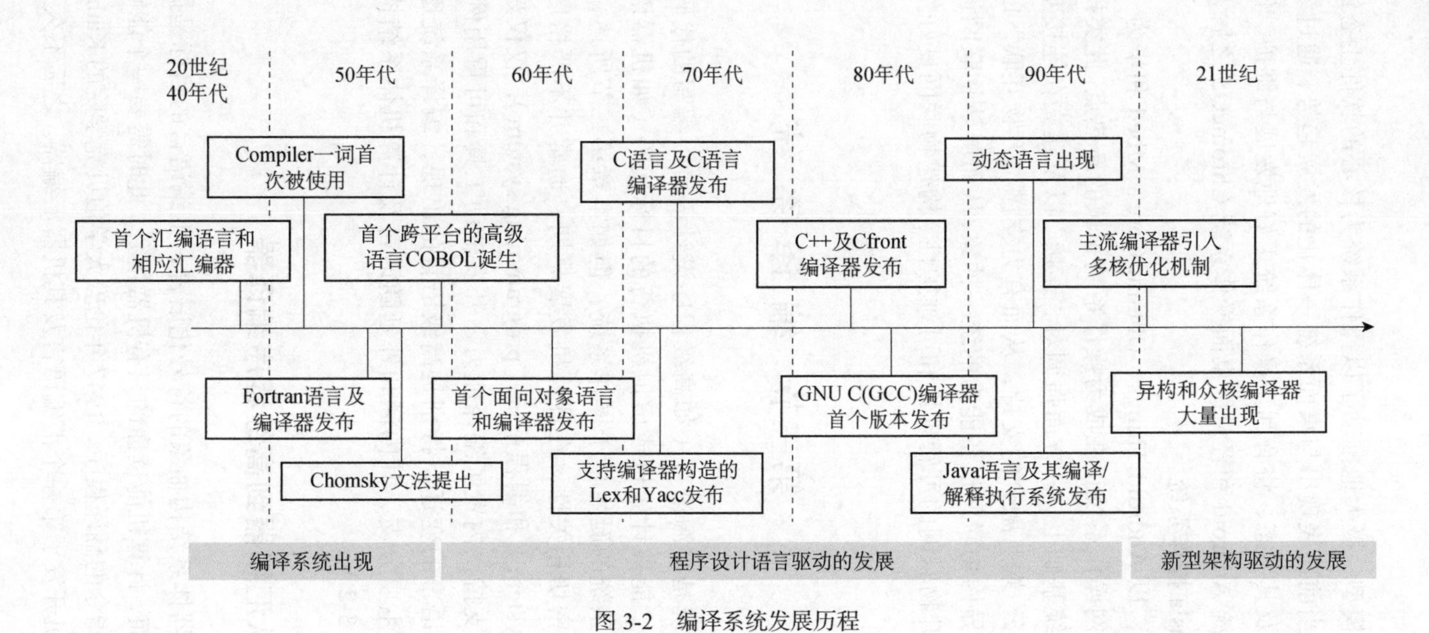

图 3-2　编译系统发展历程

有支持代码“库”的计算机，预先记录在打孔卡片和磁带上的支持代码库能够在加载器的支持下与用户程序进行连接，从而支持输入输出等操作。这就是编译系统这种系统软件类型最早的雏形。

虽然汇编语言比机器语言提高了程序的可读性，但编写、阅读和理解汇编语言的难度依然较高。20 世纪 50 年代初，Grace Hopper 在 UNIVAC Ⅰ 上首次使用了“编译器”（compiler）一词。在她所实现的编译器中，磁带上的每段例程由一个数字代码标识，用户输入一组数字代码，来让计算机依次加载这些例程。Grace Hopper 的工作证明了高级语言（数字代码）向机器语言（磁带上例程中所包含机器指令序列）映射的可行性。在此基础上，更为激进的“自动编程”（automatic programming）的概念[82]被提出，希望能够采用接近于人类自然语言的语言编写程序，依据这些程序自动生成可执行的机器代码，从而显著提高程序开发效率和质量，便于程序的理解和维护。在这一思想的驱动下，20 世纪 50 年代出现了第一个高级程序设计语言——为 IBM 704 大型机设计的 Fortran 语言[28]。1957 年发布的 Fortran 编译器是第一个功能比较完备的高级程序语言编译器。它也是第一个具备优化能力的编译器，引入了循环优化、寄存器分配等技术，使编译器翻译的机器代码有可能与当时人工编写的汇编程序性能相当。

二、面向程序设计语言的编译系统

在高级程序设计语言出现以后，程序设计方法学和程序设计语言飞速发展，结构化程序设计、面向对象程序设计、函数式程序设计、逻辑程序设计等方法和语言百花齐放，直接推动了编译技术和编译系统的发展。

20 世纪 50 年代末，COBOL 语言诞生[83]。与 Fortran 语言主要面向科学和工程计算不同，COBOL 是用于商务数据处理的语言，也是第一个跨平台的高级程序设计语言。1960 年，由不同编译器编译的同一 COBOL 程序成功在 UNIVAC Ⅱ 和 RCA 501 机上运行，表明了不同主机代码级兼容的可行性。70 年代初，美国贝尔实验室开发了 B 语言和 B 语言编译器，并用 B 语言编写了第一个 UNIX 操作系统内核。在 B 语言基础上，贝尔实验室经过进一步改进完善后发布了 C 语言及其编译器。

相较于 Fortran 和 C 等命令式高级语言，面向对象语言也在这一时期得到发展。20 世纪 60 年代的 SIMULA67 语言[84]引入了类和对象的概念，被认为是世界上第一个面向对象的语言。70 年代出现的 Smalltalk 语言支持类的动态创建和修改。受 C 和 SIMULA67 语言的影响，贝尔实验室在 80 年代开发了 C++，随后开发了支持 C++的 Cfront 编译器。90 年代，随着 C++等语言的流行，面向对象的语言成为主流的编程语言，重要标志是 GCC 编译器（GNU compiler collection）走向成熟，以及 Java 面向对象语言和编译器的发布。这一时期互联网的发展也促进了编程语言及其编译/解释执行系统的发展，如出现了面向互联网开发、在运行时检查类型甚至改变程序结构的动态语言（如 PHP、Ruby 等）。

20 世纪 60～70 年代，编译系统的基础理论和相关技术也开始成熟。50 年代，Chomsky 通过研究自然语言结构提出 Chomsky 文法类型，其中上下文无关文法成为现今几乎所有程序设计语言的语法[85]。60～80 年代，用于上下文无关文法识别的有效算法逐步发展为编译原理的标准部分，同时科学家着眼研究编译器的自动构造，典型实例包括为 UNIX 操作系统研制的词法分析器生成工具 Lex 和语法分析器生成工具 Yacc。编译系统中的代码优化研究也起步于这一阶段，包括与处理器体系结构无关的优化（如循环变换、常量传播、公共表达式删除）以及与处理器体系结构相关的优化（如寄存器分配、指令调度），后者与当时精简指令集，超标量、超长指令字等体系结构技术的发展密不可分。

三、针对多核/众核架构优化的编译系统

提高处理器性能是计算机领域长期追求的目标。由于处理器功耗、散热和设计复杂度等，在单核处理器上提高时钟频率的方法已无法继续提高处理器性能。因此，学术界和工业界开始改变策略，通过增加处理器核心数目来扩展其性能。2001 年，第一款商用非嵌入式多核处理器 IBM POWER4 发布，计算机体系结构发展进入多核时代。然而，增加处理器核数并不必然带来应用性能的提升，需要充分挖掘应用中的并行性以利用处理器的多核特性。在编译系统中挖掘并行性，具有对程序员透明、有可能在机器指令层面发挥硬件潜力等特点，因此当前的主流编译器（如 GNU GCC、Intel ICC、IBM XLC 和 Oracle Compiler）均提供了对多核的支持和优化。

与多核处理器通常仅集成几个处理单元不同，众核处理器在同一处理器内部集成了大量同构处理单元。例如，GPU，其在一个芯片上集成数百甚至数

千个“小而简单”的核心，通过使用大量线程并发提高性能，特别适合用于加速大规模并行应用。近年来，众核处理器在高性能计算、人工智能等领域发展迅速，其编译优化技术也随着体系结构的不断升级而进步，包括针对 GPU 不同存储层次的优化、程序并行度的自动调优、通信优化、针对宽向量的自动向量化等。

在多核和众核处理器不断发展的同时，聚合两类处理器的异构计算平台获得了工业界和学术界的重视。2007 年首个针对异构计算平台的通用编程模型 OpenCL 出现，各硬件厂商纷纷提供了 OpenCL 编译、运行时和驱动支持，使 OpenCL 代码能够运行在不同类型和不同厂商的硬件平台上。此外，OpenMP 4.0 标准也引入异构计算支持。目前，异构计算平台已成功运用到从超级计算机到移动设备的不同层次计算机系统中。

第四节　中　间　件

“中间件（middleware）”本义是指位于操作系统之上、应用软件之下的一层中间软件，提供操作系统所不具备、但上层应用又迫切需要的系统软件功能。过去很长一段时间内，经典操作系统并未充分考虑分布式应用支撑问题，因此狭义的，或者说现代意义上的“中间件”往往特指网络计算中间件，即支持分布式应用的部署、运行和管理的软件[86]。今天，随着应用软件和操作系统的发展，中间件一词含义也在不断演化（图 3-3），并表现出沉淀和融入操作系统中的趋势。

一、早期的中间件

中间件的出现是软件系统应用场景快速拓展的结果。随着计算技术的发展，上层应用在适应新场景过程中对系统软件不断提出新的要求，而作为底层支撑的经典操作系统能力相对稳定、固化，很难快速跟上这些变化，二者之间的差距决定了中间件存在的合理性。在 1968 年北大西洋公约组织的软件工程报告中，“中间件”一词被首次使用[87]，代指弥补底层操作系统（当时称为“服务例程/控制程序”）通用能力和上层应用特化需求之间鸿沟的中间层软件（图 3-4）。1972 年已经有文献指出：“随着一些系统变得空前复杂，标准的操作系统需要扩展或修改，推动了‘中间件’这一名词出现”[88]。

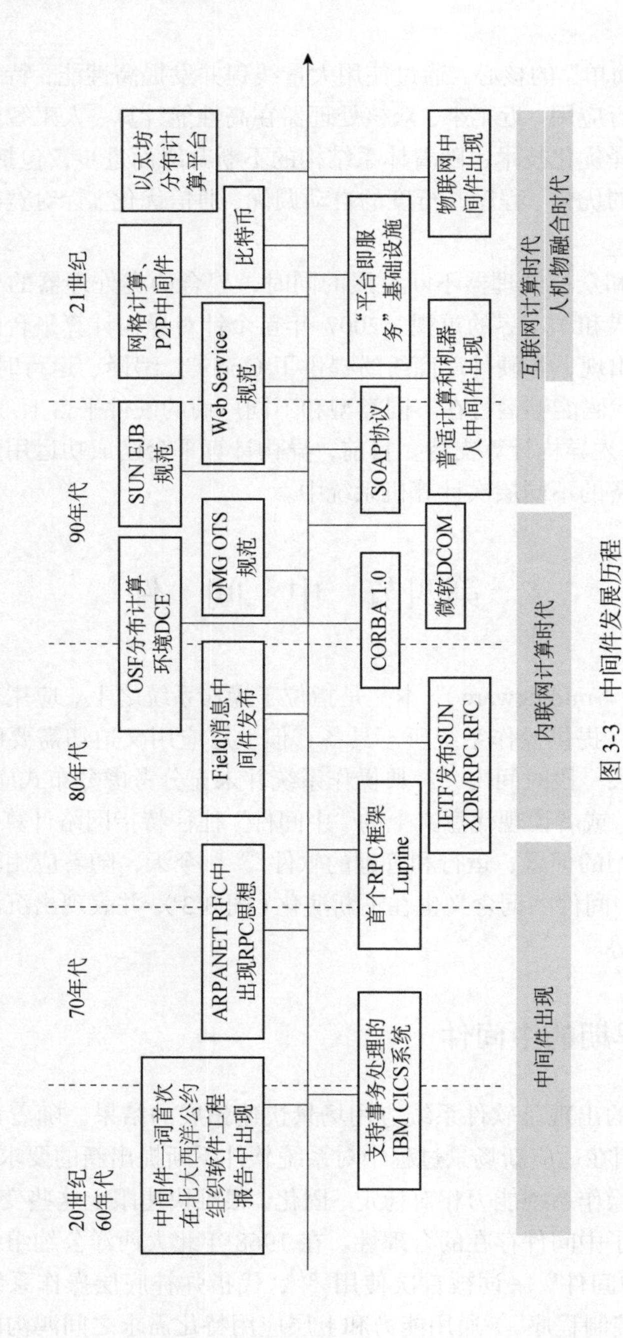
20世纪
60年代
70年代
80年代
90年代
21世纪
中间件一词首次在北大西洋公约组织软件工程报告中出现
ARPANET RFC中出现RPC思想
Field消息中间件发布
OSF分布计算环境DCE
SUN EJB规范
网格计算、P2P中间件
以太坊分布计算平台
OMG OTS规范
Web Service规范
比特币
支持事务处理的IBM CICS系统
首个RPC框架Lupine
IETF发布SUN XDR/RPC RFC
CORBA 1.0
微软DCOM
SOAP协议
普适计算和机器人中间件出现
“平台即服务”基础设施
物联网中间件出现
中间件出现
内联网计算时代
互联网计算时代
人机物融合时代

图 3-3 中间件发展历程

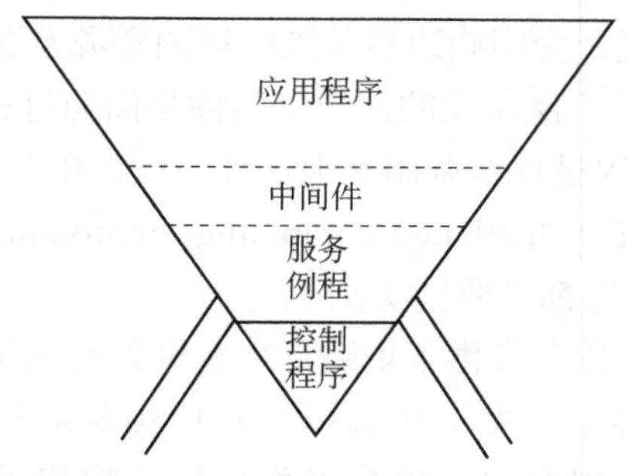

图 3-4　北大西洋公约组织软件工程报告中的倒金字塔软件结构[87]

虽然“中间件”这一名词在 20 世纪 60 年代中后期即已出现，但早期计算机厂商通常提供从操作系统到应用软件的“一揽子”解决方案，使二者之间的鸿沟并不凸显。80 年代初，网络技术走向成熟，如何高效构造跨越多个计算节点的分布式应用成为焦点。在传统操作系统之上，开发人员只能通过操作系统的 Socket API 原生接口，以完全手工方式实现分布式应用中的网络消息传递，其过程烦琐、复杂且低效。同时，除了通信支持，相对于单机软件，分布式系统还有很多特有的理论和技术问题（如并发支持、事务管理、访问控制等），而传统操作系统并未提供相应的支持能力。

为了应对上述挑战，人们早期围绕两种思路展开探索。一是以 Amobea[89] 等分布式操作系统为代表的方法，核心是将单机操作系统的概念放大到网络环境，实现对网络软硬件资源的严格管控，例如，文献［90］指出“分布式操作系统对用户而言与单机操作系统无二，只是运行在多个独立处理器上。它的核心概念是透明性”。但是，网络资源具有分布自治、高度异构、持续演化等特点，其软件很难通过严格的以自顶向下的方法精确设计出来，而更多的是通过互联互通方式成长构造出来的。后一种思路在 1976 年的 ARPANET RFC707 中即以“允许调用远程进程所实现的任意命令或函数”的“请求-响应”协议形式出现①。Birrell 和 Nelson 于 1984 年实现了首个远程过程调用（remote procedure call，RPC）框架[91]，这标志着现代意义中间件的诞生。

二、面向内联网的中间件

中间件在诞生之后的很长一段时间内，都以企业或组织内部的内联网

① IETF.“RFC 707—High-level framework for network-based resource sharing”，1977。

（intranet）为运行环境，为明确边界范围的域内资源互联互通提供系统软件支撑。如前所述，最早被广泛接受的此类中间件是面向过程的中间件。它们聚焦于尽量实现“调用远程过程像调用本地过程一样简单”，早期的 Sun RPC、开源软件基金会的 DCE（distrbuted computing environment）和今天的 Google gRPC、Apache Thrift 等都是典型实例。

相对于过程，“对象”提供了更贴近现实世界的抽象。面向对象中间件出现于 20 世纪 80 年代初，例如，华盛顿大学 1980 年启动的 Eden 项目[92]即以在网络计算环境中应用面向对象技术为目标，提出了分布式 Ejects（eden objects）的概念、编程模型和相应支撑平台。对象管理组织（OMG）于 1990 年发布的 CORBA 1.0 是具有里程碑意义的面向对象中间件标准，它直接推动了面向对象中间件的成熟和高速发展，对后续 SUN 公司的 Java/RMI、微软公司的 DCOM 等技术体系有着直接和深远的影响。

分别发布于 1998 年和 2000 年的 EJB（enterprise JavaBean）和 CCM（CORBA component model）推动了面向构件中间件的出现。面向构件中间件又被称为构件容器或构件化应用服务器，它是以构件为基本单元的分布式软件的运行平台。构件技术一方面强调通过大粒度、具有规范接口的软件单元来组装软件系统，另一方面由于构件具有规范的功能和管理接口，运行时可以对分布式系统进行灵活管理操纵，包括生命周期管理、交互关系管理甚至动态更新演化等。

除了上述支撑不同应用程序模型的通用中间件，部分中间件关注的是分布式软件的一些特化场景，其典型代表是消息中间件和事务处理中间件：①在分布式计算实践的初期，人们就已发现紧耦合、同步的过程调用并不能满足所有应用场合，支持异步交互和松耦合通信的分布式应用消息机制的研究和实践开始被重视，Field、InformationBus 等消息中间件平台开始出现。20 世纪 90 年代，IBM MQSeries 等消息中间件产品被大量使用，消息中间件技术走向成熟。②在大型主机时代，IBM 的客户信息控制系统（customer information control system，CICS）就已提供了跨计算节点事务支持。针对美国电话公司需要的联机事务处理能力，贝尔实验室于 80 年代初发布了跨平台的 Tuxedo 事务处理中间件，相关研究与实践对后续 X/Open 组织的分布式事务处理规范、对象管理组织的对象事务服务规范等产生了较大影响[93]。

三、面向互联网的中间件

20 世纪 90 年代中后期，互联网进入高速发展阶段。互联网资源具有开放动态、成长自治的特点，但人们同时又希望软件能够持续在线、高度可用，二者之间的矛盾催生了“服务”的概念。从 2000 年左右 W3C 组织所制定一系列 Web Service 标准开始，“服务”一词即被用来描述可通过网络按需访问、无须关心实现细节的软件实体。以“服务”为核心，面向服务体系结构（service-oriented architecture，SOA）通过服务化和“服务提供者-消费者”之间的动态发现，在开放动态的互联网环境下提供可按需使用的软件能力。

作为互联网时代的产物，服务化思想首先推动了中间件技术外延的拓展。Apache Tomcat、IBM WebSphere 等 Web 服务中间件以支撑面向服务体系结构为目标，封装了服务注册、服务发现、服务访问等共性基础设施；以企业服务总线（enterprise service bus，ESB）为代表的服务集成中间件通过服务封装、服务组合、服务协同等技术实现自治子系统之间的通信，进而实现复杂业务系统跨域集成；微服务则聚焦单个业务系统内部，通过系统内部组件的彻底服务化，实现开发阶段“分而治之”和运行阶段的灵活应变，这一思路催生了 Spring Cloud 等微服务框架。

近年来，作为服务化思想的集大成者，云计算模式被广泛接受。如同工业革命让水、电、交通等成为公共服务一样，云计算正在通过后端资源集约化和前端按需服务方式，推动信息技术实现社会化和专业化，使信息服务成为公共基础设施。这一趋势推动着中间件概念内涵和外延的发展，新一代“平台即服务”（platform as a service，PaaS）软件基础设施成为各大云服务提供商的核心竞争力所在。它为云端分布式应用提供服务化的、可按需使用的运行托管环境，集成了包括分布式调用、数据库访问、服务治理等在内的一系列软件栈，其典型代表包括 Google AppEngine、Microsoft Azure、Amazon EC2 等。与传统中间件相比，它们具有如下一些显著特征：

（1）在资源的管控方面，此类平台的核心是大型主机时代即已出现的虚拟化技术，但将其应用场景拓展到数据中心甚至多数据中心级别的，通过虚拟化实现海量计算、网络、存储资源的细粒度管理，进而实现资源的有效聚合和弹性扩展。例如，互联网虚拟计算环境 iVCE[94]通过资源的“自主协同、按需聚合”，将静态统一视图的资源组织模式扩展为相对稳定视图、按需可伸缩的资源组织模式，从而实现面向互联网计算的高效管控。

（2）在应用软件的执行管控维度上，此类平台面向云服务这类大规模分布计算软件，提供了任务调度与执行、负载均衡、安全管控、在线监控和升级演化、分布式数据存储访问等一系列基础设施和相应能力。这些能力以服务的方式提供，用户无须像传统系统软件那样自行安装、部署和维护。部分

"平台即服务"基础设施还内建了编译系统和调试/测试环境，支持云端开发和编译构建。

（3）在可用性方面，此类平台需要 7×24 小时持续提供基础服务，是支撑整个信息空间持续运行的核心基础设施，突出表现为一旦发生故障，会产生较大的社会经济影响。例如，有文献指出如果一个主要的云平台宕机 3～6 天，美国经济会产生 30 亿～150 亿美元的损失[①]。

四、面向人机物融合应用的中间件

计算技术的网络化和普适化推动了信息与物理空间的持续融合，出现了各类可以感知/作用于物理世界的大规模网络软件，中间件技术随之不断发展。21 世纪初，随着相关硬件技术的逐渐成形，中间件领域针对嵌入式传感器和移动设备等载体，开始关注对物理空间情境（context）数据的处理，出现了普适计算中间件、传感器网络中间件、情境感知中间件等一系列新型中间件。近年来快速发展的物联网中间件（internet of things middleware）在上述中间件概念的基础上，进一步针对"万物互联"的大规模异构环境进行了拓展，其核心关注点是在资源受限、高度异构、规模庞大、网络动态变化条件下，如何实现互联互通互操作，并且不违反各种时空约束特性，满足物联网应用对海量传感器数据或事件实时处理的需求。

除了感知物理世界，随着信息物理融合系统的成熟，近年来中间件领域开始关注如何连接能够直接"作用"于物理世界的计算设备，其突出代表是无人系统/机器人中间件。针对无人系统计算环境高度异构、资源受限、常态失效、实时性要求高等特点，从 2000 年左右的 Player 等中间件开始，包括 Miro、CLARAty、OpenRTM-aist、Pyra、Orca、MARIE 等在内的一系列实践推动了无人系统中间件技术的发展，并直接为今天广泛使用的机器人"元级操作系统"（robot operating system，ROS）奠定了理论和技术基础。

此外，从早期的个人对个人（peer-to-peer，P2P）中间件到今天的区块链平台，分布自治中间件突出体现了"社会-技术"系统的思想，具有人机融合的特点。此类中间件通过信息空间内的机制设计激励人的自主协同，通过软件基础设施及平台支撑社会价值交换。以区块链为例，2009 年比特币网络上线并持续无故障运行，2010 年"比特币比萨日"第一次用于购买实物，2013 年塞浦路斯

① https://www.lloyds.com//~/media/files/news-and-insight/risk-insight/2018/cloud-down/aircyberlloydspublic2018final.pdf.

金融危机中比特币成功得到高度关注。从软件角度而言，此时的比特币仍然只是一个独立于国家货币体系的分布式应用，而 2014 年发布的以太坊则摆脱了电子货币的桎梏：作为建立于区块链技术之上的应用平台，以太坊的“区块”可以记录各类数据，而 Solidity 语言描述的智能合约能够实现各种场景下的复杂应用逻辑。这标志着区块链从应用层技术向支持分布式共识的系统软件部件的转变。后续超级账本、联盟链等技术/系统的发展，更进一步将参与方从个人扩展到组织，在金融、物流、社会治理等领域形成了一系列极具前景的新型应用模式。

第五节　数据库管理系统

数据库是长期存储在计算机内有组织、可共享的大量数据的集合，数据库管理系统旨在统一管理和维护数据库中的数据，是组织、存储、存取、控制和维护数据的软件。从本质上而言，数据库管理系统把逻辑数据转换成为计算机中具体的物理数据，从而使用户可以访问、检索和维护数据，而不必顾及这些数据在计算机中的布局和物理位置。

数据库管理系统的发展历史可以按照其支撑的应用特征来划分（图 3-5）[95]。第一代系统主要是支持数据的存储与访问，数据的组织以层次和网状模型为代表。第二代系统主要围绕联机事务处理（online transaction processing，OLTP）应用展开，在关系模型和存储技术的基础上，重点发展了事务处理、查询优化等能力。第三代系统主要围绕联机分析处理（online analysis

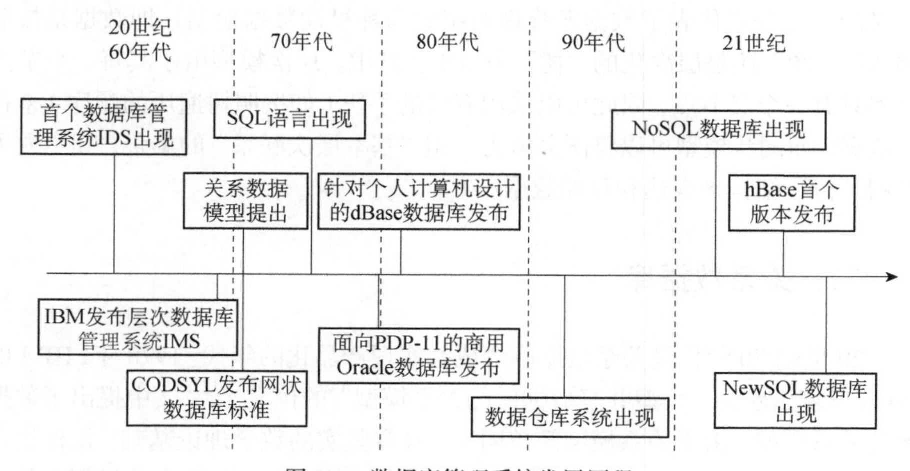

图 3-5　数据库管理系统发展历程

processing，OLAP）应用展开，重点在于提出高效支持联机分析处理复杂查询的新型数据组织技术。第四代系统主要围绕大数据应用展开，重点在分布式可扩展、异地多备份高可用架构、多数据模型支持，以及多应用负载类型支持等特性。

一、层次和网状数据库

20世纪50年代前期，计算机被主要用于科学计算，数据仅被认为是“计算”的产品或附属品，通常存储在被称为“文件”的打孔卡片（早期）或外设数据单元上。随着计算机应用领域向商业、金融、政府等通用领域扩展，文件作为数据存储的主要设施，已经无法满足对各类应用中数据项之间的复杂关系进行管理的需求，主要表现在以下几个方面：文件内部数据组织往往是面向单一应用的，不同应用共享同一个文件结构效率较低；文件之间的数据是独立的，无法表达两个文件的数据所存在的内在逻辑关系；文件的组织方式单一，难以满足不同的访问模式对数据高效率访问的需求。

在上述背景下，为了提供系统化、高效的数据组织与访问功能，专门的数据库管理系统开始出现。20世纪60年代初通用电气在其生产信息和控制系统（MIACS）中设计了“集成数据存储”（integrated data store），被认为是首个支持直接访问的数据库管理系统[96]，并直接为CODASYL组织后续制定的网状数据库标准奠定了基础。1968年，IBM发布了运行于System/360主机的层次数据库管理系统IMS（information management system）。上述两个具有里程碑意义的产品分别代表了数据库管理系统的两种早期数据模型，即数据是按照网状的“图”还是层次化的“树”来组织。其中，层次模型由于其每一个节点最多只有一个父节点，因此可以采用有效的手段（如按照树遍历的顺序）来存储数据，而网状模型可以将图分解为一组“基本层次联系”的集合，其本质可以用“树”结构来表达和存储数据。

二、关系数据库

20世纪70年代是关系数据库形成并实现产品化的年代。1970年，IBM的Codd发表了题为“大型共享数据库的关系模型”的论文[97]，文中提出了数据库的关系模型。由于关系模型简单明了，具有坚实的数学理论基础，操作语言是描述性的，无须像层次网状模型那样需要描述存取路径（既先访问哪个数据再访问哪个数据）这样的细节，给提高信息系统开发的生产率提供了极大的空间，所以一经提出就受到学术界和产业界的高度重视和广泛响应。尽管一开始产业界还充斥着对关系数据库系统性能的怀疑，但 IBM 所开发的 System R 系统证明了其性能可以有保障。这一结论极大地推动了关系数据库技术的发展，关系数据库产品开始涌现，包括 IBM 公司在 System R 系统基础上推出的 DB2 产品、Oracle 公司的同名数据库产品，以及 20 世纪 80 年代初出现的、针对个人计算机设计的 dBase 等。由于 Codd 的杰出贡献，1981 年的图灵奖授予这位“关系数据库之父”。

20 世纪 80 年代，关系数据库迅速取代层次和网状数据库占领市场，数据库领域相关研究工作也转为以关系数据库为主，主要包括查询优化和事务管理等方面：①查询优化。关系数据库语言是基于集合的描述性语言（如 70 年代初出现的 SQL），其查询的结果也是一个集合。如何将一个 SQL 语句转换为可以执行的程序（类似程序自动生成器），而且要在所有可能的执行计划（程序）中选择出一个效率足够好的加以执行，是这一阶段的工作重点之一。②事务管理。事务管理提供对并发事务的调度控制和故障恢复能力，是确保大规模数据库系统正确运行的基石，相关研究工作为数据库管理系统成熟并顺利进入市场做出重要的贡献。

三、数据仓库系统

数据仓库可以看成关系数据库的自然延伸。随着数据库技术的普及应用，越来越多的数据被存储在数据库中，除了支持业务处理，如何让这些数据发挥更大的作用，就是一个亟待解决的问题。特别是对联机分析处理类应用，如何让复杂分析能高效地执行，需要有特殊的数据组织模式，这就推动了数据仓库系统的出现。

星型模型是最常用的数据仓库的数据组织模型。星型模型也称为多维模型，就是选定一些属性作为分析的维度，另一些属性作为分析的对象。维属性通常根据值的包含关系会形成一个层次，例如，时间属性可以根据年、月、周、日形成一个层次，地区属性也可以形成街道—区—市这样的层次。为了实现快速分析，可以预先计算出不同层次上的统计结果，从而获得快速联机分析的性能。在实现方式上，数据仓库可以用关系数据库实现，分别用事实表和维表来存储统计结果和维度结构，也可以用特别的数据模型（如 CUBE）来实现，列存储的技术也在这个过程中被提出和应用。同时，支持联机分析处理的前端工具的发展，也使普通用户可以方便地使用数据仓库。

四、大数据时代的数据库管理系统

关系数据库成熟并广泛应用后，数据库领域一度走入一段迷茫期，被关系模型的“完美”所陶醉。进入21世纪，互联网的高速发展使数据规模越来越庞大，传统关系数据库的弊端开始凸显：在搜索引擎、流媒体等拥有海量非结构化数据的领域，传统的关系数据模型并不完全适用，而关系数据库所承诺的原子性、一致性、隔离性、持久性等特性在这些领域有可能不需要严苛保证，不必要的开销和有限的可扩展性导致数据存储和管理效率低下。在这一背景下，NoSQL 数据库开始出现，其重要的里程碑事件是谷歌发布的 Bigtable[98]以及根据其理念所开发的开源 HBase 数据库。与关系数据库不同，NoSQL 数据库不再采用严苛的关系模型，转而使用更为灵活的键值对结构、文档模型、图模型等。同时，NoSQL 数据库可能不提供严格的一致性保证，并且通常在设计时即考虑了水平可扩展能力（即通过增加计算节点来扩充处理能力），因此可以达到比关系数据库更高容量和性能。

随着实践的深入，人们发现 NoSQL 并非解决大数据时代数据管理问题的“银弹”。一方面，无论从应用程序继承的角度还是提高生产率的角度，SQL 都是不可或缺的工具，因此继承和汲取 SQL 的优点（如在上层提供 SQL 查询引擎）逐渐成为 NoSQL 数据库的共识，NoSQL 一词的含义也从“非 SQL”被修正为“不仅仅是 SQL”（not only SQL）。另一方面，许多联机事务处理业务在应对海量数据同时仍需要采用关系模型，并保证原子性、一致性、隔离性、持久性等特性。因此，能够提供与 NoSQL 数据库类似的扩展性能、但仍具备关系数据库能力的 NewSQL 数据库近年来得到快速发展，其典型代表包括谷歌全球级分布式数据库 Spanner[99]和开源领域的 CockroachDB、TiDB 等。

第六节　本 章 小 结

系统软件将计算系统的概念从硬件扩展到软件层面上，它为上层应用提供了一个可以使用各类资源能力但又无须关注底层细节的软件平台。历经六十多年的发展，系统软件已经形成操作系统、编译系统、中间件和数据库管理系统等典型形态，已经成为计算机软硬件生态链的核心，对信息产业乃至人类社会产生了较大影响，在促进经济发展和文明进步中发挥了重要作用。在这一过程中，系统软件表现出如下一些发展规律。

（一）硬件技术和应用场景变迁是发展的核心动力

系统软件具有“承上启下”的特点，无论是形态还是机理的发展都受硬件和应用两个方面的驱动。例如，如贝尔定律所述，计算设备约每 10 年一次换代，设备和用户增加 10 倍，成为新的蓝海、催生新型应用，间接推动操作系统换代并形成新的生态，使得操作系统每隔 20 年左右迎来一次跨越式发展的机遇期（图 3-1）。另一个典型案例是编译系统：近年来高性能计算、智能计算方面的应用需求，以及 GPU 等新型硬件的出现，成为编译系统近年来发展的主要动力。

（二）构建“抽象”和实现平台化是发展的重要主题

本质而言，系统软件负责向应用提供运行支撑、网络交互、数据管理等不同维度上的“抽象”，并将这些“抽象”以尽可能高效的方式绑定到硬件裸机，充分发挥硬件潜力。例如，过去数十年中，操作系统形成了一系列（如文件、进程/线程、内存页、Socket 等）概念，并由这些概念实体共同组成了支撑应用运行、区别于真实物理机器的虚拟机器。同时，沉淀共性进而实现平台化也是系统软件发展的重要主题，它一方面可以避免应用去重新“造每一个轮子”，另一方面也为软件生态的良性发展奠定基础。

（三）技术螺旋上升与交叉融合是发展的主要特征

与应用软件的快速更新不同，系统软件具有相对稳定性，很多核心技术表现出螺旋上升的特点。例如，虚拟化技术早在 20 世纪 60 年代 IBM 实验性操作系统 CP-40 和其后商用化的 CP-67、VM/370 中得到完整实现，而云计算时代虚拟化技术“复兴”过程中的挑战则主要来自数据中心环境资源集约化的需求。另外，系统软件发展经历了从无到有，进而形成多个分支的过程。“分久必合”，近年来分支之间表现出相互融合的趋势，中间件与操作系统就是一个典型案例（参见本章第四节）。

第四章 软件工程

第一节 概 述

1968 年，在德国加尔米施（Garmisch）小镇上，由北大西洋公约组织科学委员会主导召开了一个小型研讨会，有来自 11 个国家的 50 位代表参加。会议的议题是如何应对当时面临的“软件危机”。在这个研讨会上诞生了“软件工程”这个学科领域[100]。这里，软件危机是指在所需时间内编写出有用且高效的计算机程序存在很大困难，导致软件开发出现许多问题。Dijkstra 在其会议报告中提到[101]：软件危机的主要原因是机器变得越来越强大，强大了好几个数量级！如果没有计算机，就没有编程问题；如果只有一些比较弱的计算机，编程就是解决简单的问题，当有了能力巨大的计算机时，编程就需要解决同样巨大的问题。软件危机正是因为计算机能支持的计算能力和人对软件的预期，远远超出程序员开发的软件能够有效利用的能力，以及程序员利用编程手段来驾驭现实问题的能力。

这个研讨会上提到的软件危机有很多种形式，如软件开发效率低（如项目超预算、项目时间过长、软件滞后交付）、软件质量差（如很多方面不符合要求）、项目难以管理（如代码难以维护）等。所讨论的问题，涉及软件开发的方方面面，包括软件与硬件的关系、软件的设计、软件的生产、软件的分发以及软件的服务等。这次会议成为软件工程学科的奠基性会议，所讨论的核心议题也成为软件工程学科经久不衰的开放性挑战问题，例如：①获取正确的软件需求；②设计合适的系统架构；③正确和有效地实现软件；④验证软件的质量；

⑤长期维护具有目标功能和高代码质量的软件系统。

1986 年，Brooks 给出“软件开发没有银弹”的预言[2]，即由于软件本质上的复杂性，在未来 10 年内，不存在任何技术或方法能够使软件生产力提升 10 倍以上。1995 年，Brooks 在重新发行的《人月神话》纪念版中再次重申，“软件开发没有银弹”的预言在下一个 10 年仍然成立[102]。Brooks 的观点得到软件开发实践者和研究者的广泛关注和讨论。虽然有学者曾经宣称某项技术或方法有可能成为“银弹”，但实践表明这些技术或方法后来都没有能成为“银弹”。

随着信息技术的发展，软件技术的应用范围不断扩大，应用领域不断深入，50 年前的软件和现代软件已经不可同日而语，在最初出现软件时，没有人能预计到现在人们对软件的期望和依赖，也没有人能想象出通过互联网和物联网，未来人机物融合系统将会在各类场合服务于广大民众。50 年前的核心挑战仍然还是软件工程当前的核心挑战，问题的表述几乎没有变化，只是被赋予新的不同内涵。“软件开发没有银弹”的预言仍是软件工程研究者和实践者不可逾越之“墙”。

软件工程（software engineering）是应用计算机科学理论和技术以及工程管理原则和方法，按预算和进度实现满足用户要求的软件产品的工程，或以此为研究对象的学科[3]。其主要强调的是用工程化和系统化的方法进行软件开发[103]。

软件工程关注软件生产各个方面[104]，以下广泛流行的说法从不同的角度表述了软件工程的主要关注点。

（1）系统地将科学知识、方法和经验应用于软件的设计、实施和测试等[105]。

（2）应用系统的、规范的和可量化的方法开发、运行和维护软件[106]。

（3）建立和使用合理的工程原理，以便经济地获得可靠的且在计算机上高效工作的软件。

（4）软件工程是包含多种过程以及一系列方法和工具的框架[107]。

（5）软件工程是处理构建大型复杂软件系统的计算机科学领域，这些软件系统如此巨大和复杂，必须要有一组或多组工程师共同构建[108]。

（6）软件工程关注大型程序的构造，协作是大型程序设计的主要机制，中心主题是控制复杂度，管理软件的进化[109]。

从问题求解的角度，Bjorner 对软件工程有独特的理解。他认为[110]，理解软件工程，需要同时回答“how”（如何进行）和“what”（要做什么）。软件工程应该是艺术、规范、工艺、科学、逻辑和实践的结合，首先需要基于科学的洞察去综合（即构建和构造）软件，其次需要分析（即学习和研究）现有软件技术，以探清和发现可能的科学内容。他特别强调的几个与众不同的关注点包括：第一，软件工程的目的是理解问题领域、解决现实问题，为这些通过计算来解决的问题开发计算系统，建立软件解决方案；第二，软件工程应包含三个分支，即领域工程（理解问题领域）、需求工程（理解问题及其解决方案的框架）和软件设计（实现想要的解决方案）。

综上所述，软件工程要解决的问题是如何高效高质地开发出符合要求的产品。其中包含三个方面的含义。第一，软件工程的产出是一类产品，其产品形态是软件，这决定了软件工程学科的研究对象。第二，软件工程需要高效高质地开发出这类产品，工程化是使产品开发得以高效高质的手段，一般依赖于管理有序的生产过程，其中要依据合适的方法，以及可操作的质量保障手段。这构成了狭义软件工程学科的研究范畴。第三，软件产品要用于解决现实世界的领域相关问题，它的使用要能为相关领域带来价值，进一步，对领域价值的评判超出狭义软件工程的范畴，其范畴扩展到应用领域中，因此领域工程进入广义软件工程学科范畴，同时需求工程成为领域工程和狭义软件工程之间的桥梁。

软件工程的内涵可以用图 4-1 展示。其核心内容包括领域工程、需求工程和软件系统设计和实现三部分，它们形成广义上的软件工程的学科内涵。软件系统设计与实现是其中的主体内容，也是软件工程 50 年来发展最快的部分。所针对的问题是：如何高效高质地开发出能胜任的软件系统，其知识和技术体系体现在软件工程的方法、过程、质量保障及其相应的支撑工具上。这部分内容将在本章第三节予以描述。

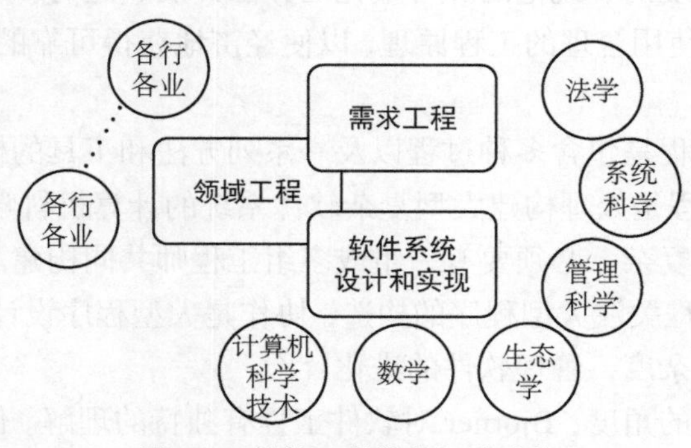

图 4-1　软件工程学科组成成分

2014 年，*IEEE SWEBOK Guide* V3.0 提出一个软件工程学科的知识体系[111]，其中包括 15 个知识领域，即软件需求、软件设计、软件构造、软件测试、软件维护、软件配置管理、软件工程管理、软件工程过程、软件工程模型和方法、软件质量、软件工程职业实践、软件工程经济学、计算基础、数学基础和工程基础。这个知识分类体系，除了基础性知识领域，其他大部分知识领域可以归属为上述软件系统设计和实现的内容。

值得一提的是，相比于传统的工程学科，软件工程最大的不同在于它的跨行业性，领域工程和需求工程就是解决软件的跨行业性问题，包括如何理解所面对的问题领域（领域工程）和如何理解需要用软件技术来解决的领域问题（需求工程）。在当前正在开启的人机物融合时代，软件工程的跨行业性显得尤为突出，这是软件能够渗透进各行各业并通过行业应用体现其价值的关键。这两部分内容将在本章第四节中描述。

图 4-1 还列举了与软件工程有适度交叉的学科领域，包括计算机科学与技术是软件工程的技术支撑。数学提供了软件工程研究，特别是定量研究中所需的数学工具和理论支撑。管理科学和生态学为复杂软件系统的系统化和工程化管理，以及软件开发和应用生态的建立和可持续发展提供指导。系统科学是软件工程应对复杂领域问题的系统方法学。在成为信息社会的基础设施后，软件系统还需要遵循或受到各项法律法规的约束。

第二节　软件系统设计和实现

从研究布局角度看，软件系统设计和实现可以分为软件工程方法、软件工程过程、软件质量保障以及软件工程工具等四个维度。本节分别从这几个维度进行介绍。

一、软件工程方法

（一）概述

软件开发在早期基本上没有可遵循的方法，程序员只是根据需要解决的问题按经验直接写代码。Hamilton 是早期飞行控制软件（Apollo 软件）的项目开发负责人，根据她的回忆[112]，当时程序员主要关心的是硬件和软件的关系，以及如何利用这类关系来提升软件的性能。由于没有辅助工具，程序员最担心的是代码出错，需要不断地花时间进行手工调试。

总结早期飞行控制软件开发经验，Hamilton 和 Hackler 设计了通用系统语言（universal system language，USL）[113]，其灵感来自 Hamilton 对 Apollo 软件开发过程中出现的错误模式/类别的认识。当时，子系统间的接口错误占了软件错误的绝大部分，而且这些错误通常是最难找到和调试正确的。USL 给出了不同接口错误类别的定义，通过这些系统定义来识别错误并在系统设计时进行预防。USL 定义的六个公理形成了控制逻辑的数学构造性理论的基础。

随着软件开发经验的不断积累，人们越来越多地研究软件工程方法，以指导软件设计和实现，目的是使软件开发具有系统性，并成为系统化可重复的过程，从而提高软件开发的成功率。50 年来，随着软件解决的现实问题不断深化，软件工程方法不断地出现并得以发展，如从系统的功能设计和实现角度出发的结构化方法、从面向现实世界问题中实体关系角度出发的面向对象方法，以及从面向现实世界问题求解角度出发的非功能性分析和设计方法等，软件工程方法的蕴含面不断向现实世界发展。

如同本书第一章中阐述，软件发展的核心是管理复杂性，软件工程的目标则是控制复杂性。这在系统实现层表现为“模块化封装”，在系统设计层表现为“结构化抽象”，在问题分析层表现为“关注点分离”。这在早期的一些代表性工作中就有所体现。例如，20 世纪 70 年代末兴起的模块互联语言（module interconnection language，MIL）就是一种结构化系统设计语言[114]，它提倡软件系统由相互联结的模块组成，提供形式化手段刻画模块间的各种连接关系，形成系统规格说明，以支持系统完整性和模块间兼容性等的验证。此外，各种体系结构描述语言（architecture description language，ADL）就是在接近系统设计者直观认识的抽象层次上描述软件系统的结构，是软件系统高层结构的概念模型[115]。

软件开发的效率和质量一直是软件工程追求的目标，基于构件的方法尝试采用大规模复用的手段，提高软件的开发效率，以及提升所开发的软件的质量。面向服务的方法则将其他软件提供的服务作为可复用的构件，软件系统通过复用并无缝集成来自不同提供方的服务来获得。除此之外，还有其他软件开发和软件工程模式，都从不同的角度来应对软件开发问题，解决软件危机，尝试找到软件开发的“银弹”。

（二）结构化系统分析和设计方法

结构化系统分析和设计方法起源于 20 世纪 70～80 年代，是一种用于分析和设计信息系统的瀑布方法，结构化分析以分层数据流图和控制流图为工具来开发系统的功能模型和数据模型。结构化设计包括软件体系结构设计、过程（功能）设计和数据设计。早期比较有代表性的包括 Checkland 和 Scholes 的软系统方法[116]、Yourdon 和 Constantine 的结构化设计方法[117]、Yourdon 的 Yourdon 结构化方法[118]、Jackson 的 Jackson 结构化编程[119]和结构化设计[120]，以及 deMarco 的结构化分析[121]等，结构化系统分析和设计方法由这些不同流派的方法综合而成。其中倡导的多种建模技术目前仍然是软件系统数据建模和分析的重要技术。

1. 逻辑数据建模

逻辑数据建模识别和记录设计系统的数据需求，包括实体（业务处理需要记录的信息）、属性（与实体相关的事实）和关系（实体间的关联）。建模结果为实体关系模型。

2. 数据流建模

数据流建模识别和记录设计系统中的数据流动，包括数据处理（即将一种形式的数据转换为另一种形式的活动）、数据存储（数据存留点）、外部实体（将数据发送到当前系统或从系统接收数据的外部系统）和数据流向（数据通过什么路由流动）。建模结果为数据流模型。

3. 实体事件建模

实体事件建模包括实体行为建模和事件建模，实体行为建模识别和记录影响每个实体的事件以及事件发生的序列（形成实体生命周期）；事件建模则针对每个事件记录其实体生命周期的作用。建模结果为实体生命周期和事件效果图。

（三）面向对象分析和设计方法

面向对象分析和设计方法起源于 20 世纪 90 年代，早期也有不同的面向对象的方法，较有代表性的包括 Booch 等的 Booch 方法[122]、Rumbaugh 等的 OMT 方法[123]、Jacobson 等的 OOSE 方法[124]。由于这三种不同体系下形成的软件制品彼此间难以复用，如何形成能够支撑从需求到实现的软件行业标准，成为当时亟须解决的问题。1994 年，他们共同开发了 UML[125]并由对象管理组织发布，还集成其他相关见解和经验，形成统一软件开发过程[126]，是当时最流行的方法和参考模型，并成为全面迭代和增量过程的指南和框架，也是软件开发和项目管理的最佳实践。

面向对象分析和设计方法以对象和对象关系等来构造软件系统模型，其中，对象由封装的属性和操作组成。对象类是具有相似属性、操作和关系的一组对象的描述。因此，对象类成为系统建模、系统设计以及实现等活动可复用的基本单元。面向对象分析和设计方法强调"开闭原则"（即对扩展开放、对修改封闭），其目的是希望软件尽量以扩展新的软件实体（如类、方法等）而非修改已有的软件实体的方式实现所需的变化，从而降低代码修改相关的风险并保证软件的可维护性。

可以看出，结构化系统分析和设计是将过程和数据分开考虑形成过程抽象，而面向对象分析和设计则关注从问题领域中识别出对象，并围绕这些对象来组织系统需求，通过对象集成系统行为（流程）和状态（数据），形成数据抽象。在设计阶段，面向对象分析和设计方法侧重于将实现约束作用在分析过程中得到的概念模型上，如硬件和软件平台、性能要求、持久存储和事务、系统的可用性以及预算和时间所施加的限制等，分析模型中与技术无关的概念被映射到类和接口上，进而得到解决方案域的模型，强调利用架构模式和设计模式等指导软件体系结构的设计[127]。

（四）基于构件的方法

早在 1968 年的北大西洋公约组织软件工程会议上，Doug McIlroy 就在"大量生产的软件构件"一文中提出了大规模软件复用的思想[100]。在足够的软件资产形成之后，人们希望能充分利用这些可复用的软件资产，以提高软件生产率和软件质量[128]。早期的软件复用对象主要是各种函数库，如美国自然科学基金会组织构建的数学函数库。随后，面向对象分析和设计方法中所使用的类，由于其具有良好的封装性并与客观世界实体具有良好对应关系的特性，成为一种主流的软件复用对象。

特别是随着 CORBA、EJB、COM/DCOM 等软件构件标准的成熟和广泛应用，基于构件的方法成为系统化的基于复用的软件开发方法。这种方法以软件构件作为基本的复用对象，将软件构造从传统以软件编码工作为主的方式转换为以软件构件集成和组装为主的方式。这里构件是指软件系统中具有相对独立功能、可以明确辨识、接口由契约指定、和语境有明显依赖关系、可独立部署且多由第三方提供的可组装软件实体[3]。

与函数和类等复用单元相比，软件构件由于其具有多个方面的特性，更适合作为一种系统化的软件复用对象。一方面，软件构件一般粒度较大，实现了相对完整的业务功能，按照某种构件标准进行了良好的封装并且可以独立部署。另一方面，软件构件具有明确的构件描述、环境依赖和接口规约，用户通过构件描述查找构件并理解其使用方式，根据环境依赖对其进行部署和配置，同时按照接口规约请求构件的服务。此外，为了实现良好的可复用性，软件构件还应具有较好的通用性和质量，易于组装并提供完善的文档和复用样例。

基于构件的方法包括构件的识别和开发、构件描述和管理、基于构件的应用开发三个方面。构件的识别和开发针对特定业务或技术领域的共性需求和技术问题进行分析，从中识别并抽象出可复用构件，并按照特定构件标准进行实现和封装。构件描述和管理对软件构件进行描述、分类、存储，并提供构件发布版本管理和检索机制，通过建立软件构件库对外提供统一的构件上传、更新、检索等服务。基于构件的应用开发根据应用软件的需求检索并获取可复用构件，对其进行定制和适配，然后从软件体系结构描述出发实现构件的组装，从而实现应用软件的需求。

构件技术的发展还催生了商用成品构件（commercial off-the-shelf，COTS）的出现，如在信息系统中有着广泛应用的报表构件、文档处理构件等。商用成品构件一般都符合特定的构件标准并具有良好的可组装性，由独立的构件开发厂商提供，应用开发厂商通过购买获得构件使用权，并通过黑盒的方法进行组装和复用。

（五）面向服务的软件开发方法

随着基于 Internet 的应用的延伸，面向服务的计算（service-oriented computing，SOC）应运而生，其目的是有效解决在开放、分布、动态和异构环境下，数据、应用和系统集成的问题。面向服务的软件开发方法[129]通过组合可复用的服务实现软件系统的开发，主要关注如何按需、动态地集成现有的服务，从而快速开发出满足新需求的软件系统。服务提供者和服务使用者之间的交互关系具有动态特性，服务公开性（exposure）和反射性（reflection）

替代了传统的固定式系统集成,开发软件系统时是根据系统的需求进行服务装配与组合。此外,服务的松耦合改变了传统以应用程序接口调用进行组件组装的紧耦合方式,系统架构师可以通过动态描述组合服务集合来创建软件系统。

面向服务的开发方法包括以下内容:①面向服务的分析和设计,即以服务为中心,根据业务需求识别服务、描述服务,并设计服务的实现;②面向服务的开发过程,即结合现有开发过程,规划以服务为中心的开发过程中的角色、职责、活动和工件;③面向服务架构的成熟度分析和迁移路线,即以服务为中心,分析现有或目标系统的成熟度,并设计从现有成熟度迁移到目标成熟度的路线;④面向服务架构的监管,即设计组织和流程,确保面向服务架构的设计原则在信息技术生命周期中得以贯彻,管理服务生命周期中各种迁移的合理性等。

面向服务的开发方法并不是全新的方法学,它是已有方法学的继承和发展。一方面,已有的方法学不能解决服务概念引入带来的问题,如如何识别服务、如何定义服务等;另一方面,服务是一个水平而不是垂直概念。在服务分析和设计的过程中,需要处理面向服务的开发方法和现有方法学的关系,服务的分析和设计的主要职责在于识别服务、定义服务和实现服务,并指导如何和其他方法学相结合。对于面向服务的开发方法,在原理层面很多已有的设计原则,如抽象、关注点分离等都被面向服务的方法继承和发扬,并应用于服务的定义和实现中;而在操作层面上,服务模型为面向对象的开发进行类和对象设计提供了业务蓝图和企业架构蓝图。

二、软件工程过程

软件工程师开发和维护软件,需要完成一系列的活动,如需求、设计、构造、测试、配置管理等。软件开发过程就是为了实现事先确定的目标而组织起来的一组活动,这组活动间有一定的先后顺序,作为一个整体来实现事先确定的目标。其目标包括软件项目管理要实现的目标,如完成开发任务、控制成本和工期、达到质量要求等。将软件的开发和维护分解成这样一组活动是为了便于管理。软件过程管理的管理对象就是软件过程,管理的直接目的是让软件过程在开发任务的完成、完成的效率和质量等方面有更好的性能绩效。

（一）系统生命周期

系统生命周期是系统存在的所有阶段的一个视图，软件系统也具有这样一个视图，包括概念设计阶段、设计和开发阶段、生产和构建阶段、部署和运行阶段、维护和支持阶段、退役和淘汰阶段等。

概念设计阶段确定系统需求，并定义潜在解决方案，评估潜在解决方案并开发系统规约，为系统设计提供技术要求和开发指导。设计和开发阶段按照系统规范，进行所需系统功能的所有子系统的设计，定义子系统间的接口，以及系统整体测试和评估的要求，生成可操作的详细设计和开发规范。设计和开发阶段细化初始的系统规范，产生系统与其预计交互环境的接口规范，以及对系统维护和支持要求的综合评估。

生产和构建阶段，产品将按照系统规范中规定的要求开发或实现，并在目标环境中进行部署和测试，进行系统评估以纠正缺陷并使系统适应持续改进。完全部署后，系统将用于其预设的操作环境中，其间需要不断评估系统的有效性和效率，以确定产品已达到其最大有效生命周期。考虑因素包括持续存在的运营需求、运营要求与系统性能之间的匹配程度、系统淘汰与维护的可行性以及替代系统的可用性等。

对应系统的生命周期，有多种系统开发生命周期模型，几种典型的模型包括瀑布模型[图 4-2（a）]、螺旋模型[图 4-2（b）]、迭代模型[图 4-2（c）]以及基于构件复用的过程模型[图 4-2（d）]等[3]。

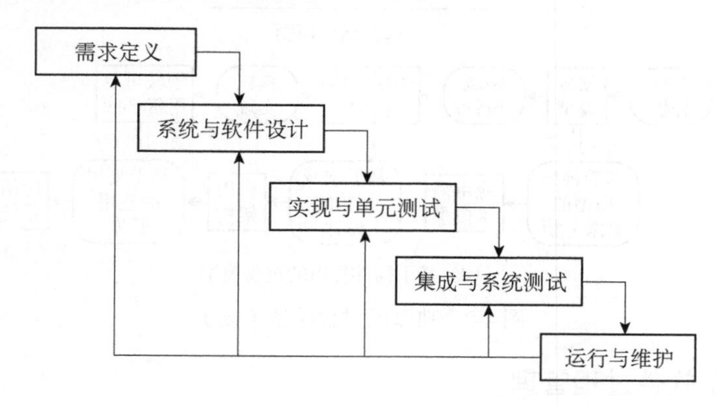

(a) 瀑布模型

图 4-2　典型的过程模型

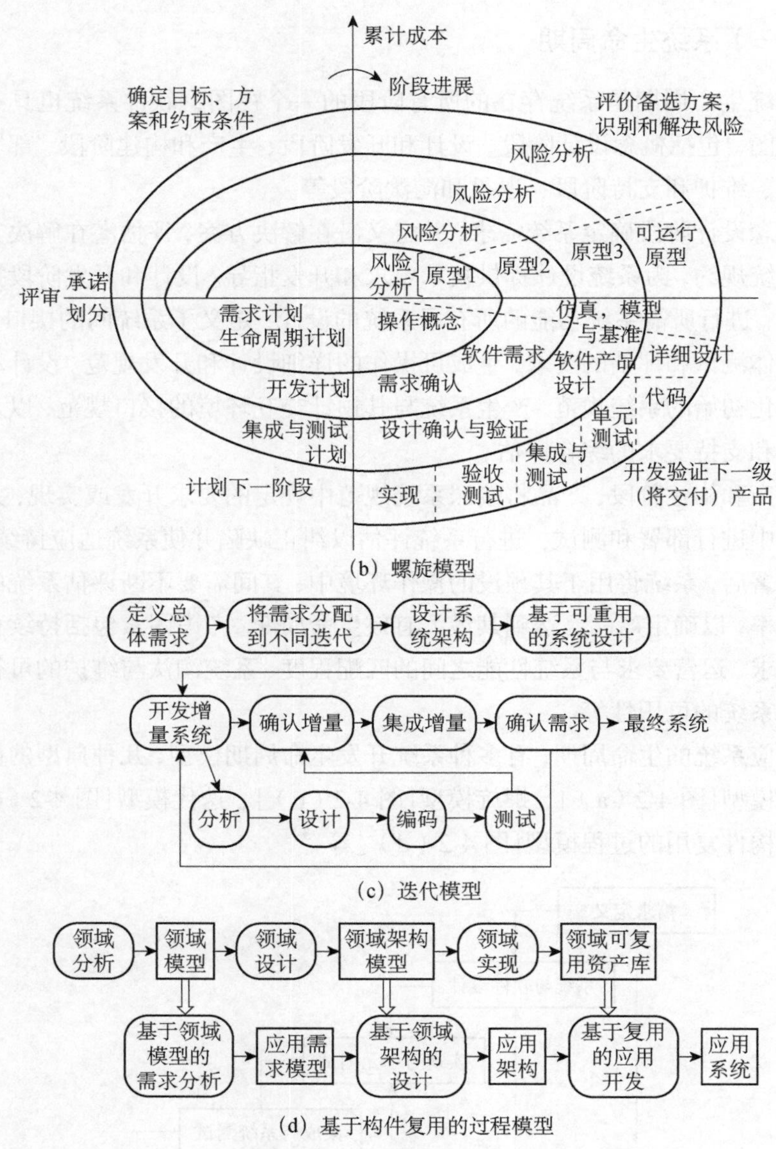

（b）螺旋模型

（c）迭代模型

（d）基于构件复用的过程模型

图 4-2 典型的过程模型（续）

（二）软件过程管理

软件过程是为实现事先定义的目标而建立起来的一组事件的集合。软件过程也有广义和狭义之分，狭义的软件过程只单纯涉及流程，即一组有先后顺序的活动。广义的软件过程中，其事件涉及三个维度，即技术、人员和流程，流程是其中最重要的一维，它是连接技术和人员的黏合剂。只有技术、人员及流程三者融为一体，软件过程才能在软件开发中真正起到指导作用。

软件过程与软件生命周期紧密相关，一个软件过程既可以覆盖从需求到交付的完整的软件生命周期，也可以仅包括其中某些特定开发阶段。例如，一个实现过程就只包括详细设计、编码、代码评审、编译以及单元测试等更为细小的开发步骤。为了确保代码评审工作的质量，也可以进一步定义、管理和改进代码评审过程。

软件过程管理就是对软件过程的管理，包括软件过程的建立、执行、监控、评估以及改进等活动。其管理的依据是从众多软件开发活动的经验教训中，总结而成的可供参考的模型。最著名的软件过程管理参考模型是能力成熟度模型（CMM）、其后续的能力成熟度模型集成（CMMI）[130]，以及质量管理体系ISO 9000[131]。

（三）敏捷软件开发

20 世纪 90 年代，有很多批评是针对一些僵化的对软件工程的过度监管、计划和微观管理等重量级方法，许多轻量级方法得以发展，其中包括快速应用开发（rapid application development，RAD）以及其他一些技术，包括统一过程（uniford processing，UP）和动态系统开发方法（dynamic system development method，DSDM），Scrum、Crystal Clear 和极限编程（extreme programming，XP），特征驱动开发等。

2001 年，17 位软件开发人员①讨论这些轻量级开发方法，随后发布了“敏捷软件开发宣言”，包含如下十二条原则②：①通过尽早和持续交付有价值的软件来实现客户满意度；②即使在项目后期，也要拥抱不断变化的要求；③经常性地（按周而不是按月）提供可工作的软件；④业务人员和开发人员密切合作；⑤项目是为需要开发软件的人建立的，他们要得到信任；⑥面对面交谈是最好的沟通方式；⑦可工作的软件是项目进展的主要衡量标准；⑧可持续地向前推进，保持稳定的步伐；⑨不断关注技术进展和良好设计；⑩简洁性（极力减少不必要工作量的艺术）至关重要；⑪最好的架构、要求和设计来自自我组织的团队；⑫团队经常性反思，如何变得更有效，并据此进行相应的调整。

总之，敏捷软件开发是通过自组织和跨职能团队及其客户/最终用户的协

---

① Kent Beck，Ward Cunningham，Dave Thomas，Jeff Sutherland，Ken Schwaber，Jim High- smith，Alistair Cockburn，Robert C. Martin，Mike Beedle，Arie van Bennekum，Martin Fowler，James Grenning，Andrew Hunt，Ron Jeffries，Jon Kern，Brian Marick 和Steve Mellor。

② Principles behind the Agile Manifesto. http://agilemanifesto.org/principles.html。

作努力，使需求和解决方案不断演化发展的方法，它倡导适应式规划、演化式发展、尽早交付和持续改进，同时鼓励快速应变和灵活反应。实际上，迭代增量开发可追溯到 1957 年[132]，而演化式项目管理[133]和自适应软件开发[134]也早在 20 世纪 70 年代就已经出现。它们都早于“敏捷软件开发宣言”，并都被包含进敏捷软件开发方法。

三、软件质量保障

软件是一种人工制品，需要有相应的质量保障（software quality assurance，SQA）机制，包括监控软件工程过程以确保质量。软件质量保障涵盖整个软件开发过程，包括需求定义、软件设计、编码、源代码控制、代码审查、软件配置管理、测试、发布管理和产品集成等。

（一）软件质量体系

软件质量是反映软件系统或产品满足明确或隐含需求能力的特性的总和，它有三个方面的含义：其一，能满足给定需要的特性的全体；其二，具有所期望的各种属性组合的程度；其三，能让用户觉得满足其综合期望的程度。软件质量通常用下列特性来评价。

（1）功能性：当软件在指定条件下使用时，软件产品提供满足明确和隐含需求的功能的能力。

（2）可靠性：在指定条件下使用时，软件产品维持规定的性能级别的能力。

（3）易用性：在指定条件下使用时，软件产品被理解、学习、使用和吸引用户的能力。

（4）效率：在规定条件下，相对于所用资源的数量，软件产品可提供适当性能的能力。

（5）易维护性：软件产品可被修改的能力。修改可能包括修正、改进或软件对环境、需求和功能规格说明变化的适应。

（6）易移植性：软件产品从一种环境迁移到另外一种环境的能力。

软件质量度量是用于确定软件系统或产品特性的定量尺度，Boehm 等于 1976 年提出了定量评价软件质量的概念，提出了 60 个质量度量公式，首次提出了软件质量度量的层次模型。1978 年 Walters 和 McCall 提出了从软件质量要素、准则到度量的三层式软件质量度量模型，将质量要素降到 11 个。

（二）软件质量标准

ISO 于 1985 年建议的质量度量模型分为三层：高层——软件质量需求评价准则；中层——软件质量设计评价准则；低层——软件质量度量评价准则。在 1991 年，ISO 和国际电工委员会（International Electrotechnical Commission，IEC）又共同提出了标准，给出了 6 个特性和 21 个子特性，于 2001 年再次修订标准，建立了软件产品质量的两分模型：①内部质量（软件产品在特定条件下使用时，软件产品的一组静态属性满足明确和隐含需要的能力）和外部质量（系统在特定条件下使用时，软件产品使系统的行为能满足明确和隐含需要的能力）；②使用质量（在特定的使用场景中，软件产品使特定用户在达到有效性、生产率、安全性和满意度等方面的特定目标的能力）。

还有一系列标准用于监控和评估软件生产过程，以支持软件质量的提升，如 ISO/IEC 15504[①]，第一个版本专注于软件开发过程，后来扩展到涵盖软件业务中的所有相关流程，如项目管理、配置管理、质量保障等，是成熟度模型的参考模型，评估者可以根据模型在评估期间收集证据，全面确定所开发产品（软件、系统和信息技术服务）的能力。更新版本是 ISO/IEC 33001[②]。其他质量标准有 ISO/IEC 25000[③]、ISO/IEC/IEEE 29119[④]等。

（三）形式规约和验证

除了采用工程方法来组织、管理软件的开发过程，并根据标准检验过程的正确性，还有一类工作就是深入探讨程序和程序开发过程的规律，建立严密的理论，以期用来指导软件开发实践。这类工作推动了形式化方法的深入研究，目标是以严格的数学推演为基础，通过对系统的形式规约、验证和逐步精化来构造并实现软件，从而提高软件设计的可靠性和鲁棒性。其中，形式规约是使用形式语言构建所开发的软件系统的规约，对应软件生命周期不同阶段的制品，刻画系统不同抽象层次的模型和性质。形式化开发就是构造并证明形式

---

① ISO/IEC 15504-1：2004. Information technology—Process assessment，https://www.iso.org/standard/38932.html。

② ISO/IEC 33001：2015. Information technology—Process assessment，https://www.iso.org/standard/54175.html。

③ ISO/IEC 25000：2014. Systems and software engineering—Systems and soft-ware Quality Requirements and Evaluation（SquaRE）—Guide to SQuaRE，https://www.iso.org/standard/64764.html。

④ ISO/IEC/IEEE 29119-1：2013. Software and systems engineering—Software testing，https://www.iso.org/standard/45142.html。

规约和形式模型之间的等价转换与精化关系，以系统的形式模型为指导，通过逐步精化，最后开发出满足需要的系统，也称为保证正确性的构造（correctness by construction）。

（四）软件分析和软件测试

软件分析和软件测试是软件开发实践中常用的质量保障手段，被广泛用于发现软件需求、设计、实现代码等制品中的缺陷或验证相关性质。软件分析是指对软件制品进行人工或者自动分析，以验证、确认或发现软件性质（或者规约、约束）的过程或活动[135]。软件分析的对象覆盖了文档、代码（源代码或二进制代码）、运行中的系统、开发历史等不同形态，相应的分析技术也包括静态分析、动态分析和开发历史分析等。其中，静态分析在不运行程序的情况下，对文档和代码进行分析，抽取各种性质及抽象表示并对各种问题进行检查；动态分析通过程序插装等手段获取程序的运行时信息，在此基础上对程序的行为进行分析；开发历史分析对软件版本库等开发库中所记录的开发历史进行分析，获得与软件演化历史相关的各种信息。软件分析可以直接发现各种软件制品中的缺陷和问题，如不一致的需求描述、违反设计原则、代码的坏味道、潜在漏洞和缺陷等。其中，针对代码的静态分析是主要的软件分析手段，涉及语法分析、类型分析、数据流/控制流分析等基本分析技术，符号执行、切片分析等辅助分析技术，以及克隆分析、规范检查、漏洞扫描等针对特定目的的分析技术。软件测试通过人工或自动的方式运行被测试的软件，检验其运行结果或行为是否与预期相符，其目的是发现软件中潜在的错误和问题。测试应当经过设计，并在测试用例的驱动下进行。测试用例一般包括输入、环境配置、测试步骤和期望输出。软件测试可以在不同层次上进行，包括单元测试、集成测试、系统测试和验收测试。此外，在软件进行修改后为确认修改未引入新的错误还需要重新运行相关的测试用例，即进行回归测试。软件测试的基本过程包括测试计划、测试用例设计、测试执行、测试结果分析等步骤。其中，测试用例设计是关键，一方面要确保对软件运行过程中的各种可能性有较高的覆盖度，另一方面要限制测试用例数量以节省测试时间和成本。相应的测试用例设计方法主要包括白盒测试和黑盒测试两类，同时与各种测试用例选取和排序等辅助技术相结合。为了缩短测试时间、节省测试成本，自动化测试技术受到很大关注，包括自动化的测试用例生成、执行和结果分析。

四、软件工程工具

软件工程工具或软件工具，是用来辅助计算机软件的开发、运行、维护、管理、支持等过程中活动或任务的一类软件。早期的软件开发所用到的引导程序、装入程序、编辑程序等都可以看成最早的软件工具。在汇编语言和高级程序设计语言出现以后，汇编程序、解释程序、编译程序、连接程序和排错程序构成了早期的软件工具集。在软件工程出现后，支持软件需求分析、设计、编码、测试、维护和管理等活动的软件工具逐渐发展起来，从各个阶段支持着软件开发过程，并且自然而然地出现了工具集成的需要，使各个工具能够协同操作。

软件开发环境由软件工具和环境集成机制构成，是支持软件产品开发的软件系统[3]。软件开发环境在工具集成的需求中开始萌芽，20 世纪 70 年代中后期出现了软件工具箱（toolkit）的思想，在软件开发过程中使用成套的多个软件工具。例如，开发人员使用文本编辑工具编写代码后，使用代码解释或编译工具将源代码转换为操作系统可以识别的代码，进而完成预期的程序动作。文本编辑器和编译器组成了成套使用的软件工具箱。从 80 年代起，软件生产技术的研究和实践得到更多关注，计算机辅助软件工程（computer aided software engineering，CASE）的研究和实践得到开展，并出现了可用的 CASE 工具和环境，以及支持图形设计方式的第二代软件工具和集成这些工具为一体的软件开发环境。这些环境的特点是采用环境信息库，支持软件开发模型和开发方法，并且集成机制有了较大发展，出现了集成型软件开发环境。例如，通用编程语言 Ada 自带的编程支持环境 APSE 提供了编辑界面、编译器、测试器、连接加载器等功能模块，极大提升了开发调试效率。80 年代后期，美国国家标准与技术研究院（National Institute of Standards and Technology，NIST）/欧洲计算机制造商协会（European Computer Manufacturers Association，ECMA）提出的集成化环境参考模型，被欧洲信息技术研究战略计划（Portable Common Tool Environment，PCTE）采用，并于 1990 年成为 ECMA 的标准。90 年代开始出现支持面向对象方法和技术的软件开发环境。我国“七五”“八五”“九五”科技攻关中研制的青鸟软件开发环境，是当时先进的软件开发环境，具有较完善的集成化软件开发支撑能力。进入 21 世纪，随着软件日益复杂和开发过程的不断演进，仅提供代码编辑、调试能力不足以支撑丰富的软件工程活动。开放式架构的开源集成开发环境以插件的形式提供各类辅助支持，包括在开发环境中提供各类代码静态扫描功能、代码重构功能、代码自动补全和框架自动生成功能等，大大扩展了集成开发环境的能力范围，使之能服务于不同的开发过程活动。例如，最初由IBM公司主导开发的Eclipse开发环境在2001年开源转入非营利组织Eclipse基金会管理后，开源社区的大量开发者为其开发了众多实用的功能，进而衍生出MyEclipse、IBM Rational Software Architect等多种工具软件，服务于代码编写、开发框架支持、代码生成、架构设计、配置管理等不同层次和复杂程度的软件开发需求。

21世纪以来，随着互联网和移动通信的普及，软件工具和软件开发环境的用途和种类进一步拓展，出现了支持软件国际化、软件开发协同工作、开源软件库和开源社区环境以及支持互联网、物联网和云计算的基础软件和应用测试支撑工具。软件开发环境不仅支持时间上的松耦合开发，还支持空间上的分布开发，并且开始以协同开发思想为基础，更强调多相关方、多工具、多活动的协同开发支撑，使软件产品相关的所有利益相关方能在互动的软件开发协作过程中，实现包括需求管理、项目管理、软件部署和运行监控等活动在内的完整的软件生存周期过程支撑。

随着软件形态的演化和软件开发方法的发展，软件工具和软件开发环境正在向功能智能化、网络化、服务化方向发展，并且对软件开发过程的可视化管理和定量分析优化提供支持。

（一）软件开发工具

早期的软件开发工具仅限于汇编器和编译器。20世纪50～60年代，随着Fortran、Basic等高级语言的出现，计算机程序逐步脱离了面向特定硬件系统的束缚，更加接近于自然语言而易于开发人员书写。开发人员使用文本编辑工具编写代码后，使用代码解释或编译工具将源代码转换为操作系统可以识别的代码，进而实现预期的程序行为。广义上来说，文本编辑器、汇编器、编译器都可以看成最原始的软件开发工具。

随着软件开发过程的成熟以及软件开发技术的发展，软件开发工具开始在基本的代码编辑和编译功能基础上提供代码元素高亮、即时语法检查和提示、调试等辅助功能，同时针对编码之外的软件开发活动的支持工具也不断涌现，主要包括以下几种类型。

（1）分析和设计建模工具：在规范化的建模语言基础上，通过图形化的建模工具支持软件的需求分析和设计建模，如广泛使用的实体-关系（entity-relationship，E-R）模型和UML建模工具等。

（2）测试工具：针对单元测试、集成测试、性能测试等不同种类的测试所提供的测试用例生成、测试环境模拟、测试执行与测试结果分析等方面的工具支持。

（3）分析和验证工具：针对软件代码、模型等软件开发制品进行自动化分析和验证，发现潜在的质量问题或确认所期望的属性，如各种代码缺陷检查工具、形式化验证工具等。

（4）逆向分析和度量工具：针对源代码或二进制代码进行逆向分析以恢复软件的高层视图从而辅助理解，或者度量代码的各种属性以获得关于代码质量的信息。

（二）软件运维工具

软件的运行和维护是软件交付后的必要环节。在以桌面应用为主的 20 世纪 90 年代以前，软件产品要么以商业成品（commercial-off-the-shelf）形式提供给最终用户，要么以商用服务项目的形式在客户现场（on-site）提供支持。此时，软件的运维主要是软件日志的收集与分析。通常只能通过现场日志的分析获知软件的可能问题，进而在开发环境中进一步测试、验证、修改软件以修复相关问题。在这种模式下，软件运维工具往往并不受重视，并且通常是融合在软件开发工具中的，即需要通过软件开发过程中写入必要的日志信息，才能实现必要的运行维护工作。随着互联网应用和应用的服务化进程的开启，21 世纪以来，服务化和云化的软件使软件运维从客户端现场支持逐步转向后端、云端。此时的软件运行具有在线动态的特性，不仅需要运行时的日志记录与分析，还需要能快速响应特定的运行问题，并快速给出维护方案、上线修复的软件产品。软件运维从简单的运行日志分析和调错，逐步向实时监控、快速响应的方向发展，这也带来开发运维一体化（DevOps）的兴起。由此，软件运维工具范围迅速扩大，形成了涵盖开发、构建、测试、集成及交付、容器平台等子领域的工具集。例如，自动化构建是持续集成的重要支撑，支持持续集成的工具包括开源工具 Jenkins、商用工具 Bamboo 以及商用开源版本并存的 Travis 等。这些工具的特性分别适应特定的应用群体或用户，运维人员可实现多种运维工具的按需选择。

（三）软件管理工具

软件管理工具特指在软件开发过程中使用的、不直接产出软件中间制品或最终制品的辅助工具。软件管理工具主要面向软件开发管理人员，同时也服务于软件开发活动所有参与者。这些辅助工具包括项目进度管理工具（如MS Project）、软件版本管理工具（如SVN、Git、ClearCase）、在线细粒度任务安排和看板工具等，对软件开发过程、制品进行管理。从软件工程概念提出以来，采用工程化的管理手段使软件的开发过程变得可见、可控、可度量、可预测是这些工具的终极目标之一。这些工具随着软件工程学科发展和研究内容的变化而不断改进，新的工具不断涌现，体现了软件工程学科的活力。例如，随着敏捷方法被软件工程实践逐步接受，以软件工具形式出现的看板软件也发展起来，开始作为传统的物理看板的补充，在异地分布式团队等场景中广泛地使用。尽管目前此类软件仍然存在易用性、可配置性等缺陷，但作为新兴的软件工程工具，若能通过触摸交互式高分辨率显示等技术改进实现随时随地的交互，则对精准高效地管理团队内部人员的开发进度、协调团队交互沟通，都会具有非常重要的价值，应用前景非常广阔。

第三节　需求工程和领域工程

当软件变得复杂，需要对软件的需求进行分析，以此构造综合性的问题求解方案，当软件系统变得更加复杂时，则需要有一整套的过程和相应技术，指导和帮助软件开发人员系统化地进行用户的需求识别和分析，确定软件能力需求，从而构造问题场景的整体的解决方案。从而出现独立的研究方向：需求工程[136]。需求工程有三个关注点：环境（可改进点）、期望需求（关注的改进方面）和软件系统需求（可实现性）。

简单来说，需求工程就是：现实世界中存在需要解决的问题、可改进的地方、可能蕴含的机会等，然后在圈定的范围内认知并明确刻画出想要解决的问题，最后依据当前可行的信息技术手段，设计出问题求解的方案，并认证该解决方案的可行性和有效性。因此，需求工程的主要任务就是观察现实世界机会、识别和定位现实需求、分析和建模软件需求、验证和管理软件需求等。

由于需求工程的出发点是观察现实世界并进行问题识别，根据现实世界问题识别的不同角度，出现了不同的需求工程方法，主要的需求工程方法包括面向目标的方法[137]、面向主体和意图的方法[138]、面向情景的方法[139]、问题框架方法[140]等。这些方法的特点和需求工程技术见表4-1。

表 4-1 代表性需求工程方法

方法	问题视角	需求建模原则	软件需求获取手段
面向目标的方法	现实世界中存在新的需要达成的业务目标	识别高层目标； 自顶向下，按照业务目标实现策略进行目标分解，直到获得可操作目标	可操作目标的可实现性分析； 自底向上的逐层目标可满足性分析； 目标冲突的检测和协商
面向主体和意图的方法	现实世界存在需要维系的自治个体/组织的关系	个体/组织间依赖关系识别； 个体/组织策略的目标建模； 个体/组织的反依赖关系以及反依赖关系应对策略	依赖关系的可满足性和鲁棒性分析； 依赖路径的脆弱性分析； 反依赖关系的防御
面向情景的方法	现实世界中的业务流程需要自动化支撑	现实场景抽象和模； 现实场景模型脆弱点分析和改进点确定，如活动改进和流程改进； 改进策略确定	场景流合理性分析； 场景流可行性分析； 场景流资源/环境依赖性分析； 场景流最优化分析
问题框架方法	软件处于环境中，软件的能力需求由需要和环境进行的交互决定	识别软件上下文（环境）； 抽象环境实体的特征； 在环境实体上确定用户需求，以此确定软件与环境实体的交互； 根据交互特征识别问题框架	构建上下文图，即环境实体识别； 构建问题图，即基于环境实体的属性确定用户需求，系统/环境交互识别； 进行问题投影，即子问题识别，基本问题框架匹配

领域工程是支持软件开发中全面系统化复用领域知识的过程，其出发点是大多数软件系统都不是全新的系统，领域工程可以通过使用同领域相似系统的模型和代码，提高新软件的开发效率和质量，从而降低成本。领域工程面向特定领域捕获和收集可复用的软件制品，以便在与之相似的应用工程中复用。

领域工程可以分为分析、设计和实现三个阶段。领域分析侧重于识别和定义领域，并生成领域模型。领域分析的来源是某领域过去产生的制品，包括现有系统及其设计文档、需求文档和用户手册等制品。领域分析的目标是将根据已知的领域知识进行扩展，通过领域特征建模，识别领域的公共特征，以及存在的差异性，从而支持领域需求的可配置性。领域设计根据领域分析阶段生成的领域模型，产生领域中所有系统都能符合的通用系统架构模式，并确定模式的范围以及与模式相关的上下文，以适当限定架构适用的范围。最后领域实现是创建为能有效生成本领域客户化软件使用的过程和工具。

软件产品线工程是具有代表性的领域工程，以产品特征建模为基础，又称面向特征的复用。例如，FORM[141]是具有代表性的领域工程方法，它首先分析特定领域中应用程序在服务、操作环境、领域技术和实现技术等方面共性的或者差异性的功能特征。这个分析过程构建出来的模型称为特征模型，该模型可用于定义参数化参考体系结构和在实际应用程序开发时可实例化的适当的可复用构件。支持开发可复用的体系结构和构件，并支持使用领域工程生成的领域制品开发应用程序。

第四节 本章小结

软件工程研究用工程化方法构建和维护有效的、实用的和高质量的软件，目的包括两个方面：其一是提高软件开发效率；其二是保证软件的质量。软件工程从诞生到现在，一直都是围绕软件产品的形态及应用场景的变迁，研究与其相应的与时俱进的系统化开发方法和技术，包括如何根据应用场景发现和确定软件能解决的问题、如何高效地设计和生产软件产品，以及如何确保最终产品达到质量要求等。纵观软件工程的发展历程，可以看出如下规律。

（一）寻求从问题领域（问题空间）到软件领域（解空间）的映射

软件工程过程从需求到设计到编码，实际上就是根据问题领域的任务求解方法和策略，提出可用的软件求解方案，一方面不断从问题领域中抽象出来，另一方面又按照系统框架和可计算的角度不断细化，直到编码实现问题求解的目的，形成需求—设计—编码这样的软件工程过程。例如，面向对象方法就通过“对象”将问题领域实体映射为软件领域的实体，并诠释了这个映射的完整过程。软件复用的思想可以大大提高建立问题领域到软件领域的映射的效率，其基本前提是进行领域工程，建立特定领域软件工程各个阶段的可复用。

（二）不变的特性有变化的内涵，导致质量关注点不断演化

与其他人工制品相比，软件产品的无形性、嵌入性（或适应性）、易变性是其独有的特点，软件产品这些表面不变的性质，随着软件应用场景的变化却被附上不断变化的内涵，从而使软件工程需要不断面临新的质量关注点，如正确性、可靠性，到可信性、安全性等。这些不断涌现的新的关注点是软件工程一直面临的挑战，也是促进软件工程方法和技术不断发展的动力。随着信息技术的不断发展，软件系统越来越多地渗入人类生产生活的各个方面，促使软件未来将置身于基于人机物融合的社会性普适应用场景，软件工程也将与时俱进、持续向前发展。

第五章 软件产业

第一节 概 述

软件产业是战略性新兴产业的重要组成部分，在推动传统产业升级转型、促进经济结构调整和发展方式转变、拉动经济增长和扩大就业、变革人类生产生活方式等方面发挥着日益重要的作用。

随着软件从依附于计算机硬件的程序逐步发展为独立的产品，并且门类逐渐丰富，与软件产品、服务相关的组织和团体在协作和竞争中逐渐形成产业链、产业圈，其重要性已经在国民经济中显现。2019 年我国软件和信息技术服务企业数超过 4 万家，从业人数达到 673 万人，软件产业规模（包括软件产品、信息技术服务、信息安全、嵌入式系统软件）超过 7 万亿元[142]。据预测，2020 年全球信息技术产业规模将达 5 万亿美元，其中软件和信息技术服务业占比达 33%，物联网软硬件、云计算、大数据等新兴领域占 17%[143]。

软件学科与软件产业相互促进、共生共荣。软件产业的发展推动着软件学科的进步，软件产业的繁荣与分化对软件学科的演进与细化提出更高的要求。同时，软件学科服务于软件产业，支撑软件产业的发展和壮大。软件学科从理论和实践上对软件产业的繁荣发挥着越来越重要的作用。

本章将概述软件产业概念以及软件产业的生态构成，回顾软件产业的形成和发展历程，从软件技术与软件产业互动的视角阐述软件产业生态不同阶段的特点和不同的侧面，分析软件产业随着应用场景和应用领域的细分所形成的不同产业生态格局，揭示软件学科在软件产业发展中的推动作用以及软件产业对软件学科演进的需求牵引。通过软件产业生态不同阶段和侧面的讨论，揭示软件产业的发展趋势，以及软件学科对支撑软件产业和国民经济发展的重要作用，力图为软件学科如何更好地服务于产业和经济发展需求提供有价值的参考。

第二节　软件产业和软件产业生态

软件产业是为有效地利用计算机资源而从事计算机程序编制、信息系统开发和集成及从事相关服务的产业[144]。软件产业通常分为软件产品业和软件服务业两大部分。因此，也有学者将软件产业定义为“与软件产品和软件服务相关的一切经济活动与关系的总称”[145]。

软件产业这一概念的外延非常广泛。在工业和信息化部中国电子信息产业发展研究院编著的《2017—2018 年中国软件产业发展蓝皮书》系列中，软件产业细分为基础软件产业、工业软件产业、信息技术服务产业、嵌入式软件产业、云计算产业、大数据产业、信息安全产业等[146]。中国软件行业协会的软件产业研究报告中，将软件产业分为软件产品和软件服务，而软件产品进一步分为系统软件、支撑软件和应用软件，软件服务则涵盖了与软件相关的服务内容。国际数据公司（International Data Corporation，IDC）将软件产业细分为应用解决方案（application solution）、应用开发及部署软件（application development and deployment software）和系统基础软件（system infrastructure software）[144]。从更广泛的意义上来说，无处不在的软件产品和服务越来越深刻地影响着众多传统产业和新兴产业，并随着技术的发展和应用领域的扩展不断细化社会分工，软件在其他产业中的重要性也日益显现，软件产业与其他产业呈现融合的态势。

软件产业涵盖了软件企业、软件产品和服务、软件从业人员（特别是开发者）等众多要素，它们之间相互影响、相互依存、相互竞争。在软件产业产生与发展过程中，软件企业及其生产的产品、提供的服务之间的供需关系形成了软件产业链，相关或者相似关系形成了软件产业的若干子领域或产业圈。这些不同的产业链、产业圈以及相关的参与者之间或互补、或竞争，从而逐步发展为错综复杂的软件产业生态。

软件产业生态是软件企业、软件从业人员以及各层次、多种类的软件产品与服务的共生体。软件产业的发展历史，也是软件产业生态中产业链和产业圈逐步建立和发展繁荣的历史。当前，从各类软件产品和服务的相互依赖性来看，软件产业生态中各类软件基本可以分为系统软件、支撑软件、应用软件等层次。软件产业生态中不同种类的软件及其开发者、开发企业形成了相对对立的多个子产业。例如，应用软件产业又可进一步细分出企业软件（包括企业管理信息系统等软件）、个人软件（以个人使用为目的的软件）等子产业。子产业之间的软件产品与服务、开发者、企业相互关联，形成上下游关系的产业链。下游的软件子产业在很大程度上受上游软件子产业的制约，而另一方面又在一定程度上促进上游软件子产业的发展。例如，处于软件产业链上游的操作系统等系统软件是下游应用软件运行的基础，因此基于操作系统等系统软件和各个业务领域的需求所研发的一系列应用软件，与所对应的操作系统形成相互依赖、相互促进、相互制约的关系；随着应用软件的普及使用，用户市场也能进一步驱动应用软件摆脱原有的操作系统约束，发展出支持其他操作系统的新版本，从而扩展原有的生态范围。在软件子产业和上下游产业链的快速发展中，计算机软件产品和服务越来越多地参与各个传统产业领域，如工业制造、物流运输、金融服务等，软件从业人员和企业的范围也在不断扩大，为软件产业生态的发展注入了新的活力。由此可见，各类软件产品和服务及其相应的开发商、用户，共同构成了复杂且持续演化的生态系统。软件产业生态的主要参与方及其相互关系如图 5-1 所示。

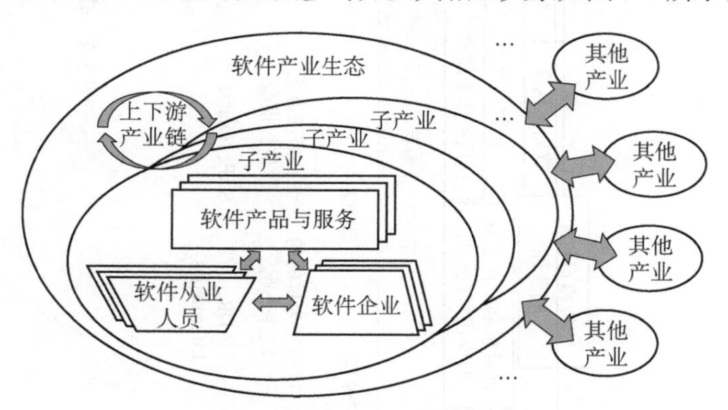

图 5-1　软件产业生态构成示意图

第三节　软件产业发展历程概览

软件产业脱胎于计算机产业的发展和进步，与软件技术相互影响、相互促进。软件产业的形成与发展遵循产业分化和进步的一般规律。图 5-2 展示了软件产业发展历程的概览。

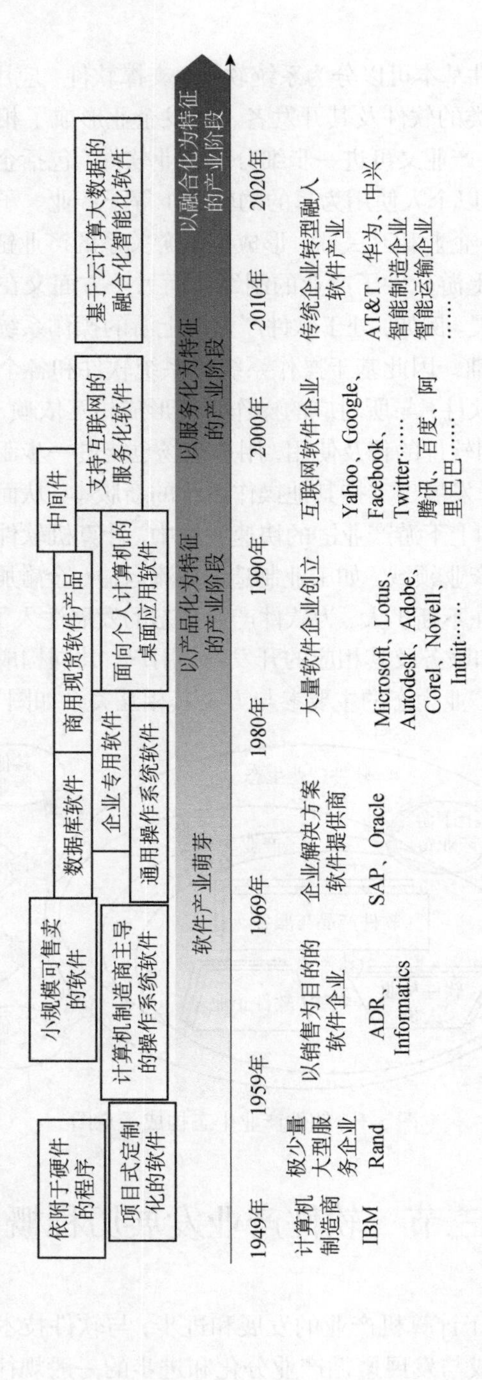

图 5-2　软件产业发展历史概览

早期的计算机软件大多附属于计算机硬件。直到 20 世纪 50 年代，软件还主要以项目的形式进行定制化开发。这些软件开发项目往往由政府主导，并服务于国防等关键部门，并且只有少量大型服务企业研制。当时，计算机行业的大多数高管不相信软件产品会有重要的市场[147]。

20 世纪 60 年代，随着计算机硬件能力的提升，软件的规模日益庞大，开发过程日益复杂，出现了软件危机。软件的重要性和独立性也逐渐显现。例如，1961 年开始研发的 OS/360 操作系统软件耗费了超过 5000 人・年的工作量，软件成本甚至超过了 IBM System/360 大型机硬件。60 年代中期，出现了一些具有特定用途、可以售卖给多个客户的程序，具有一些产品化的特性，但销售量小，仅能看成软件产业的萌芽。与此同时，软件开发和管理中的大量现实问题促使业界思考软件开发的独特之处。1968 年软件工程概念提出，标志着对软件及其开发方法的研究进入一个新的阶段，也预示着软件开发向工程化方向发展。1969 年，计算机行业巨头 IBM 宣布了软件可作为独立于硬件单独售卖的商品而存在[147]。在此期间，出现了强大的企业解决方案提供商。例如，专业的数据库公司研发数据库等通用软件以弥补计算机制造商自带软件的不足，但整体规模仍然不大。这种状态几乎持续到 70 年代末，绝大多数软件应用程序仍是按需定制并在主机或微机上运行的。在这一阶段，软件厂商已经开始发展起来，并且开始认识到大规模复杂软件开发中的一些问题，推动了软件工程理论的发展。

20 世纪 80 年代，随着微型计算机的大规模普及，大量软件得到广泛使用，软件企业以此为契机得以迅速发展，开启了以软件为销售对象的商业模式[144]，也由此掀起了以数字化为主要特征的第一次信息化浪潮[148]。在这个时期，软件真正开始形成独立的产业，不仅有大量的软件开发企业和开发者，还出现了更广大的软件产品市场和用户群体，并且越来越独立于特定的计算机硬件。

从 20 世纪 90 年代中期开始，以美国提出“信息高速公路”建设计划为重要标志，互联网逐渐实现了大规模商用，迎来了以网络化为主要特征的第二次信息化浪潮[148]。软件从以单机应用为主逐渐呈现出网络化交互特征。大量带有社会化特征的软件开始蓬勃发展，形成了以互联网为基础、以服务化为特征的产业生态。

当前，随着以智能化为主要特征的第三次信息化浪潮[148]的到来，软件产业正在发生新的变化。新型的融合化应用场景越来越丰富，基于云计算、大数据的智能化应用软件和企业蓬勃发展，基于软件的产品和服务日益多样化、精细化，逐渐向传统行业和新兴行业渗透，呈现出“软件定义一切”的融合化态势。在后续的论述中，我们将以软件产业与软件技术互动为主线，分不同阶段并从不同视角回顾软件产业及其生态的发展，探讨软件产业对软件学科的需求以及软件学科对软件产业的支撑。

第四节　不同阶段和视角的软件产业生态

一、软件产业与软件技术的互动

由软件产业发展历程可以看到，软件产业的发展与软件技术的进步是相互影响、相互促进的。

当人们意识到软件可以是独立于硬件存在的单独产品时，针对不同目的、具有不同功能特点的软件也逐渐发展出专门化细分的软件技术领域，相应的软件产品也逐渐形成独立的门类。逐渐细化的各类软件产品极大地丰富了软件产业的内容结构。

随着互联网技术的发展和普及，软件产品从复制安装的应用模式，逐渐转向通过网络按需获得的服务模式。软件的应用场景和用户群体的多样化趋势拓展了软件市场，催生了一批以在线软件服务为主要业务形态的软件企业。这些企业和各类新型应用需求，反过来又促进了服务化软件技术的创新和发展，软件产业显示出服务化特征。

随着软件在各个不同行业中的广泛使用，各类企业与软件相关的投入与产出都普遍增加。无处不在的软件在各个业务领域中的重要性日益显现，并正在迅速融入各个领域的核心业务中，推动着各个领域的技术创新和发展。

在软件产业和软件技术的发展过程中，软件的复杂性和软件开发的困难也越来越被人们所重视。在不同的产业发展阶段，如何高效地开发高质量的软件一直都是其中的核心问题，对这一问题的探索不断推动着软件技术的进步和软件产业的发展。从软件开发的角度看，软件开发方法、工具和环境经历着不同的变化。软件开发者及以软件开发工具和环境为主要业务的软件企业，一起构建了独特的计算机辅助软件工程工具产业生态，与软件技术共同发展。

可见，软件产业的发展，从形成初期的以单独销售软件复制及许可证的产品化为特征，到逐渐发展为以提供在线服务、按次按量收费的服务化为特征，以及近年来以软件和传统应用场景的融合化为特征，软件技术的发展和变革无所不在。在软件产业与软件技术的互动中，围绕软件开发方法、环境和工具发展起开发视角的子产业，并持续推动整个软件产业的演进。

本节回顾软件产业从产品化到服务化的发展过程，揭示软件产业与传统产业的融合化发展新趋势，并从软件开发的视角阐述软件产业生态发展对技术的推动，以及软件技术进步对软件产业生态发展的促进。

二、以产品化为特征的软件产业生态

正如传统工业部门在生产力发展过程中不断分化一样，软件也经历了产品门类不断细分的过程。软件从硬件中剥离出来之初，并没有具体的门类细分，从硬件资源管理到具体应用功能都包括在一个混合的整体实现中。随着软件需求的不断增长，软件应用的数量不断增多，人们逐渐将操作系统、数据库系统及各种中间件系统等基础软件从应用软件中剥离出来形成独立的软件产品。而上层的应用软件也在实际应用中针对不同的业务需求不断细分，形成各类不同的应用软件，孕育了各自的软件开发企业和应用市场。可见，随着软件技术的发展，软件产品经历了共性沉淀、结构细分的过程，而在此过程中，每个细分领域都出现了专门的软件技术领域和产品，软件产业结构也逐渐丰富。

本节以操作系统产品、办公软件产品、中间件产品、工业软件产品为典型代表，概述以产品化为特征的软件产业生态产生与发展过程。

操作系统是构建现代软件产业生态的重要基石。20 世纪 60 年代，操作系统软件开始逐渐从计算机硬件中独立出来，出现了产品化萌芽。例如，OS/360 操作系统能运行在一系列用途与价位不同的 IBM System/360 大型机上，具有了现代操作系统的独立性和产品化的特征，但仍然依附于特定厂商，没有形成规模化生产。1969 年，贝尔实验室开发开放源码的 UNIX 操作系统得到广泛应用。之后，基于 UNIX 的源代码，大量类 UNIX 系统被研发出来，可用于多种计算机硬件。市场上形成了多种独立的操作系统软件产品，如加利福尼亚大学伯克利分校研发的 BSD，以及此后的 FreeBSD、NetBSD、OpenBSD 等衍生产品。80 年代，微软通过与 IBM 公司合作，成功研制了面向个人计算机的桌面操作系统 MS-DOS，成为当时在 IBM 个人计算机上最常用的操作系统，也带来大量的软件应用场景，推动了第一波信息化浪潮，促进软件产业的发展和壮大。同期，MacOS 在苹果公司 Macintosh 计算机上也得到广泛应用。1983 年，嵌入式实时操作系统 VxWorks 由美国 WindRiver 公司研发，具有高性能的内核以及友好的用户开发环境，以其良好的可靠性和卓越的实时性，至今仍被广泛地应用在通信、军事、航空、航天等高精尖技术及实时性要求极高的领域中。90 年代，微软公司自行研发新操作系统 Windows，通过图形化界面来替换其原有的字符界面为主的 DOS 系列操作系统，并持续推出更新版本，直到今天仍占有大量桌面操作系统市场份额。1991 年，芬兰裔美国软件工程师 Linus Torvalds 基于 UNIX 研发了 Linux 操作系统。这个系统具有轻量级微内核的设计和良好的可移植性，随后由不同的厂商或开源社区参与研发，形成了 Redhat、CentOS、Debian、Ubuntu 等多种发行版本。在多个软件厂商和开发社区的参与下，Linux 操作系统在软件产业中建立起独特的地位，并且在多种开源或共享软件协议下形成了付费与免费并存、闭源与开源并存、商业与社区并存的产业格局。这也是当今开源软件相关产业的特点之一。

当前，在操作系统软件产业中，各类操作系统产品具有不同的特点或应用场景。例如，在移动智能终端操作系统领域，源于谷歌的 Android 操作系统以其开放性吸引了众多手机设备厂商开发出多个 Android 定制版本，而苹果公司的 ios 则在其独立的经营下形成了相对封闭的发展模式，以其优良的性能获得了市场的认可。两者形成了各自的产业发展模式。可见，在某一细分的领域，往往存在多个产品形成市场竞争，同时也因不同产品各自的特点形成了市场互补。产品的多样性以及标准化等特性为操作系统产业乃至整个软件产业的繁荣提供了重要支撑，各类软件能够在通用的操作系统软件上运行，是其他各个子产业发展的基础。

办公软件是一种重要的服务于日常信息处理的共性应用软件产品[①]。办公软件产品提供丰富的文字处理、电子表格填写、文稿演示等能力，使得各类信息的记录与处理有了便捷高效的平台。早期的办公软件国外有 Word Prefect、Lotus123 等，而国内则有 WPS 等，都具有广泛的应用和深刻的商业影响。随着信息处理的需求越来越大，人们对办公软件的易用性要求也日益提升，推动着各厂商对软件产品的设计不断改进。在操作系统进入图形化“视窗”时代后，相应的办公软件也开启了“所见即所得”（WYSIWYG）的新阶段，大大提升了用户体验，并反过来对操作系统的效率和稳定性提出新的要求。各主要厂商的办公软件产品逐渐成熟，稳步发展，相互竞争，形成细分的子领域和相对独立的子产业。

中间件是一种重要的基础软件。中间件与操作系统、数据库系统并称为三

---

① 在我国，办公软件也被归入基础软件。

大系统软件，但相比于操作系统和数据库，中间件产品出现得更晚。一般认为，中间件是网络环境下处于操作系统等系统软件和应用软件之间的一种起连接作用的分布式软件。1968 年出现的将应用软件与系统服务分离的 IBM 交易事务控制系统（CICS）可以看成中间件产品的萌芽。它在面向最终用户的应用功能与面向机器的系统服务之间提供了中间层的封装，使各个层次的关注点更加集中。到 20 世纪 90 年代，互联网的出现使网络应用和分布式应用登上历史舞台，而其中涉及通信、协同等源于异构性的大量共性问题，复杂性越来越高，需要专门的软件产品来处理。一般认为贝尔实验室于 1990 年推出的用于解决分布式交易事务控制的交易中间件 Tuxedo 是中间件产品诞生的标志。此后，消息中间件、应用服务器中间件、应用集成中间件（ESB 等）、业务架构中间件[业务流程管理（BPM）等]等各类中间件产品迅速发展起来。典型的中间件厂商包括国外企业 IBM、Oracle、BEA 等，开源产品组织 Apache、JBoss、JOnAs 等，以及国内企业金蝶、东方通、中创、普元等，形成了相互竞争、相互补充的繁荣生态。可见，中间件产品的发展过程也是软件技术相关领域日益复杂和细分的结果。

工业软件是一类典型的面向领域的应用软件，是支撑传统工业企业信息化、提升传统工业企业管理水平的重要软件产品簇。工业软件按涉及的工业业务领域可以分为研发设计类软件和业务运营管理类软件。最早的面向工业生产及其信息化的独立软件开发商在 20 世纪 60～70 年代出现；80 年代，价格更低的个人计算机和通用操作系统逐步普及，企业信息化的门槛得以大幅降低，工业软件逐渐开始普及并开始功能细分。随着工业生产和研发复杂性的提升，各个研发领域如计算机辅助设计（computer aided design，CAD）、CAE、计算机辅助制造（computer aided manufacturing，CAM）、计算机辅助工艺规划（computer aided process planning，CAPP）、产品数据管理（product data management，PDM）、产品全生命周期管理（product lifecycle management，PLM）等涌现了大量的商业化软件产品，为相关业务领域带来了显著的生产力优势，很快在各个行业得到普及。在业务运营和管理领域，早期的软件更多集中于管理信息系统（management information system，MIS），重点在于以数字化的形式来记录企业管理过程中产生的原始数据以及简单的业务流程。为了更好地利用以手工为主的企业既有流程，企业资源规划（enterprise resource planning，ERP）等软件产品诞生，逐渐形成了以计算机软件为中心的企业级管理系统。它不仅仅是对既有业务流程的自动化，而是包含了财务预测、生产能力、资源调度等更具有价值的软件功能，同时对企业经营管理方式产生了深刻的影响。工业软件产品的销售已不限于单个系统的售卖与安装，还包括行业解决方案、业务流程优化、最佳实践培训等业务咨询和服务能力的传播，形成了更加丰富的商业模式。

由此可见，以产品化为特征的软件产业销售软件使用许可为主要形式，针对不断细化的软件使用需求，研发出各类软件产品，作为商品向用户销售，并基于这些软件产品深刻影响人们的生产生活。由于软件产品复制的边际成本非常低，以至于可被忽略这一完全不同于传统产业的特性，知识产权保护成为软件产业中的重要企业战略决策。同时，大量用户的特殊需求要求软件企业提供大量的定制功能，因此咨询与实施成为软件产品部署的重要方式，同时也促进企业采用支持可变性建模的开发方法开发面向特定领域的系列软件产品，使产品化的软件生态更加丰富。随着云计算、移动计算等技术的发展和普及，一些以销售软件产品为主的软件企业开始向云化、服务化转型。软件产业逐步进入以服务化为主要特征的新阶段。

三、以服务化为特征的软件产业生态

互联网技术的发展与普及，使软件产品从依赖于复制安装转变为通过网络、按需索取成为可能。软件功能进一步细分为前端以人机交互为主和后端以业务逻辑处理为主两大部分。随着大量的业务逻辑迁移到后端，对后端的计算、存储能力提出更高的技术要求，逐步发展出云计算技术与平台；而互联网的广泛可达能力，带来了巨量的普通用户，形成了丰富的互联网应用。

在以服务化为特征的软件产业生态中，软件的核心价值主要以网络服务的形式呈现。作为产业生态的主体，软件企业大量采用云计算技术提升用户服务能力。同时，软件的用户能够在各类终端上通过网络按需访问所需要的服务。此时，软件可以根据用户的需求，以按次、按量等方式计费使用，出现了服务租赁这种新的商业模式。由于软件的服务化、远程化、轻量化带来了良好的伸缩性和互操作性，因此服务化的软件极大地推动了软件产业生态的繁荣。从企业而言，软件的部署和运维得到良好的控制；从用户而言，轻量化的运行提升了使用体验。受限于篇幅，本节仅以社交类软件和云计算服务为例介绍具有典型服务特征的新型软件产业生态。

社交类软件体现了人和人之间的连接。这一天然的人际连接的需求，在互联网普及之前，只能通过传统的社交方式来完成。互联网的发展使社交活动发展到一个完全不同的高度，催生了一大批以社交为主营业务的软件公司。社交类软件最早以即时消息（instant message，IM）服务的形式出现，如国外的 ICQ、AIM、MSN 以及国内的 OICQ（QQ 的前身）等。由于和社交关系深度绑定，这类软件具有极强的黏性，一旦占据优势地位就很难被其他软件替代，但其功能受到当时技术环境的制约也相对单一。

互联网模式的变革也为新的社交软件形态的产生带来了新的机会。例如，Web 2.0 时代的到来使在线交流变得更加便捷，也催生了 Facebook、Twitter 及国内的微博等社交类网站的兴起。它们不再局限于通讯录中的固定的联系人，而是让互不相识的人的人际互动更加频繁，甚至还出现了以陌生人社交为主要业务的软件产品，以及面向职业人士的 LinkedIn 等软件产品。移动互联网的兴起带来另一场变革。智能手机的用户普及率高且便于随身携带，使通过智能手机随时在线使用社交媒体软件成为可能。这催生了新一代的社交类产品（如微信、Telegram、Line、WhatsApp 等）的繁荣。传统的即时消息服务软件（如 QQ 等）也扩展出游戏等增值服务，并加入更广泛社交的能力。围绕这些应用软件，形成了大量外围软件服务，涉及电子商务、在线支付、招聘择业、娱乐游戏、社会信息服务、在线通信等众多领域，几乎涉及社会生活的方方面面。可以说，在新型软件技术的支撑下，社交软件产业生态已经影响到当今社会的主要生活方式。

云计算服务是新型服务化软件背后的重要技术支撑，提供了大规模并行化、定制化的服务能力。虚拟化（virtualization）技术是云计算服务的基础。尽管早期的虚拟化技术往往以桌面产品的形式出现，但随着互联网技术的发展和云计算需求的扩大，许多厂商（如亚马逊、微软、谷歌、百度、阿里巴巴、华为等）都在虚拟化技术基础上提供了不同层次的在线服务，包括基础设施即服务（infrastructure-as-a-service，IaaS）、平台即服务（PaaS）、软件即服务（software-as-a-service，SaaS）。基础设施即服务提供在线计算资源和基础设施，如亚马逊、阿里巴巴、华为等厂商的云服务器租赁等服务。平台即服务提供在线的应用开发和发布解决方案，提升应用开发和运行的灵活性，如谷歌的 AppEngine、微软的 Azure、Force.com 等。软件即服务是在线化的软件形态，面向最终软件用户，以在线服务的形式提供面向领域的软件功能，如 SalesForce 的 CRM 系统、Cisco 的 WebEx 等。不同厂商在推出相应的云计算服务时，往往会提供基础设施即服务、平台即服务、软件即服务中的一层或多层服务，建立起各自的服务生态；不同软件厂商的软件产品和服务间相互竞争、相互补充，进而构成更加复杂的云计算服务软件产业生态。

在软件服务化的趋势下，软件“随处可用、随需而变、按需提供”的特性，大大拓展了软件产业在传统行业和新兴行业中的应用范围。软件与人们生产、生活关联更加紧密，成为社会经济生活各个环节中不可或缺的重要组成部分。进而，随着软件能力的提升和应用范围的扩大，小到日常生活、大到城市治理，多元融合的软件开启了以融合化为特征的软件产业阶段。

四、以融合化为特征的软件产业生态

随着第三次信息化浪潮的推进，智能化、融合化逐渐成为软件产品和服务的新趋势。从无处不在的计算，到软件定义一切，融合化的软件已经开始渗入社会生活的方方面面。在这些新型的软件产业生态中，软件产业与传统产业的边界开始模糊，很多传统产业越来越多地引入软件作为本产业能力提升的途径。这些企业不仅使用现成的软件产品与服务，还积极开展业务转型，加强软件研发的投入，客观上有向软件企业转型的趋势，形成产业的融合化态势。

另外，从软件本身的形态来看，软件已经不仅局限于运行在计算机设备上，还进一步覆盖多种智能移动终端、感知设备甚至人。人机物融合是新型软件产业生态中的典型场景。得益于小型微型终端设备、智能终端设备的普及，新型物联网应用促使软件开发商、硬件制造商、服务提供商、系统集成商等多种角色共享智能化、融合化的软件市场份额，形成更加多元化的软件产业。例如，在智能家居场景中，各类智能家居设备通过软件定义的方式接入智能家居总控软件，用户能通过在智能手机中安装远控软件实现对家中设备的远程查看、管理和控制。与生活密切相关的传统生活电器产业产生大量的智能软件研发需求，为软件产业提供了巨大的潜在发展空间。又如，近年来从线上到线下（O2O）的服务模式，以共享单车、共享汽车为代表的共享经济模式，无不体现了软件与各行业融合的全新产业生态。

软件产业与各个产业的融合趋势，体现了软件价值的日益增长。越来越多的行业需要软件来充分利用数字化、网络化、智能化带来的重大能力提升。软件的重要性使传统企业开始向软件企业发展，甚至开始转型。同时，更专业化的软件企业将深入地与业务领域结合，从而为各行各业提供更加精准、高效、智能的软件支撑。软件的价值，从早期通过硬件体现，到通过产品和服务体现，将进一步通过与各个领域的数据、知识与业务的深度融合来体现。传统产业中的软件份额的提升，以及软件产业向传统业务领域的渗透，将构建更加丰富和庞大的软件产业生态。

五、开发视角的软件产业生态

软件开发是软件产业的重要环节，软件开发者是软件产业生态的重要参与者。从软件开发的视角来看，软件生产的方式不断演进，带来了软件产业的发展和变革。软件产业的发展离不开软件开发工具与环境以及软件开发过程与方法的进步。同时，软件开发相应的工具、环境、方法、技术也形成了富有特色的子产业，并形成一种推动软件产业本身发展的重要动力。软件开发工具既能用来开发软件产品，其自身也是一类软件产品，构成软件产业重要组成部分。本节将从软件开发活动所形成的软件产业的角度，回顾软件工具与软件开发方法的产业影响，分析不同阶段软件开发技术对软件产业发展的支撑。

从产业发展规律而言，规模化的软件生产是软件产业产生和发展的重要条件。而软件工具的产生对提升软件开发、运行、维护等过程的效率具有重要作用，是规模化软件生产的前提。早期的软件工具主要是特定计算机主机上的专用程序。汇编语言和高级程序设计语言出现后，汇编程序、解释程序、编译程序等工具大大提升了软件开发的效率[3]。到 20 世纪 60 年代，随着软件工程思想的出现和发展，软件工具开始覆盖软件开发的各个过程，出现了需求分析工具、设计工具、编程工具、测试工具以及项目管理工具、配置管理工具等多种计算机辅助软件工程工具，并出现了工具箱（toolkit）的思想。随着工具种类的增加，软件开发过程中所用到的工具的单独使用不再能满足复杂软件开发过程的需要，工具间的交互和集成需求催生了软件开发环境。软件开发环境可以看成通过集成机制集成了多种软件工具的软件，在软件开发过程中能极大提升软件开发的效率和质量，因此越来越受到业界的重视。各类集成开发环境（integrated development environment，IDE）与开发套件、插件被研制出来。从 20 世纪八九十年代起，Borland、IBM、微软等多家软件企业推出了各自的开发工具软件和开发环境，以及我国“七五”、“八五”及“九五”国家科技攻关项目研制的集成化开发环境“青鸟”系统，不仅包括以编程为中心的开发调试工具，还提供软件版本管理、配置管理、团队协作、需求和设计建模、项目管理等特性，形成了多种工具和环境在市场中的协同与竞争局面。直至今日，各类开发工具以及开发环境软件仍然是软件产业的重要组成部分。可见，软件技术的进步推动着软件开发工具产业的持续发展，而开发工具产业生态的兴盛也支撑着软件技术的不断提升与改进。

与此同时，开源集成开发环境也在不断发展，逐渐形成以开源和协作为特色的软件产业生态，并派生出特有的商业模式。Eclipse 即是一个典型的例子。Eclipse 最初由 IBM 公司主导开发，并于 2001 年开源，随后转由非营利组织 Eclipse 基金会管理至今。Eclipse 项目架构设计灵活，其开源引起了广泛的关注，并得到上百家大型软件企业的参与与贡献。围绕 Eclipse 这个开源集成开发环境，开源社区的开发者和参与开源社区贡献的软件企业纷纷为该产品开发插件，并得到集成和推广。在此基础上，Eclipse 衍生出 MyEclipse 等商用版本，以及 IBM Rational Software Architect 等多种工具软件。此类工具面向软件开发者的不同开发需求，提供不同层次的解决方案和开发环境。这类软件生态往往以开源为核心，通过良好设计的、具有可扩展性的软件体系结构展现了软件的良好生命力，并且在开源环境下不断发展，同时采用合适的开源许可证允许衍生出商业产品，并通过商业产品的应用与开源版本实现协同的演进。

从闭源到开源，是软件开发模式的重大革新。软件企业逐步认识到开源以及开源软件在开发模式上的独特优势，越来越多地参与到开源运动中，在贡献开源项目的同时，还建立起商业和开源混合的项目，形成了多种开源协同模式，并通过各类开源许可证规范开源软件的开发、发布和销售。个人开发者和企业开发者共同驱动并搭建了开源软件开发技术框架与平台，建立起开源软件生态系统，在开发模式上体现出“无偿贡献、用户创新、充分共享、自由协同、持续演化”的新特征[149, 150]。在软件企业和开发者个人的共同参与下，开源软件给软件产业的所有参与者建立起复杂的利益关联，丰富了软件产业生态，形成了特有的协作模式和商业模式，并推动软件技术的持续发展。

随着软件产品日益复杂，开发人员的协同工作更加重要。在协同开发环境下，涉及不同的开发团队、不同的开发资源如何协调的问题。例如，对协同开发的软件代码，需要有相应的版本控制软件。在版本控制领域，除了经典的 ClearCase、Perforce 等商业工具，还产生了 CVS、SubVersion 等开源免费工具。由于软件开发的社会化协作程度越来越高，分布式版本管理系统逐渐替代中央控制的版本管理系统成为主流。其中的典型代表是 git 和 mercurial。社会化编程的兴起，又对版本控制之外的社会化协作产生了新的需求，催生了一大批国内外的开发者社区及协作服务提供商，如 GitHub、Gitlab、Bitbucket、Coding、Trustie 等。同时，在线可获取的软件开发技术资料降低了软件开发人员的学习成本，也提升了软件开发效率，大大繁荣了软件市场。以苹果和谷歌为代表的软件企业建立起应用商店（App Store）模式，为多种软件的发布和销售提供了平台。尽管这两家企业采用封闭和开放两种不同的商业模式，但都极大地丰富了软件的种类，简化了软件的使用，引来其他软件企业纷纷效仿，推动了整个产业生态的扩展。

在协同化和规模化的软件开发中，支持持续集成的自动化工具集提升开发测试的效率，大大缩短了复杂软件的集成和发布周期，有助于保证发布软件的质量。这些自动化工具既有 Bamboo 等商业工具，也有 Jenkins 等开源免费工具，同时还存在以免费为主体、又具有某些收费高级功能，或是面向开源社区免费、又面向商业应用收费的产品，如 Go、Travis 等。此外，在配置管理、自动化构建和测试、容器和服务平台、日志管理及监控和告警等领域，都出现了许多具有竞争力的产品。

随着一系列软件开发技术和工具的引入，业界进一步推动 DevOps，引发了更加深刻的技术和文化变革。开发和运维不再彼此独立，而是建立了更流畅、更紧密的协作关系，丰富着软件开发生态的内涵。从工具链角度，支持持续集成、持续交付的开发运维一体化工具链具有端到端的特点，基本上囊括了软件开发中从开发到集成交付、从基础运行环境配置到软件配置管理等各个子领域的多种工具的集合，也促进了相关子领域的各工具软件产业的繁荣以及生态的兴盛。从开发者角度而言，大量的开发工具和开发模式为开发者提供了多种提升开发效率和质量的技术途径，同时也带来了更多的技术选择成本和学习成本。如何促进相关软件产业生态良性发展，辅助开发人员更专注于需求，提升开发效率和交付能力，降低学习成本，是一个重要的研究问题。

从软件投资方或客户的角度来看，如何确保软件供应商提供符合质量要求的软件，是一个至关重要的问题。由于软件本身的复杂性和不可见性，如果没有规范化的软件开发过程和软件开发能力评价标准，就无法形成可信的、规模化的软件生产能力，也就无法带来软件的产业化发展。卡内基梅隆大学软件工程研究所（CMU/SEI）于 20 世纪 80 年代后期发布的软件能力成熟度模型最初是为了实现客户对软件供应商能力的评估。随后，软件企业意识到该模型对改进自身的软件开发过程和提升企业软件研发能力的重要作用，并基于此模型开展软件开发过程规范化建设。2000 年发布的能力成熟度模型集成一度成为全球大中型软件企业的过程质量标杆，为软件产业的规范化、标准化写下了浓重的一笔。另外，ISO 的 ISO 9000 质量标准体系以及在 20 世纪 90 年代末着手制定软件过程评价标准“软件过程改进和能力确定（SPICE）”（ISO 15504）[3]，作为推荐业界实施的软件质量和过程改进国际标准，并且也在保持相对稳定的同时随着软件技术的发展而更新。近年来，随着软件形态的多样化和各类轻量级软件应用的出现，软件快速迭代、快速交付的特性催生了轻量级过程（light-weighted process）的开发方法，如敏捷（agile）方法。软件企业根据自身软件开发的特点，选择适当的软件开发方法，提升自身在软件产业生态中的竞争力。这些模型、标准和方法的出现，对软件开发的规范化起到重要作用，是软件产业健康发展的重要组成部分。

第五节　本章小结

软件产业的产生及软件产业生态的发展和繁荣已经超过半个世纪。软件作为面向各个领域问题的解决方案，逐渐渗透入人类生活的方方面面。“软件定义一切”和“一切即服务”（X-as-a-service，XaaS）为软件产业创新发展扩展了新的空间。一方面，软件产业通过与业务领域的结合，向其他产业渗透，实现能力细分，服务于其他产业的发展；另一方面，其他产业通过加强软件研发投入和业务转型，实现传统企业的软件企业化，充分利用自身领域专业优势融入软件产业中，为软件产业的发展提供新的增长点。

随着网络技术和软件技术的发展，软件产业逐渐形成具有丰富层次的生态，并且与其他产业领域频繁交互；软件在其他产业领域的比重越来越大，促进着产业融合。软件产业对各个产业领域的渗透，扩大了软件产业生态的范围，也对软件技术的发展提出更高的要求。

软件产业的发展体现了软件分工细化的一般规律。自软件从硬件剥离出来开始，软件的能力分工不断细化，形成各种不同类型的软件。同时，软件生产企业也不断细分，形成各个领域专业化的软件开发能力，生产出领域细分的专业软件。正是这种逐步细化的分工，促进了软件产业生态的发展和繁荣。

软件产业既是新兴的产业，也是最具活力的产业之一。软件产业的融合化、领域化、专业化的发展趋势对其他产业发展具有重要的推动作用。无所不在的软件和软件产业快速发展给软件学科带来新的挑战，应通过软件学科的研究和教育推进各方面软件技术的进步和人才培养，进而支持和促进软件产业生态的可持续健康发展。

第二篇　新时代的软件学科

第六章 引 言

如第一章所述，软件是以计算为核心手段实现应用目标的解决方案。软件学科是研究以软件求解应用问题的理论、原则、方法和技术，以及相应的支持工具、运行平台和生态环境的学科。也就是说，软件学科本质上是一门方法论学科[53]，带来的是一种人类思维方式的改变和创新，以人机共融的方式延伸了单纯的人脑思维，形成了一种前所未有的创造力。随着软件应用范围的扩张、软件计算平台的泛化和软件方法技术的发展，软件学科的边界不断拓展，内涵不断深化。本章首先介绍软件作为基础设施这一发展趋势，进而从系统观、形态观、价值观和生态观四个视角探讨软件学科的方法论新内涵。

第一节 软件作为基础设施

人类信息化经历了以单机应用为主要特征的数字化和以联网应用为主要特征的网络化两个阶段，正在开启以数据的深度挖掘和融合应用为主要特征的智能化新阶段。这是人机物融合计算的新时代。利用计算机工作的人们和数字化设备，通过互联网实现了高效的连接，各类信息交互、任务协同的规模得到空前拓展，空间上的距离和时间上的差异不再成为制约沟通和协作的障碍。网络化、智能化成为新时代软件的外部特征，软件正在成为信息化社会的新型基础设施。软件的基础设施地位具体表现为两个方面。一方面，软件自身已成为信息技术应用基础设施的重要构成成分，以平台方式为各类信息技术应用和服务提供基础性能力和运行支撑。另一方面，软件正在“融入”支撑整个人类经济社会运行的“基础设施”中，特别是随着互联网向物理世界延伸并与其他网络不断交汇融合，软件正在对传统物理世界基础设施和社会经济基础设施进行重塑，通过软件定义的方式赋予其新的能力和灵活性，成为促进生产方式和生产关系变革、产业转型升级、新兴产业和价值链诞生与发展的重要引擎。因此，计算成为人类与物理世界互动的中介，软件承载着人类现代文明，人类现代文明运转在软件之上。软件“赋能、赋值、赋智”的作用正在被加速和加倍放大，支撑着人类社会和文明的发展进步。大规模、高效率地生产高质量的软件产品和提供软件服务的能力已成为社会经济升级发展的新动能，成为国家的一种核心竞争力。

软件成为人类社会基础设施是社会信息化进程不断加深的必然结果，其技术基础是“计算的泛在化”和“软件定义一切”。

“计算的泛在化”是指计算变得无处不在而又无迹可寻。互联网和其他网络的交汇融合，进一步推动了人类社会、信息空间、物理世界的融合。计算设备、网络设备、存储设备与各类传感器设备、判断与决策设备、执行设备所形成的数量众多、大大小小的平台互联融合，成为一体。与此同时，对于所服务的用户，计算自然融入人类生产、生活环境和过程之中，无须关注，不着痕迹，形成新的人机物融合计算环境。人机物融合标志着我们从终端互联、用户互联、应用互联开始走向万物互联，信息技术及其应用更加无处不在，“大数据”现象随之产生，信息化的第三波浪潮正在开启。

“软件定义”是指软件以平台化的方式向下管理各种资源，向上提供编程接口，其核心途径是资源虚拟化以及功能可编程。需要注意的是，“软件定义”与“软件化”是两个不同的概念。“软件化”仅仅描述了根据业务需求来开发具有相应功能的软件应用系统的过程。“软件定义”则是一种技术手段，其关注点在于将底层基础设施资源进行虚拟化并开放应用程序接口，通过可编程的方式实现灵活可定制的资源管理，适应上层业务系统的需求和变化[①]。“软件定义一切”则将软件平台所管理的资源，从包括计算、存储、网络、软件服务等在内的各类计算资源，泛化到包括各种数字化机电设备和可传感物体对象在内的各类物理资源。以智能手机、智能仪表、智能家居设备等为

① 软件化和软件定义的主角都是软件，软件化是软件定义的基础，可以视作软件定义 1.0 版本，即被定义对象只运行程控化的功能软件，不支持再编程。而软件定义 2.0 中，被定义对象（或主体）之上运行着一个平台化的系统软件，该系统软件向下管理各种资源，向上提供资源虚拟化的编程接口，支持对被定义对象的功能再编程。本书中如未加说明，软件定义默认指软件定义 2.0。

代表的"软件定义设备"日渐普遍。更进一步，"软件定义一切"还将包括可通过激励机制调配的人力资源，以及各类应用、知识等资源。软件定义可递归分层，形成一种生长式、演化式的可扩展体系。这种软件定义的人机物融合平台逐渐呈现了"泛在操作系统"（ubiquitous operating system）的发展方向。

"软件定义一切"实质上是通用可编程思想在各个领域的应用，是一种以软件实现分层抽象的方式来驾驭复杂性的方法论。数字化使几乎所有的设备都包含了独立或者集成的计算设备，完成"感知、判断、决策、执行"闭环的部分或者全部。这个改变是信息化发展的基础，使现代设备或装置往往都具备编程控制的能力，推动了人们基于通用计算机的思维架构（人们将其总结成计算思维）来理解和求解各领域问题。本质上，"软件定义 X"意味着需要构造针对"X"的"操作系统"。未来的面向人机物融合的软件平台，就是对海量异构的各种资源进行按需、深度软件定义而形成的"泛在"操作系统[151]。

第二节 软件学科范畴的拓展

作为一门方法论学科，软件学科拓展的驱动力来自软件应用范围扩张、计算平台泛化和软件方法技术本身发展等方面。

从软件应用范围扩张的角度看，正如上文所述，计算日益变得无处不在，人机物融合不断深入。在这种趋势下，从宏观上看，软件从实现计算的工具逐步转变为信息社会不可或缺的基础设施；从微观上看，软件的角色也从负责应用过程中孤立、确定的信息处理环节，转变为负责定义并协同整个应用涉及的人、机、物等各类资源，实现应用价值。软件作为系统解决方案，涉及的范畴扩展到各类物理设备、物品和人类的主观体验与价值实现。因而，软件学科无可避免地涉及控制科学、系统科学以及心理学、管理学、社会学等范畴的问题，并以软件学科自身的方法论将其内化和拓展。

从软件依赖的平台泛化的角度看，计算平台已经从传统的集中式单机发展到并行与分布式平台，再到今天的"云-边-端"异构多态计算平台。这个网络化计算平台不仅包括传统的互联网，还融合了传感网、物联网、移动互联网、社交网等，标志着计算平台不断向物理世界和人类社会快速延伸，形成了一种泛化的计算平台。软件定义技术为这个人机物融合的平台提供可编程计算抽象。同时，这个计算平台也使关于人机物融合的应用场景的海量数据不断被收集、处理和积累，成为平台上的重要资源。软件作为应用解决方案，在这个计算平台之上利用数据资源，协同人机物，实现应用价值，同时也在这个平台上提供服务并进一步积累数据，从而不断拓展这个计算平台。

从软件方法技术发展的角度看，当前软件的基本形态、所实现的逻辑推理形式、软件开发的隐喻（metaphor）模式、软件的生态环境、元级方法论都在发生深刻的改变。软件的基本形态从计算机硬件的附属品到独立的软件产品，再到云化的软件服务，继而转变为无处不在而又无迹可寻的泛在服务。软件所实现的逻辑推理形式在基于规则的演绎之上发展出数据驱动的归纳，统计机器学习技术就是后者的典型表现。软件开发的隐喻模式[①]经历了从实现数学计算到模拟物理世界，再到虚实融合再创造的转变。对软件作为客体对象的考察从以个体及其生产使用为主扩展到在生态的层面上考虑软件及其利益相关者群体的竞争、协作等社会性特征。在元级方法论层面上，正从以还原论为主向系统论发展。软件作为解决方案，越来越多地被视为开放环境中的复杂适应系统，而不是封闭规约下的确定行为系统。

随着学科内涵的不断拓展，软件学科逐渐成为一门基础学科，并向其他学科渗透。基础学科，是指某个拓展人类可认识改造的世界疆域不可替代的知识体系，具有独特的思维方式与方法论，为其他学科发展提供不可或缺的支撑。软件学科日益呈现出这些特征：软件是把物理世界拓展为信息-物理-社会融合世界的主要手段；“软件定义”赋能的计算思维有可能成为继实验观察、理论推导、计算仿真、大数据分析之后的一种新的综合性研究手段，尤其是为以信息-物理-社会融合系统为对象的科学研究提供了赖以运作的理论基础和实践规范。以软件知识为主体的计算机教育已经成为包括我国在内的多个国家的国民基础教育课程体系的主要内容之一。

第三节　软件学科的新理解

一般而言，驾驭系统固有复杂性的基本途径是有效抽象和层次分解。与其他人工制品不同，软件是纯粹的逻辑产品，原则上只受能行可计算的限制，可以实现最纯粹的抽象，也可以支持最具扩展性的层次分解。软件学科的发展，始终以建立抽象、实现抽象和使用抽象为主题，以软件范型为基础，是软件构

① 即软件开发从问题空间向解空间的映射模式。

造方法、软件运行支撑、软件度量与质量评估相互促进、螺旋上升的过程。由于在应对复杂性方面具有独特优势，软件成为各类复杂应用系统的“万能集成器”，也成为各类人造复杂系统的核心，并且这些系统的复杂性往往集中体现为软件的复杂性。

在软件作为基础设施、“软件定义一切”的背景下，软件进一步成为构造开放环境下复杂系统的关键。在展望软件学科在新时代所面临的挑战与机遇之前，我们首先在元级方法学（也就是研究方法学）的层面上讨论观察软件学科内涵的若干新视角，包括以驾驭复杂性为目标的系统观、以泛在服务和持续演化为特征的形态观、以使用质量为核心的价值观，以及关注群体协作平衡的生态观。

一、系统观

软件学科的系统观有三层含义。

第一层含义是复杂系统。现代软件系统的复杂性体现在其前所未有的代码规模、软件处理的数据量、软件用户量和使用的多样性、软件通过网络形成的连接量和种类、涉及承载运行的计算和物理设备量及种类等方面，也体现在其所处环境的开放性和由于“人在回路”所带来的不确定性。这使得看待软件的视角从封闭静态环境下的确定行为系统向开放动态环境中的可适应、可成长的系统，从单体系统向系统的系统转变。

第二层含义是系统论。对于上述复杂软件系统，常常难以用其组成部件的性质去解释其整体性质。此时，单纯依赖还原论方法难以驾驭其复杂性，需要借鉴系统论方法超越还原论。

第三层含义是系统工程。软件学科的关注点应从为应用系统提供高质量的软件部分，上升到关注人机物融合的整个系统的价值实现。“软件定义一切”的趋势使软件不仅仅是系统中的信息处理工具，也是管理各类资源、融合人机物的“万能集成器”，是实现应用价值的整体解决方案。

（一）系统观下的软件学科发展

作为人类的智力产品，软件制品本身，软件开发、使用过程和场景，都与万物和人类有着紧密关联。软件开发和运行的网络化、服务化[1]，以及软件基础设施化，都触发了计算平台、软件生产方式和运行方式的变革。软件创新从个人、组织智能发展到群体智能创新。软件科学与自然科学、社会科学等各领域产生了千丝万缕的联系，信息物理融合、软件社会化、大数据时代的软件新形态使软件必然成为社会-技术系统。人机物融合的软件系统，其复杂性本身就呈现在系统乃至系统之系统的层面上，综合性和系统性也越来越强，必须视作复杂系统来认识对待。系统观要求软件科学体系需破除传统还原论的思维藩篱，对软件理论提出了极大的挑战。传统的软件理论是建立在逻辑和图灵机模型之上的，缺乏对大数据处理、智能系统设计与推理、信息安全保障和数据隐私保护、处理“计算、控制和通信深度融合”以及自适应等能力，开放动态的复杂系统的行为具有不确定性和持续性，超出了之前经典模型和算法的主流研究范畴。虽然我们在特定领域已经有大型网络应用走在前面，但面向复杂系统的软件理论还没有产生，实践走在理论的前面。

近年来，软件科学在系统观方向上进行了不少探索，包括基于复杂网络来认识大规模软件系统的整体性质、基于多智能体的软件系统和方法、复杂自适应软件与系统、群体化软件开发方法等。网络化和大数据催发了融合软件系统与系统论研究的切入点，数据驱动的软件性能优化甚至软件设计辅助初现端倪。通过对软件代码大数据特别是动态运行大数据的分析，软件性能优化在云计算平台等一些特定场景中获得很大成功。对于数据驱动的软件设计，人们不再遵循传统的自顶向下、分而治之、逐步精化的经典还原论法则，而是采用一种基于输入输出的黑盒的数据描述，训练出深度神经网络，充当所需要的软件部件。这种基于深度学习的方法从海量的样本中归纳出神经网络，其泛化能力可视为通过神经元系统的涌现而达成的功能。然而，这些研究仍处于方法层次，还未达到方法论的层次，即关于研究问题需要遵循的途径和研究路线，也可视为具体方法的元级层次。

新的软件方法学的关键在于如何认识因果和相关。因果观是有前提的，相对的；相关性是绝对的；探寻因果是认知的必需，也是追求。软件发展在人机物融合时代，人在回路、“拟人化”计算（human computation）、人机共融等需要关于软件规律的元级方法论创新。

在软件系统的建模方面，软件将从单纯的信息处理向“场景计算”发展，这里的场景包括物理环境和社会环境。软件与软件所处的环境或应用场景共同决定了软件的特性和价值，包括功能、性能、安全、可靠等。软件将作用于环境，并且可以改变自身结构以适应环境变化和影响环境的需求。大数据带来的数据驱动的方法将是一个重要的方向，大数据将成为人类触摸、理解和逼近现实复杂系统的有效途径。

在软件系统的机理方面，软件的语义将由传统的还原论形式语义方法，向多尺度、可演化的抽象方向发展，组合方式将从传统的静态组合方式向动态可演化的、具有涌现特性的方式发展，建立软件微观行为与宏观行为的辩证统一。面向人机物融合的认知，软件作为人工智能或者“智能+”的承载，将深化复杂自主系统的智能行为理论和方法，软件定义将成为人机物融合系统中学习赋能（型）资源的管理途径。

软件科学的发展也将促进系统论和系统学的发展。在“软件定义一切”的时代，软件成为复杂适应性系统认知的载体和实验平台，而软件发展中形成的以形式化体系为基础的规则驱动软件理论，高性能计算之上建立的模拟仿真技术，与进入智能化阶段形成的大数据驱动的软件方法，为形成还原论和整体论的辩证统一奠定了良好的基础，软件走向人机物融合更是为系统论和系统学的发展提供了实践探索的大场景。

（二）系统观下的关键科学问题

软件学科的系统观形成、与系统学的交叉融合将经历一个长期的过程。当前软件学科所面临的一个关键科学问题是对人机物融合系统的建模与分析，表现为两个方面：一是系统论驱动的复杂软件系统的观察和度量方法；二是超出经典算法和程序理论范围的软件理论。在操作层面上，系统观下软件方法学的研究有紧密联系的两个抓手。

（1）以复杂适应性软件系统为抓手，拓展与控制理论的交叉，形成元级反射和学习赋能相结合的元级化理论，以此研究泛在操作系统的基本理论、关键技术和实现平台，为人机物融合的资源和应用场景建模提供计算的平台抽象。

（2）推进数据驱动软件开发方法的发展，打通传统软件方法与数据驱动软件方法，突破大数据分析的可解释性和常识推理问题，为涌现现象规律的认识、解释、设计建立基础理论和方法。

展望未来，多智能体形成的协同与自组织以及自适应结构和能力、网络化产生的大数据与数据语义的复杂网络，将是软件系统在传统规则驱动基础上走向人机物融合超大规模系统的基础。软件是一个复杂系统乃至复杂巨系统，软件科学将与系统学共同发展——软件方法学将吸收系统论成果，并支撑系统论和系统学的发展。

二、形态观

随着计算机技术的发展和计算机应用的不断深入，软件的外在形态逐步从硬件附属物、独立的软件制品发展到网络化服务。与之相对应，软件范型也经历了无结构、结构化、面向对象、基于构件、面向服务的发展历程。当前，软件范型进一步向网构化以及数据驱动的方向发展。软件的应用形态在空间维度上，随着软件应用的范围越来越广，对人类生活和现实世界的渗透力越来越强，呈现出泛在化的趋势；在时间维度上，随着应用上下文环境及用户需求的变化不断适应和演化，呈现出持续成长的趋势。

（一）软件应用的泛在化

计算和信息处理早已通过各种移动设备、嵌入式设备以及各种传感器渗入人们日常生活的方方面面，并通过各种通信技术实现了广泛的设备互连和信息互通。各种软件应用以嵌入式的方式实现预定义的信息处理和通信功能。近些年来，信息技术呈现“软件定义一切”的发展趋势，即软件全面接管人类社会以及物理社会中的各种资源（包括物理、计算和人力资源），以各种形式的接口对外提供服务。这一发展建立在软件的云化与服务化基础上，使得软件的核心能力脱离了固化的用户界面和使用环境，可以按需灵活获取并组合。另外，硬件专用化使运行在各种面向特定用途的硬件设备上的软件应用能够获得更好的执行效率。

面向最终用户的软件应用将越来越多地以人机物融合的形态出现，即软件以平台化、定制化和集成化的方式融合人、机、物三个方面的资源和服务，从而满足用户的各种需求。这种新型的人机物融合应用具有泛在化、社会化、情境化、智能化的特点，即软件应用无处不在又无迹可寻；所融合的人机物资源具备社会属性，来自不同所有者并以社会化的方式产生价值交换；软件应用面向最终用户所处的情境按需构造，以满足即时的用户需求为目标；软件应用在智能化技术的基础上，以非预设的方式按需聚合人机物资源并进行定制。

（二）软件应用的持续成长

越来越多的软件都已具备面向动态变化环境的适应性和面向需求变化的演化性。软件通过监控、分析、决策、执行的元级反馈环路对其结构和行为进行调控，并通过不断演化来保持其可用性。快速响应变更请求并实现持续的软件演化是软件产品保持竞争优势的一个必要条件。在过去的几十年中，软件开发的主流方法正在从以瀑布模型为代表的计划驱动的方法演变为以敏捷开发为代表的快速迭代开发方法。基于云的软件应用以及软件开发平台的发展进一步催生了 DevOps 的技术趋势。由此反映出软件演化中的反馈和迭代周期越来越短，演化越来越频繁。另一方面，越来越多的软件应用以服务化和云化的方式运行，在提供服务的同时持续收集用户的行为及其反馈，并在云端汇聚形成软件用户大数据。这种不断积累的用户数据为软件应用的持续优化和改进提供了一种数据驱动的新途径。数据驱动的软件演化方式反映了用户行为和体验的反馈已经在一定程度上成为掌握软件演化方向的主导力量。软件将逐步从开发人员主导的被动演化转变为基于内生机制的持续生长。

（三）形态观下的软件学科发展

在“软件定义一切”以及人机物融合的发展背景下，软件应用的泛在化和持续成长的新特征对软件学科将产生多个方面的影响。

首先，“软件定义+计算思维”将成为每个人解决现实问题、满足自身需求的新范式。未来的人类社会及日常生活的方方面面都将以软件定义的人机物融合应用的方式来实现。实现用户需求的应用软件将越来越多地以最终用户编程的方式面向应用场景按需构造。因此，最终用户必须具备基于计算思维的问题解决方案规划和构造能力。同时，这也要求我们为支持人机物融合的泛在服务软件提供通用的编程抽象（包括编程模型和语言），支持这种最终用户编程。

其次，适应泛在而专用化甚至变化的计算设备和运行平台成为软件的普遍要求。大量的应用软件将从通用的硬件和平台迁移到专用的硬件和平台上，需要新的方法和工具支持来实现大范围的软件迁移与优化。软件平台需要具有预测和管理未来硬件资源变化的能力，能适应硬件、底层资源和平台的变化，乃至能相对独立地长期生存演化。

再者，内生的持续成长能力将成为软件的基本能力。除了自适应能力，软件将越来越多地具备支持自演化的持续生长能力。这种持续生长不仅意味着通过各种智能化方法调整软件的算法和策略从而实现优化运行，而且还意味着软件通过各种生成以及合成能力不断增强自身的能力。因此，未来软件定义中功能与数据的界限将进一步模糊，越来越多的功能将通过数据驱动的方式进行设计，并实现自演化和自生长。

最后，软件与人将在不断汇聚的群体智能中实现融合发展。软件的覆盖面越来越广、渗透性越来越强，最终用户对软件的依赖也越来越强。由此，软件所能获得的关于用户行为和反馈的数据越来越全面、越丰富，并在此基础上形成越来越强的群体智能。这种群体智能注入软件后又将服务于每个最终用户，使得它们能够在各种应用场景中以更加智能化和个性化的方式满足自身的需求，从而使软件在使用中越来越有“灵性”和“人性”。未来的软件学科及相关研究需要摈弃“人”与“软件”二元分离的思维定式，更加自觉地考虑人机共融，不仅考虑“人因”，更要考虑“群智”（群体智能）。

（四）形态观下关键科学问题

形态观下软件学科面临的核心科学问题是如何面向最终用户场景，通过人机物资源的按需融合与自适应、自演化持续满足用户的多样化需求。这一问题的解决有赖于编程语言及系统软件支撑、软件构造方法、软件演化与维护方法等多个层面方法和技术的发展。

（1）最终用户是人机物融合应用的使用者，同时也直接参与并在其所见的人机物资源视图上构造应用。这方面涉及的科学问题是如何面向最终用户提供基于软件定义的建模方法并提供相应的编程模型和语言，技术层面包括如何发展示教编程（programming by demonstration）、图形化编排等面向非专业开发者的最终用户编程方法以及相配套的工具环境。

（2）软件应用的泛在化要求各种面向通用目的开发的软件，以解构再重构的方式，以用户为中心，按需分布到泛在化、专用化的计算设备和运行平台上，从而适应应用按需融合与自适应、自演化的要求。这方面的科学问题在于如何为“解构再重构”建立抽象。技术层面包括：如何通过新型编译器、翻译器及其他系统软件工具，支持遗留软件系统实现面向不同专用硬件和平台的高效定制与裁剪；如何构建新型的泛在操作系统，支持泛在环境下软件部件的高效动态部署和运行。

（3）软件应用的持续生长要求软件以更加柔性的方式进行定义和构造，同时以更加智能化的方式实现软件的动态构造和更新。这方面的科学问题在于如何构建软件适应性演化、成长性构造的体系结构和核心机理。技术层面包括：如何通过运行时模型实现软件功能和实现策略的运行时定义；如何基于用户行为和反馈数据实现对软件用户满意度及环境适应性的评价；如何根据用户目标、代码上下文及运行时反馈实现程序的自动合成和适应性调节。

（4）软件作为“万能集成器”，扮演着人机物融合时代万物互联平台的重要角色，向下通过软件定义的方式接入各种人机物资源，向上支撑面向最终用户的人机物融合应用场景的实现。这方面的科学问题在于如何支持跨越人机物三元空间的统一的数据流、控制流和状态空间抽象及运行时代码自动生成。技术层面包括：如何将传统软件系统中局限于确定系统边界之内的人机物交互建模与实现方式扩展到面向开放系统的场景；如何面向用户需求实现人机物资源的统一调度并确保开放环境下的可信交互。

三、价值观

传统的软件质量观以软件制品为中心，人们主要通过客观度量软件系统来评估软件。在新时代下，软件制品的内外部质量要求进一步强化和扩展。更重要的变化是，软件泛在服务的趋势强化了软件作为人类价值载体的特征，需要在传统的质量观的基础上发展以人为中心的价值观。

（一）从质量走向价值

传统的软件质量模型着重于系统质量，包括内部质量和外部质量，而对使用质量的关注不多。在人机物融合的趋势下，软件形态和生态特征的变化促使我们从价值的角度重新思考软件质量的问题。一方面，软件的外在形态已经发展为无处不在的网络化服务，面向具体应用场景按需组合，软件系统的边界进一步模糊，用户的关注点从确定边界的单一系统的质量转换为特定场景下的总体应用价值。另一方面，软件对人类社会经济生活的渗透性越来越强，软件的运行结果以及其中所蕴含的判断逻辑所带来的社会影响越来越大，其中所体现的价值超越个体的范畴并上升到整个社会的观点和看法。

以上这些都促使用户对软件的关注点从质量走向价值。人类价值观，指的是“基于人的一定的思维感官之上而做出的认知、理解、判断或抉择，体现了人、事、物一定的价值或作用”，价值观具有稳定性、持久性、历史性和选择性等特点。软件通过一系列价值要素体现了主观的人类价值观，这些价值要素包括隐私性、安全性、公平性和伦理道德等。传统的软件质量观转变为“以软件制品为基础，以用户体验为中心，以社会价值为导向”的价值观。在价值观主导下，不同用户会有不同的软件预期，也会使同一软件系统具有不同的价值；软件系统体现的价值观，在人机物融合的发展背景下将作用于物理世界，影响物理世界的价值走向。

（二）价值观下的软件学科发展

软件价值有多个不同的评价角度。在可信性、安全性、伦理和持续性等软件价值要素上的研究将会持续推动软件学科的发展。

1. 可信性

人机物融合使得整个社会系统遍布软件，“软件无处不在”，软件系统的可信性对整个社会系统至关重要。软件系统的可信性，要求在软件开发、运行、维护、使用等过程采取有效的措施和方法确认其满足人们的普遍要求与期望，体现了新时代软件的价值取向。软件系统的可信性，包括软件本身可信和行为可信两个方面。软件本身可信是指软件的身份和能力可信，即软件开发过程提供可信证据（如关于软件质量的过程记录和评审、测试结果等），对软件及其组成成分的来源和质量进行自证。软件行为可信是指软件运行时行为可追踪且记录不可篡改，即通过监控软件运行过程并控制其对周围环境的影响，使包含该软件在内的整个系统的对外表现符合用户要求。软件形态日趋多样，自身以及运行环境的复杂性越来越高，加剧了软件可信面临的挑战。

2. 安全性

安全性要求为人类活动和生存环境提供必要的安全保障，包括功能安全（safety）和信息安全（security）。功能安全是指能及时有效地避免给人员、设施、环境、经济等造成严重损害，信息安全是指系统保护自身免于被入侵及信息被非法获取、使用和篡改，具体包括机密性、完整性和可用性三个方面。本书将两种安全性合二为一，统称为安全性（safety & security）。传统软件质量观将安全视为系统质量的一部分，强调确定边界之内的系统安全性。在人机物融合的趋势下，软件已经广泛并深深渗入人类社会生活的方方面面，与人形成了密切的交互关系。换言之，泛在计算平台上软件与软件、软件与人的交互无处不在，软件个体可影响整个泛在网络计算平台的行为；软件个体的漏洞等故障很容易扩散（传播）。这些也导致信息安全问题很容易转化为功能安全问题。软件作为基础设施，参与并掌控了很多关键领域的资源，其安全性威胁会给整个系统甚至人类社会带来致命的威胁。因此，安全性随着软件成为基础设施的现状变得愈发重要。

3. 伦理

作为人类价值的重要载体，软件的行为体现了人类价值观；软件泛在化导致人类价值观往往通过软件影响人类社会。软件与人从以往的“使用”关系变为“伙伴”关系。因此，软件系统的行为应符合社会道德标准，不会对个人和社会产生负面结果，这种规范称为软件系统的伦理。社会道德定义了一定时间区域内人们的行为规范，可具体表现为无歧视、尊重隐私、公平公正等，并最终体现于软件系统的具体行为。因此，软件系统的伦理，也体现于软件行为的上述方面，并需要通过软件开发和运行的诸多机制进行支持。

4. 持续性

软件系统成为支撑社会经济运行的基础设施，掌控了国民经济和社会关键基础资源，需具有持续提供服务的能力。软件系统提供服务的可持续性是指软件系统在持续不间断运行、维护和发展过程中，始终提供令人满意的服务的能力。软件支撑的基础设施服务，为满足各类应用快速增长、新技术不断涌现的需求，需要具有开放扩展能力，即能集成各种异构的技术及系统，支持各类软件制品的即时加载/卸载，对内部状态及外部环境变化的感应、自主响应和调控机制，以及个性化服务的定制等。显然，这种开放体系结构常常引入系统设计的脆弱性和质量隐患，从而给持续提供服务带来挑战。

（三）价值观下关键科学问题

软件价值观不仅囊括传统的软件质量观，而且凸显了新时代下软件系统对物理世界的使能作用带来的影响，强调通过人的主体作用避免或减少软件系统违反人类价值观。具体地，价值观强化了可信性、安全性、伦理、持续性等具有新时代特色的价值要素。这些价值要素与软件开发运行维护过程的交融将经历一个长期的过程，带来的关键科学问题包括四个方面。

（1）软件以何种方式承载人类价值观？具体地，如何通过需求、设计等阶段获得项目特定的价值关注面，将其细化并融合于软件开发过程（包括软件的分析、设计、实现和测试等环节）中？

（2）如何定义复杂开放软件的价值度量模型，并以此为基础通过开发过程及运行环境中的证据收集评估软件的价值要素？在开放环境下，价值要素的定义也是动态多变的，如何在系统开发和运行中支持动态的价值定义？

（3）如何在复杂软件开发和运行中引入持续的价值保障机制，使作为基础设施的软件系统在各种内外部非确定动态因素影响下不仅具有持续性，而且在演化成长中持续保障价值实现？

（4）如何应对复杂人机物融合环境下多元价值观以及多方利益相关者所带来的价值冲突？如何通过软件的自适应和自演化实现动态的价值调整？

四、生态观

软件的开发、维护和应用所涉及的三大类元素，包括软件涉众（开发者、用户及企业和组织等）、软件制品以及软件基础设施（支持软件活动的软件设施），围绕软件相关的各种活动（包括开发、运行、维护、使用等），彼此交互、互相依赖，形成复杂生态系统，需要用生态化的观点去理解和研究。生态化是软件的强大渗透力所带来的必然结果：一方面，软件活动延伸到个体、群体和社会；另一方面，软件所涉及的各种元素之间产生越来越多的依赖性、相关性和相互作用。

（一）软件生态系统

人机物三元融合的新型应用模式涉及广大社会群体，涉及面广、分工精细，不仅需要各有所长的各种企业和个体参与，也使得它们可以根据其本身特点和业务诉求参与到开发、应用及其支撑的各个环节，联合形成生态。

开源是一类典型的软件生态系统。开源已经渗入软件产业的各个领域。目前大量的软件开发都复用了开源代码，几乎所有的信息技术企业都在使用开源代码，使得软件制品、上下游项目、软件涉众的经验和技能等方面的依赖无处不在。一些大规模复杂软件（尤其是基础软件），如 Linux 内核、Android、OpenStack 等，因其基础性和流行度涉及众多厂商的利益，因此也会吸引庞大的群体（包括企业和个体）在其开发和应用市场中扮演不同的角色，形成生态。

总的来说，软件生态系统是由软件活动（开发、运行、维护、使用等）中各类元素及其环境组成的、彼此交互和依存的体系。生态系统可以从下述三个维度来刻画。

首先，生态系统的关键元素是软件涉众、软件制品和软件基础设施，三者互相融合、依赖和影响。这三者之间存在各种依赖，网状的依赖形成各种供应链，因为彼此依存也存在各种影响。生态的要义在于供应链的形成和各种影响的相互作用需要抵达平衡。

其次，软件生态系统具有深刻的社会性，开发者和用户都是社会体，参与或主导生态的企业也有很强的社会性。参与生态的社会群体如何协作以建立生态，并不断适应变化以支持可持续生态是软件生态的核心挑战。群体关系（对立、独立或互补）之间的平衡是秩序之本，非平衡是运动变化之源。

最后，生态系统是由人类智能和机器智能交互并融合而实现的。人类智能体现为分布在全球的开发者和用户；机器智能体现为支撑分布式开发和使用的软件工具与基础，支持人们更好地协作、开发和无处不在地使用，并且在开发和使用活动中不断迭代增强。通过众多的个体认知的汇聚，以及商业和宏观调控角度的战略调控，人类智能和机器智能相互协作、补充，并向群体混合智能方向发展。

（二）生态观下关键科学问题

软件从过去的个体作坊开发，到不同组织内或组织间人员混合参与的组织化开发，再发展到数以万计互相依赖的软件形成的供应链和庞大的生态系统下的社会化开发。其转变给软件开发带来了前所未有的创新可能。相应地，生态观给软件方法学带来显著的变化。软件和软件学科需要从以往关注个体软件的构建和运维转变到关注有广泛社会参与的软件体系的构建、运维和成长，以及软件生态的平衡和可持续发展。同时，软件学科与其他学科的交叉性将更加凸显，社会学、经济学、组织学、生物学等学科的理论和发现可被用来研究海量软件活动数据隐含的软件生态网络，其发展反过来对其他学科的发展也将大有裨益。

（1）数以万计相互依存的软件项目形成的供应链为软件开发和使用带来了前所未有的困难。同时，规模指数级增长的软件项目及其之间庞杂的依赖关系使供应链的复杂度激增。因此，如何理解大规模代码和项目的供应链行为并加以利用是一个亟待解决的重要问题，其目的是帮助开发者/使用者提高效率并规避风险，包括利用供应链高效地找到可依赖的或可替换的高质量软件构件、工具或平台，及时发现供应链中的脆弱点并避免由此带来的潜在风险。这方面的关键科学问题是：大规模代码和项目的供应链行为如何理解并利用？

（2）个体参与生态系统的学习成本进一步增加。首先，学习内容更加广泛，涉及更加多元的技术和领域知识，还涉及互联网条件下分布式协作的有效沟通技能；其次，传统学习手段在复杂条件下受到挑战，需要研究并建立相应的方法、技术和工具来更好地适配初学者的学习和任务适配需求。其面临的关键科学问题是：个体如何学习并加入复杂项目和生态？

（3）基于软件供应链，软件涉众之间形成了相互协作的关系网，群体元素更加多样，元素的关联更加复杂，协作行为并非恒定而是不断发展和演化的，因此群体协作更加复杂和不可控。软件涉众的协作活动的问题和最佳实践需要被理解和度量以提高协作效率，需要研究如何建立技术和机制来协调群体之间的依赖和消解冲突。其面临的关键科学问题是：复杂生态中群体如何协作，协作行为如何发展？

（4）软件生态如何能形成，在外界环境和内部元素不断变化的条件下如何得以持续影响软件甚至信息产业的模式变革和发展。此类研究的主要目的是理解软件生态的形成要素和可持续发展的机制机理，帮助我们塑型和发展软件生态系统，对更通用的生态性质的理解也有裨益。这方面的关键科学问题是：产业生态如何形成，如何实现可持续发展？

第四节　软件学科的发展趋势

本书在第一篇总结了软件学科是由软件语言与软件理论、软件构造方法、软件运行支撑、软件度量与质量评估等四个方面形成的有机整体，软件范型的变化将牵引软件技术体系的变化。而上述系统观、形态观、价值观和生态观的新视角将引起软件范型的变化，并辐射到软件语言与理论、软件开发、运行和度量评估等各个层面方法和技术的变革，进而从整体软件的生态与教育方面产生深刻的影响。

软件语言与软件理论方面将着力解决如何建立适应人机物融合的软件范型基础这一基本问题。软件理论的核心是从复杂系统的角度来建立构建正确、高效、可靠、安全软件系统的理论和算法基础，拓展可计算理论传统研究的内容范围，特别是需要应对网络环境下日益增长的大数据与持续计算的算法与计算复杂性理论，以及在新的硬件架构（异构多态）和计算平台（如量子计算平台）下的计算理论和程序理论等。与软件理论紧密相关，软件语言将重点研究泛在计算各种抽象，构建领域特定的程序设计语言，探索语言演化和生长机制，以及基于“语言工程”的软件设计方法和支撑环境，共同奠定软件范型发展的理论和语言基础。

软件构造方法将研究人机物融合场景下的软件开发范型和技术体系，即研究面向应用场景需求、如何“软件定义”人机物融合的“场景计算机”。面向高效、高质量、低成本的目标，软件构造的技术方法和组织模式上需要应对复杂场景分析与建模、群体智能开发、人机协作编程、开发运维一体化等一系列挑战，亟待新方法和技术的发展。

软件运行支撑将向支撑人机物融合、具有“资源虚拟化”和“功能可编程”特点的泛化运行平台发展，需要满足作为社会基础设施在规模、适应、演化、安全、效能等方面的诸多严格要求。未来的泛在操作系统与运行平台，需在软件定义的新型运行平台架构、泛在资源的高效虚拟化和调度方法、软件系统持续适应演化的支撑机制、人机物融合过程中的安全与隐私保护等关键问题上有突破。

软件度量与质量评估是软件学科的科学观察、工程构造相交融的重要方面，其未来的重要变化是在复杂系统和软件生态层面的科学观察，并以此为基础推进软件开发和运行层面的持续发展。一方面，将通过有效的度量和分析，理解和利用大规模代码和项目的供应链行为，研究个体学习和群体协作，并探索软件生态的形成和可持续机制机理等。另一方面，在软件成为信息社会的基础设施后，软件质量评估和保障的需求不断增长、更加突出。以应用场景的价值牵引，带动软件质量和确保技术的发展成为重要趋势，未来突破的重点将在数据驱动的智能系统质量保障、人机物融合场景下的系统可信增强、大规模复杂系统安全缺陷检测、物联网环境下的系统安全保障等方面。

“以数据为中心”是人机物融合时代最为突出的特征，数据工程和数据管理是未来软件构造和运行支撑的共性沉淀。在数据工程方面，需要应对异构数据整理、数据分析和数据安全与隐私保护等挑战。在数据管理方面，需研究如何管理大数据，特别是如何利用新型硬件混合架构来实现大数据的管理。

软件学科的发展呈现纵横交错的发展态势，即共性沉淀和领域牵引相辅相成的格局。这在人机物融合时代复杂多变的应用和开放平台上将更加明显。在已有共性方法上发展领域特定方法，进而反馈并带动新型共性方法的发展，是学科发展的有效途径。在人机物融合及“软件定义一切”的大背景下，以卫星、流程工业控制、智慧城市、无人自主系统等为代表的重大领域蕴含着平台再造与整合的发展机遇，即以软件作为万能集成器对相关系统原有的软硬件和服务资源进行解构后再以平台化的方式进行重构，从而建立软件定义的融合发展平台。此外，高性能 CAE 软件系统等专用工程软件也是软件学科的重要关注点。除支撑实现高端装备、重大工程和重要产品的计算分析、模拟仿真与优化设计等重大应用价值，其高效能、高精度、高定制的需求也将推动软件技术的发展。

软件学科的发展离不开软件教育体系、内容、方法、手段的变革。软件教育需要构建包括顺应“软件定义一切”发展趋势的通识教育、针对人机物融合时代特点的专业教育、融合软件学科知识的其他学科专业教育和继续教育的完整体系，并建设发展相应的教育理念、方法和理论。

本部分余下各章将讨论学科内各个领域、方向所面临的一些主要挑战问题。我们大胆预测，软件学科的未来发展将由这些问题上的突破和进展所塑造。

第七章 软件理论

任何一个学科的发展都需要基础理论作为支撑。涵盖计算理论与程序理论的软件理论是软件学科的基础。重要的理论结果和方法也有助于实际软件开发。信息技术的快速发展推动了整个社会的信息化程度不断提高。软件作为重要的基础设施之一，需要不断提高其品质。著名软件工程师 Peter Deutsch 和 Finkbine[152]给学生的建议包括："Good software requires the ability to think formally（mathematically）...Make sure you have some exposure to assertions, proofs, and analysis of algorithms..."，也就是说，高质量的软件需要进行一定的形式化（数学）分析，以确保算法的效率和正确性。

随着软件应用需求和场景的持续发展和丰富、软件运行环境和硬件平台的不断变革以及软件基础性地位的日益提升，软件理论有着更为广阔的应用前景和发展机遇，但同时也面临巨大的挑战。最近十余年，物联网、大数据、人工智能等技术浪潮不断兴起，对计算和程序理论提出了一系列新的需求和挑战。

首先，新型的软件应用需求和场景为软件理论带来挑战。大数据应用需要新型算法和复杂性理论支持海量数据的高效处理[153]；云端计算的发展需要新型的分布式计算理论以及新型的编程模型；人工智能的发展使具有不确定性的知识表示和推理成为一种常规的思维方式，从而给算法和复杂性理论、编程模型以及软件的可靠性分析等带来众多问题；信息物理融合系统（cyber physical system，CPS）和物联网应用则使既有离散事件又有连续状态变化的混成系统的建模、分析和验证成为难以回避的挑战[154]。

其次，软件运行环境和硬件平台的变革为软件理论带来挑战。一方面，处理器能力和网络带宽的大幅提升，以往受限于计算或通信能力的技术变得更具有实用性，包括特定的编程模型以及程序的自动化分析和验证技术，从而为软件理论的发展带来新的驱动力。另一方面，硬件平台和运行环境的变革也带来巨大挑战，为软件的规约、建模、分析和验证带来困难，多核处理器等的普及促进了并发程序的使用，但对高效并发算法的验证还缺少理论和工具支持[155]。其他还包括搭载异构芯片的处理器、云平台上数据一致性的形式化规约和验证、量子计算环境下程序的规约和验证等。

最后，软件基础性地位的提升为软件理论带来挑战。软件作为基础设施，日益深入我们生产生活的方方面面，相应地，对软件可靠性的要求也变得越来越强。人们开始期望那些以往仅仅针对特定算法和协议的验证技术能够应用于代码级的完整的全栈系统验证上，特别是底层系统软件的验证，如操作系统内核、编译器、密码算法和协议实现等[156]。同时，软件复杂度的提高，对可信软件的自动化开发和验证技术也提出更高的要求。

本章将逐一探讨软件理论的核心内容，包括算法及复杂性理论、程序正确性理论等面临的挑战，以及将来需要开展的研究。

第一节　重大挑战问题

在以网络化、智能化为主要特征的新时代背景下，持续增长的海量数据、不确定的系统行为、不断发展的硬件与计算平台，为软件理论带来新的挑战。具体包括：如何应对新型的计算模型（本节第一部分）；如何针对泛在的计算平台建立其理论分析基础（本节第二部分）；如何保证复杂软件系统的正确性、可靠性、安全性（本节第三部分）。

一、新型计算模型及其算法与程序理论

构建高效的软件系统，需要发展算法设计与分析技术；确保算法的性能、理解计算的本质与界限，需要发展相应的计算复杂性理论。算法与计算复杂性理论，就是在这一背景与宗旨下发展形成的，是软件科学乃至计算机科学的根基。随着现代计算机科学进入大数据时代，建立在多项式时间图灵机和最坏情况复杂度分析基础上的传统算法与计算复杂性理论，在新的计算框架与问题、

新的问题求解标准上都面临新的挑战。

在计算模型方面，面向大规模的实时动态输入数据，多项式时间图灵机这一传统计算框架已难以用来刻画高效计算。面向大数据的计算，往往需考虑并行、分布式、低通信、在线计算、动态输入、局部计算与采样等多种计算模型上的约束。因此，需面向这些约束，建立新的计算模型，并在新模型上系统地发展相应的算法设计与分析的新范式，以及包含复杂性下界与分类在内的新的计算复杂性理论。在问题模型方面，随着数据科学的发展，计算的重心逐步由判定、求解、组合优化等关注单个解的传统计算问题转移到统计、采样、度量、学习、表示、理解和推断等关注整个解空间宏观特性的以数据科学为导向的新型计算问题。为这些非传统计算问题提供高效算法，需要发展新的算法设计与分析技术；理解其计算复杂性的变化规律，需要发展“计算相变”等计算复杂性理论。

在问题解决标准方面，面向大数据的计算在很多情况下是针对特定分布的真实数据，且往往可以容忍各种形式的近似，因此基于最坏情况复杂度分析的传统方法已不再适用，需发展数据依赖的算法设计和参数复杂性等非最坏情况复杂性分析，并允许随机与近似计算。另外，大数据计算对计算的开销的限制却更加苛刻，因此需发展亚线性时间开销算法以及精细计算复杂性理论。同时，现实大数据的计算场景还需顾及隐私、公平、容错等额外的约束，对何为一个计算问题的“解决”有更加丰富的要求。这都需要发展相应的算法设计与分析技术以及计算复杂性理论。在实际的软件系统中，上述挑战往往并非单独出现，而是以多种组合形式出现的。因此，不同于经典算法与计算复杂性理论中很多情况下“一题一议”的特点，需要更加注重发展通用算法技术，研究基本算法原语及其复杂性，发展适应大数据时代的更加“鲁棒”的算法与计算复杂性理论。

量子计算是一种很有潜力的新型计算模型。随着量子硬件设计与制造技术的飞速发展，人们乐观地预测多于一百个量子比特的特定用途的量子电路有望在 5～10 年内实现。量子计算拟充分利用量子力学的两大特性——量子叠加与量子纠缠——来获得潜在的比传统计算性能上的大幅度提升，从而有可能使用量子计算模型来解决经典计算模型中无法高效计算的问题[157]，特别是一些经典困难问题，如 Shor 提出的量子整数分解算法[158]可以高效地求解大整数的质因数分解问题，Grover 提出的量子搜索算法[159]可以开平方根量级的加速无序数组的查找问题。

量子软件与算法领域最核心的挑战问题仍然是：量子软件与算法能否比

经典软件算法在效率上有本质的提升？如果可以提升，那在哪些问题上可以有提升？最多可以提升多少量级？即能否从数学上完全刻画出量子计算能够有效加速的范围及其加速的极限。这对人们更加深刻地理解计算的本质，特别是计算困难性的起源有着重要的科学意义。同时它还有助于加深人们对量子力学本质的认识，以及在宏观尺度下量子效应的展示。

另一个重要的挑战是量子软件和程序该如何进行验证[160]。虽然量子程序的分析与形式验证领域已经取得一些可喜的进展，但目前的研究还非常零散，很多问题甚至还不清楚如何准确定义。对于整数分解问题，因其属于 NP 复杂性类，其结果可以有效地经典验证，但是对一个超出经典计算机能力的量子程序，如何才能验证其正确性？例如，最近谷歌宣称的“量子优越性”实验。量子密码协议，特别是量子密钥分发协议从理论上具有比经典协议更好的安全性保障，但如何才能够使用经典的方式来验证所设计的量子密码协议的正确性呢？

二、面向泛在计算平台的软件构造与验证理论

近年来，新的体系结构和计算平台大量涌现，包括多核处理器、GPU 和异构芯片、分布式云计算平台等。另外，大量的应用软件将从通用的硬件和平台迁移到专用的硬件和平台上。这些平台对程序设计有各自特定的要求，也对相应的程序验证带来重要的机遇和挑战。

（一）多处理器架构对程序本身的内存模型分析与设计带来新的挑战

多核处理器的流行让并发编程由一种高级编程技巧变为一种基本的编程技能[155]。然而，并发编程自身的困难并未随之消失，特别是经典的共享内存的多任务并发模型及其基于锁的同步机制，为并发程序设计带来数据竞争、原子性违背、死锁、活锁等各种问题。针对这些问题，新的易用、可靠的并发编程模型一度成为研究的热点，提出的新型编程模型包括软件事务型内存（software transactional memory，STM）、事件驱动的并发模型、基于消息传递的并发模型等。然而，从易用程度和程序效率的需求看，现有编程模型仍然无法替代经典的共享内存并发模型。并发编程的另一大挑战是内存模型问题。编译器和处理器的优化导致每个并发任务的执行并不是严格按照代码顺序逐条指令运行的。虽然这些指令执行顺序的改变不会影响单个任务的串行行为，但

会对多任务的程序行为产生影响。相应地，并发程序行为呈现出弱内存模型。任何一个并发编程语言都需要描述其内存模型，但是由于编译器优化的复杂性，为高级语言定义内存模型的工作仍然是一个开放性问题，如 Java 和 C++ 现有的内存模型仍然存在各种问题。因此，对这些模型的形式化定义和改善成为当前研究的一大热点。

（二）多处理器架构引发了并发程序数据一致性分析的挑战

多核平台中存在多线程并发程序对共享资源的访问冲突。多线程并发程序已经成为现代程序设计的常态。并发软件应用中的并发数据结构提供支持多线程并发访问。但并发线程的执行存在不确定性，传统的测试方法很难发现这类错误。多核平台下的弱内存模型则使多线程间数据访问的一致性难以保证。并发数据结构实现的可线性化（或其量化松弛）验证问题已经取得一定进展，可线性化条件对有界多并发线程是可判定的，但对无界多并发线程是不可判定的。

（三）新型计算平台引发了分布式系统数据一致性分析的挑战

云计算平台中，为了提高系统的可用性，往往采用地理上分布的多拷贝数据，这也使系统开发需要面对数据一致性、可用性和对网络分割的容忍性这三者不可兼得的经典问题（即 CAP 定理），需要在三者中做出取舍，取得合理折中。考虑到强数据一致性（串行一致性）的实现对效率影响较大，实际系统中往往根据业务特点来适当放松对一致性的保证。这样带来的结果是：一方面，系统中可能多种一致性并存；另一方面，应用级程序员在使用弱一致性数据的时候，难以保证程序业务的正确性。如何在编程语言和模型中既支持多种一致性，又能简化编程负担，并且对程序的可靠性和正确性给出指导原则和分析验证技术，是当前研究的热点。

（四）泛在专用化计算平台对程序分析和验证带来了异构性和适应性挑战

面向通用目的开发的软件需要以解构再重构的方式，以用户为中心按需分布到泛在化、专用化的计算设备和运行平台上，从而适应应用按需融合与自适应、自演化的要求。相应的软件构造理论需要为“解构再重构”建立抽象，使各类系统可以通过软件定义的方式对原有的软硬件和服务资源进行解构，然后以平台化的方式进行重构。对于软件分析与验证，一方面软件模型与性质的表达需要伴随软件本身一起实现面向不同专用硬件和平台的高效定制和裁剪；另一方面，软件整体性质的分析与验证需要随着平台化的重构以一种动态和适应性的方式实现。

三、面向人机物融合的复杂系统软件理论

近年来，计算越来越深入到人们生活中的方方面面，趋向于人机物的融合，对软件系统可靠性的要求越来越高。另外，随着处理器计算能力的增强和形式验证理论与技术的发展，软件验证的能力也在提高。因此，用形式化验证技术来确保复杂系统的可靠性得到越来越多的关注和研究，近年来也出现一些有代表性的优秀成果。

然而，在软件日益得到广泛应用的同时，其复杂度也在不断增加。软件系统的复杂性主要体现在单点技术特性复杂、系统结构复杂、系统规模庞大等方面。复杂软件系统的验证技术也随之面临重要挑战。在形式化方法中，系统的可靠性或其他安全攸关性质可以通过规约描述，而系统是否满足规约的确认过程依赖于系统的形式建模、分析和验证。

复杂软件系统的可靠性挑战主要体现在以下几个方面。

（一）如何准确表示复杂系统的需求

形式化方法一般通过逻辑体系、集合论等来描述对系统安全性、可靠性、正确性等方面的需求。这里要解决的主要问题是，将各种非形式化表述中使用的关键概念和性质，采用简洁、直观又容易被用来推理验证的数学和逻辑语言进行描述。

随着系统复杂性的增加和系统应用场景的多样化，需要描述的性质变得更加复杂。例如，信息物理融合系统除了关心功能正确性，还关心非功能相关的性质，包括实时、空间位置等时空特性；机器学习算法和系统的正确性和安全性的研究目前仍处于起步阶段，即便非形式的定义和刻画这些性质仍然是开放性问题，其中一些已经被大家所接受的重要性质，如鲁棒性（robustness），其性质刻画与经典的程序功能正确性刻画显著不同。在并发系统中，除了线性一致性（linearizability）这种经典的对并发对象的功能正确性的刻画，人们还提出各种新型的量化松弛算法，它们部分放松了线性一致性的要求，但仍然能够提供一定的正确性保证。这些放松后的保证该如何进行形式化的刻画，是目前面临的关键挑战。与之类似，为了解决云计算中分布

式多拷贝数据的一致性问题，并在一致性、可用性以及系统性能方面取得平衡，人们提出了各种不同强度的数据一致性，包括最终一致性、因果一致性、顺序一致性以及各种变体，还包括多种数据一致性相结合的算法和系统。这些不同的一致性的形式规约是当前研究的热点问题。在信息安全方面，很多安全特性不是描述程序一次运行的性质，而是要刻画程序多次运行之间的关系，如信息流安全中经典的非干扰性（non-interference），其规约也和经典的功能正确性有所不同。

（二）如何形式化地表示复杂软件系统

安全攸关领域的很多系统往往可看成信息物理融合系统在复杂环境中的运行，兼有离散事件与连续的状态变化，同时计算与控制过程共存。由于系统的非确定性或克服复杂性而进行的简化，很多事件都具有概率与随机行为，如风对飞行器运动的影响、网络控制的系统中消息的丢失及其他随机事件。因此，对随机混成系统的建模、分析与验证是必要的，却是非常困难的。现有的基于随机混成系统的可达性分析方法仍存在很多不足。

（三）如何保证具有复杂数据结构、算法或协议的系统的可靠性

对于含有非常复杂的数据结构、算法和协议的软件系统，现有的验证理论难以完全支持。例如，操作系统内核中，为了提高系统效率，往往会使用非常复杂的指针数据结构，其复杂度远远超出双向链表、红黑树等经典数据结构。操作系统内核和文件系统中，还会使用很多巧妙的无锁并发算法，其验证一直是形式化验证中的难点。加密算法和协议的验证则需要概率相关的特定验证理论。云计算平台中普遍使用地理上分布的多拷贝数据，其数据一致性算法的验证目前也缺少成熟理论的支持。

（四）如何保证具有复杂体系结构的系统的可靠性

复杂系统往往由大量模块构成，模块之间的组合方式复杂，总体体现为两点：①从纵向看，模块之间相互调用，抽象层次不同。一方面，不同抽象层次的代码特性不同，所需要的验证理论和技术也会不尽相同；另一方面，为了实现完整系统的验证，需要将这些不同抽象层次的模块验证后，得出完整系统的可靠性结论。这需要验证技术能够有效集成不同的验证方法、理论和工具，并具有很好的纵向可组合性。②从横向看，模块之间有多重组合方式，如多线程并发、事件驱动等。不同的组合方式导致模块执行的控制流的多样性，这也对

系统的模块化验证以及水平方向的可组合性带来挑战。

（五）如何提高软件开发的自动化程度，实现构建即正确的系统

综合（synthesis）技术可以提高软件的自动化程度。基于演绎的方法可以从高层规范的实现推导出低层实现；基于归纳的方法可以根据实例的行为，生成满足实例的程序。但状态空间爆炸问题制约了可综合的系统规模。符号化方法、组合式方法可以提高可综合系统的规模，却难以真正投入使用。虽然推理、求解技术的发展与硬件计算能力的提高能一定程度上推动综合技术的应用，但是由于可合成系统规模有限，软件的自动综合仍缺乏实际应用。

（六）如何验证基于学习技术的复杂系统

机器学习的准确率难以达到百分之百。有必要对使用机器学习的系统鲁棒性进行分析。由于复杂神经网络的神经元个数是百万级别的，而且使用了大量的非线性函数，传统的方法（如基于线性规划或约束求解的方法）很难实现对实际系统的分析。通过对神经网络的非线性函数进行抽象，可以提高可分析系统的规模，但仍缺乏对实际系统的验证[161]。

第二节　主要研究内容

软件理论的研究与软件应用的需求、承载软件的架构、平台息息相关。如图 7-1 所示，软件理论支撑了软件语言、软件构建与运行原理的整个体系。同时，软件技术和系统的问题推动了软件理论的深入研究。为了应对人机物融合环境下对软件理论的诸多挑战，需要开展多个方面的研究工作。为了支持量子计算模型的程序设计，需要研究其算法复杂性与程序正确性分析方法（本节第一部分）；为了支持有效的大数据处理，需要研究针对性的算法（本节第二部分）；为了支持新的处理器结构与计算平台上的程序设计，需要构建相应的理论（本节第三部分）；为了保证信息物理系统的可靠性，需要围绕着规约、建模、分析与验证等环节，从系统特征、行为的描述与可靠性保证方法等方面进行研究（本节第四部分）；为了保证信息物理系统、泛在计算与社会环境深度融合后系统的可靠性，需研究人机物融合系统的建模与验证方法（本节第五部分）；为了提高新型软件的可靠性，需要研究新型软件的特点，从而给出相应的分析方法（本节第六部分）；为了提高可分析与验证的软件系统规

模，需要研究高效的自动推理与约束求解算法（本节第七部分）。

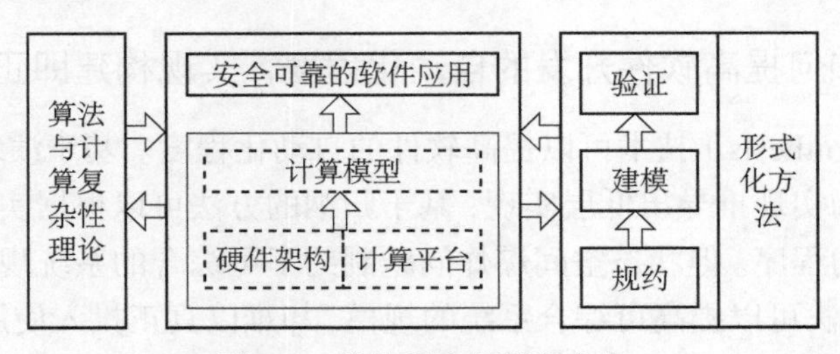

图 7-1 软件理论的研究内容

一、量子计算模型的算法复杂性理论与程序验证

针对量子计算模型下的挑战性问题，具体研究内容如下：量子程序设计与验证、量子密码协议设计与验证、量子复杂性下界问题等。量子程序设计与验证的研究包括量子程序设计模型和基本指令集、适用于量子计算的程序逻辑、量子程序不变式生成问题、量子程序的模型检验问题、并行与分布式量子程序设计技术等。量子密码协议设计与验证的研究包括抗量子攻击的经典密码协议、量子随机数生成、量子密码协议验证、量子纠错与编码等。量子复杂性下界研究包括图灵机模型下量子与经典复杂性类的（神谕）区分、量子通信协议复杂性下界、量子判定树模型复杂性下界、量子计算的交互式验证等。

二、大数据计算模型的算法与复杂性分析

在大数据应用越来越普遍的背景下，研究面向数据科学的算法与计算复杂性理论是有效解决大数据应用问题的基础与核心。主要研究内容包括：并行、分布式、低通信、在线、动态输入、局部计算等约束下的算法设计与分析范式；反映出这些约束的大数据计算模型中的计算复杂性下界与分类；推断、学习、统计、采样、度量和表示等数据科学的计算原语，在大数据环境下有理论保证的高效算法与计算复杂性分析；数据依赖的算法设计和参数复杂性等非最坏情况复杂度分析理论；随机化、近似、亚线性、精确计算及其复杂性下界；满足隐私性、公平性、容错性等理论保障的高效算法设计与分析。

三、异构与多态、并行与分布计算的程序理论

为了应对新涌现的体系结构与计算平台，应研究运行于新体系结构程序的语义、可靠性保证等问题。研究内容包括：新型体系结构下支持编译优化、多线程程序设计、使虚拟机性能提升的内存模型的形式化定义；多处理器架构的并发程序可线性化问题、可线性化在有界与无界并发线程操作中的可判定性问题、大规模并行程序的分析与验证等。

四、信息物理融合系统的建模与分析

信息物理融合系统涉及多种计算现象，是复杂的异构系统，具有高度随机性和不确定性，系统的行为可以根据环境的改变进行动态调整，其规约建模与分析验证等需要不同于传统软件的理论和工具支持。

在规约建模方面，需要研究跨领域的信息物理融合系统建模方法，从不同关注点对并发、混成、实时、随机、涌聚等复杂行为构建具有严格数学语义的模型，支持从系统层、实现层、逻辑层、线路层等不同抽象层次的建模，并为其建立统一语义模型和模型精化理论；需要研究能够描述复杂异构系统的规约逻辑，支持在不同抽象层次上精确定义系统各种复杂行为的性质，为后续开发、测试、仿真和验证提供基础。

在分析验证方面，要求探索新的支持信息和物理紧密融合的测试、仿真、验证和确认技术，要能够处理开放网络环境下通过感知环境、通信及控制结构实现的高度并发性、实时性和高度不确定性，特别是要研究针对时延、随机、涌聚等复杂行为的验证技术和工具。

五、人机物融合系统的软件建模与验证

人机物融合系统（human cyber physical system，HCPS）是信息物理融合系统与泛在计算（或智能环境）及社会系统（社会计算）的深度融合。人以个体或群体形式深度参与物理或信息进程，对物理进程及软硬件的操作和控制可在人与机器间自由切换。目前，HCPS 的软件理论与方法研究尚在初期。建立 HCPS 的方法、技术和工具并实现人机物在网络环境中的融合，需在以下研究方向和问题上实现突破：从社会学或者计算社会学角度，研究 HCPS 中人的行为模型和整个系统的数学模型；以定义 HCPS 体系结构中的构件模型及其

实时交互、并发和不确定性的语义；人机物融合系统的体系结构建模理论，支持基于接口契约的 HCPS 模型及其组合、精化与分析验证理论，以支持异质 HCPS 子系统的集成与统一语义的定义；各粒度 HCPS 构件的可编程接口模型的定义，软件定义 HCPS 的程序设计模型、规约语言、程序语言及安全运行机制的构建，以支持不同领域中信息物理设施的管理、控制与协同以及大规模 HCPS 的研发与运维；HCPS 模型的功能安全性、鲁棒性、自主性的规约与验证，以及对容错、信息安全性、隐私保密和可恢复性的需求规约与验证；HCPS 的有益与有害涌现行为的定义、有益涌现行为的设计与验证、有害涌现行为的预防；HCPS 构件模型的架构操作，以供信息隐藏、适配转接、数据类型转换等抽象；智能系统的可信性、可组合性及可控性，以支持 HCPS 中机器智能与人类智能的交互、HCPS 在可信与安全有关领域的应用。

六、学习赋能的软件系统分析与验证

使用机器学习技术的学习赋能系统是近期出现的主流新型软件之一。基于逻辑演绎的规约-实现一致性是传统软件质量保障的基础。然而，机器学习实现的是（不完全）归纳推理，具有内在的不确定性。基于深度神经网络（deep neural network，DNN）模型的统计机器学习近年获得重大进展，但其行为缺乏可解释性。将训练好的 DNN 模型提供给第三方作为软件部件使用时，其可靠性成为尤为突出的问题。如何针对这类软件建立合理、适用的软件可靠性理论框架并给出高效的分析与保障方法，是亟待深入研究的问题。当前针对 DNN 的对抗样例生产和鲁棒性分析引起人们的广泛关注，但目前报道的进展与其说是解决了问题，还不如说是展示了问题的严重性和困难性。

七、面向软件分析与验证的自动推理及约束求解

为了促进形式化方法的使用，提高其自动化程度和可扩展性，更好地对大规模软件系统进行形式化分析和验证，需要研究自动推理与复杂约束求解的技术与工具。

在定理证明方面，应研究各种逻辑和形式系统的表达能力，以及相关推理问题的可判定性、复杂度，提高定理证明器（证明检查器）的自动推理能力和智能化程度。具体研究内容包括：引入针对特定逻辑的判定过程，以提高交互式定理证明的自动化程度；结合机器学习等技术，设计高效的启发式搜索方

法，实现目标导向的智能化证明搜索；研究如何发现有价值的猜想，在交互式定理证明过程中如何构造合适的引理；研究神经-符号融合方法，在定理证明器中引入一定的表示学习能力。

在约束求解方面，需要研究多种理论的高效判定算法，以处理多种形式的约束条件。具体内容包括：研究高效推理与启发式搜索相结合的混合求解算法框架，以处理大规模高维度的可满足性模理论（satisfiability modulo theories，SMT）公式；针对非线性算术、字符串等复杂理论，设计高效的判定算法；研究增量式的 SMT 求解算法，提高连续多次求解的效率；研究 SMT 公式不可满足核的快速抽取和枚举方法。除了可满足性判定以外，还可针对优化和解计数等问题，研究其高效算法，实现对软件系统从定性分析到定量分析的扩展。

第三节　本 章 小 结

软件理论为软件学科的发展奠定坚实的基础。计算机软硬件的飞速发展以及不同应用领域的差异性，催生出各种新的问题，为软件的开发、运行、演化带来巨大的机遇与挑战。经典软件理论研究的是封闭系统下相对确定的行为，而新时代的智能系统环境是开放的，行为是不断演化的，因此需要研究支持持续演化的新的软件理论。在人机物融合的时代背景下，围绕着数据信息量大、软件需求复杂、硬件体系结构与计算模型不断更新等问题对软件理论的挑战，本章详细阐述并梳理应对这些挑战的研究方法与内容。软件技术和应用的发展促进了软件理论的进步，而软件理论的进展也将推动相关技术的提升，深化软件应用领域的发展。

第八章 程序设计语言与支撑环境

世界离不开计算，描述计算离不开程序设计语言。不同的程序设计语言描述不同的计算模式。例如，命令式语言描述以状态变迁作为计算的模式，函数式语言描述以函数作为计算的模式，逻辑语言描述以证明作为计算的模式，而量子语言则描述遵循量子力学规律调控量子信息单元进行计算的模式。第二章对众多的程序设计语言进行比较并回顾程序设计语言的发展历史。从中可以看到，新的程序设计语言的出现通常是为了应对新的计算模式、新兴应用或者新兴硬件和计算平台的需要。

“软件定义一切”本质上是可编程思想扩张到整个社会和物理世界，是一种以软件实现分层抽象的方式来驾驭复杂性的方法论。随着人机物融合的发展，计算的泛在化成为必然，程序设计语言向下需要对物理世界进行抽象并提供处理物理世界的接口，向上需要能够支撑不同场景的应用编程。泛在计算中不断涌现出的新的计算模式、新的计算平台和新的应用问题给程序设计语言的定义和实现带来新的机遇和挑战。

第一，新的计算模式需要新的程序设计语言。随着不断涌现的新的计算模式，如适合于抽象描述机器学习的概率计算、神经网络计算、大数据计算、保护隐私的计算[162]等，需要新的语言定义和实现技术，快速开发各种各样新的程序设计语言，支持各类新型计算模式。

第二，新的硬件和计算平台需要新的语言实现技术。新的硬件｛如 XPU [GPU、张量处理器（tensor processing unit，TPU）等]、非易失存储器（non-volatile memory，NVM）等｝和新的计算平台（如云、网构等）不断涌现。除了设计新的程序设计语言，还需要研究新的编译技术以生成适合新的硬件和体系结构的高效代码。

第三，新的应用问题需要新的程序设计语言来高效地解决。随着社会的发展，我们会遇到各种各样的、新的复杂应用问题，除了利用既有程序设计语言开发新的软件，还可以通过设计更好的程序设计语言来解决这些问题。新型语言不仅仅提供描述解决该问题本身的一个方法，而且可以提供解决一类相似问题的方便而可信的一般途径。程序设计语言技术会提供解决类似问题的方便而可信的途径。

第四，程序设计语言的发展需要健全的语言生态。程序设计语言的生态，包括支撑环境、集成开发环境、扩展功能支持库、第三方功能模块、帮助文档和知识库、技术交流社区、资源下载网站、教程和培训等。程序设计语言生态的繁荣决定了程序设计语言的繁荣。

本章将从计算的泛在和多样性、计算平台、软件的复杂性和安全性，以及软件生产率等几个方面来讨论新时代软件设计语言与支撑环境方面的挑战，列出重要的研究内容，并阐述展示程序设计语言及支撑环境方面的研究趋势。

第一节　重大挑战问题

程序设计语言的挑战问题集中于如何建立、描述和实现抽象。具体来说，其挑战表现在两个方面。首先，在抽象建立和描述方面，主要表现在如何通过对领域和应用问题的抽象，开发有效的领域特定语言（本节第一部分）、支持多范式程序设计（本节第二部分），特别是加强大数据时代语言对数据处理的支持（本节第三部分）。其次，在抽象的实现方面，主要表现在如何开发人机物融合的泛在范式的编译技术（本节第四部分）和构建程序语言的安全性保障机制（本节第五部分）。

一、面向泛在计算的语言的定制

随着泛在计算的普及，一方面，专用化的计算设备和运行平台需要软件具备面向不同专用硬件和平台的高效定制能力；另一方面，泛在服务软件需要提供各种特定的编程抽象，支持面向人机物融合的最终用户编程。在泛在计算的环境下，程序员的概念也不断泛化——未来越来越多的人，甚至那些缺乏足够计算机专业知识的领域专家，需要对专用化的设备或特定领域的问题进行程序设计。这就需要我们开发各式各样的领域特定语言。泛在计算对领域特定语言的定义和实现带来新的挑战。

（1）领域特定语言一般是轻量的，是通用语言的特例。在通用语言的实现已经存在的前提下，可以用通用语言的方式来定义和实现领域特定语言。然而，这种方式不仅增加了开发的难度，而且也不经济。我们需要一种高效的特定语言的定义和实现方法。一种思路是设计并实现一种通用元级语言作为特定语言定义和实现的基础，但是什么样的通用语言适合于定义和实现各类特定领域语言是一个必须解决的问题。

（2）对于通用语言，我们已经开发了不少很有用的程序分析、优化、调试、测试方法。对于特定领域语言，需要利用这些方法。尽管可以用通用语言来实现某种领域特定语言，但是如何能够将这些一般性的方法系统化地映射到特定语言的实现上是一个挑战。例如，假设我们在通用语言上实现了一个测试方法，但是通用语言上的测试结果对特定领域语言的用户是不能理解的。需要将通用语言上的测试例子和结果映射到特定语言程序上，特定领域语言的用户才能理解。

（3）在设计特定领域语言时存在的一个选择是应该设计一个小而精的语言，还是设计一个大而全面的语言？Schema 语言的设计者之一的 Guy Steele 认为，既不应该建立一种小语言，也不应该建立一种大语言，而需要设计一种可以成长的语言。语言设计应该是增长式的——语言必须从小开始，能够随着用户集的增长而增长。例如，我们可以比较 APL 语言和 LISP 语言：APL 语言不允许用户以“流畅”的方式向该语言添加新的原语（premitive），这使得用户难以扩展该语言；在 LISP 语言中，用户可以定义与语言基元保持一致的单词，它使语言用户可以轻松扩展语言并共享代码。为此，在设计语言时，我们面临的挑战是，如何保证其具有一定的柔性，支持新的语言构造和特性可以被无缝接入其中，同时，在语言演化过程中，也能保证遗留系统被无障碍地执行。

二、多范式程序设计的语言支持

主流程序设计语言支持不同的程序设计范式[163]。从程序设计语言的角度出发：一方面，需要设计与程序设计语言相适应的程序设计范式或者程序设计模型，以获取程序可读性、模块性、抽象性和性能上的平衡；另一方面，需要提供技术手段，根据程序员能力或者开发任务自动选择或者推荐程序设计范式，提升程序员程序设计效率。然而，随着解决的问题越来越复杂，需要研究支持多范式的程序设计语言，以及对多范式语言的高效实现机制。特别是，我们面对下面一些挑战：

首先，如何将描述函数计算最直接的函数式程序设计融合到其他语言中是多范式语言设计的一个挑战。函数式程序设计[164]用函数来抽象计算，它的高阶函数和计算透明性这两个重要特征，一方面使函数式语言适用于大数据处理、人工智能等领域，但是另一方面也使它不容易与其他语言共用。尽管已有不少关于研究和系统讨论如何融合逻辑语言与函数式语言[165]，融合面向对象语言和函数式语言，不少通用程序设计语言（C++、Java、Kotlin 等）也开始支持函数式程序设计，但是现在还没有一个公认的计算模型来系统地支持这种融合的设计和实现。如何将函数式语言的高阶函数和计算透明性有效而便捷地扩展至函数式语言以外的其他通用程序设计语言，以支持函数式程序设计或混成程序设计，成为一个值得关注的挑战问题。

其次，无缝融合并发程序设计是多范式语言设计和实现的另一个挑战。目前已经存在很多并发程序设计模型，它们指定了系统中的线程/进程如何通过协作来完成分配给它们的作业——不同的并发模型采用不同的方式拆分任务，线程/进程间的协作和交互方式也不相同。为此，需要建立与特定程序设计语言相适应的一组并发模型，更好地支持程序员设计与实现并发任务。此外，传统的并发思维是在单个处理器上使用分时方式或是时间片模型来执行多个任务。如今的并发场景则正好相反，是将一个逻辑上的任务放在多个处理器或者多核上执行。因此，程序设计语言需要提供足够的机制来分解任务。然而，基于目前并发 API，如线程、线程池、监视等，编写并发程序依然很困难，还需要更多关于程序设计语言及实现方面的努力。例如，可以由编译器甚至执行引擎识别出程序中可并发的任务，以便多核计算机可以将其安全地并发执行。

三、大数据处理的程序语言支持

当今时代是大数据的时代。全球的数据在不断增多，依赖这些数据对各行各业进行优化是当今社会的发展趋势。大数据呈现出大容量（volume）、多类型（variety）、快变化（velocity）和低质量（value）的 4V 特征，这就意味着要利用好数据中的价值，必须依赖于程序以自动化地管理和分析数据，从而给程序设计语言带来一系列全新挑战。

首先，大数据的一个特点是数据类型多样，但不同的人和不同的场合需要的数据是不一样的，这就意味着我们常常需要对数据按不同方式进行组织。数据自主性和数据互操作性给程序语言的设计带来挑战。一方面，当我们按照某一种特定格式获取到数据时，需要把数据转换成其他格式保存和展示。另一方面，当修改其中一份数据时，需要保证其他保存的数据和展示的视图都能对应修改。如果用传统程序设计语言编写这样的数据同步程序有两个方面的问题：①重复的编码工作量大，即对两种数据的同步一般需要编写两份转换程序，但这两份转换程序很多部分是重复的；②很容易出现错误，即两份转换程序容易写得不一致。因此，需要新的程序设计语言来处理此类数据管理需求。

其次，大数据具有体量巨大、数据增长快的特点。这就意味着，要对海量的大数据进行分析，不但人工无法完成，小型计算机系统通常也无法完成。要完成海量的数据分析，往往需要包含多个 CPU 的大型机系统，或者由多个中小型计算机联网形成的集群系统。但是，用普通程序设计语言编写这类集群系统上的大数据处理程序非常复杂，因为程序员必须处理并行任务分解、多 CPU/计算机调度、进程/线程同步等一系列问题。需要新的程序设计语言来降低大数据处理程序的编写难度。尽管 MapReduce、Pregel 等面向大数据处理的并行计算模型已经提出，但是基于这些模型的程序语言要么接近于模型、用户难以使用，要么用户容易写，但是缺少优化方法、运行效率低。需要新的程序设计语言来解决此类数据计算需求。

最后，大数据具有价值密度低的特点，这就意味着如果要发挥大数据的作用，需要采用合适的方式对数据进行统计。有效的统计方法往往需要针对数据的特点构建统计模型，然后根据统计模型对数据进行统计。例如，现在流行的神经网络需要用户首先给出网络结构，然后根据数据确定网络中参数的数值。而基于统计学的概率图方法需要先确定随机变量的分布和随机变量之间的依赖关系，然后基于数据确定随机变量的后验分布。这些统计模型的编写较复杂，同时给定模型之后的统计算法也比较复杂，因此需要有新的程序设计语言来支持这类模型的描述（如概率编程等）、验证和测试。

四、面向人机物融合的泛在范式的编译技术

编译器是程序设计语言的重要支撑环境，其负责将一种语言（通常为高级语言）所书写的程序变换成另一种语言（通常为低级语言）程序。编译器的另一个主要功能是对程序进行优化，提升软件的性能。现代软件系统呈现人机物

融合的泛在混成特性，对编译技术也带来新的挑战。

首先，编译器需要能够快速应对不断出现的专用处理器。摩尔定律的逐渐失效以及大数据处理深度学习等新应用需求的出现，正助推计算机行业从通用计算机系统，转向一个青睐专用微处理器和专用存储系统等专用硬件的时代。这种转变需要我们研究新的更有效的编译技术。当一个新的硬件出现之后，首先应该对专用硬件进行抽象，定义一个底层使用该硬件的领域特定语言（domain-specific language，DSL）[166, 167]；然后，扩充现有的语言，为之提供一个高层次的界面，以便用户描述专用硬件上的计算；最后，定义如何将高层次的程序翻译到底层的 DSL。为了支持这个过程，需要研究自动编译技术——预测未来的编译器能够在 SMT 等求解器的帮助下自动生成能在专用处理器上运行的目标程序，通过重写策略对目标程序自动优化，且保证编译过程的正确性和代码质量[168-170]。

其次，编译器需要能够高效地处理混成系统。现在的软件系统越来越复杂，形成一个混成的系统，需要既能处理离散的又能处理连续的计算，既能处理确定性（逻辑式）的又能处理概率性的计算，既针对命令式的又针对函数式的程序设计语言，既可静态类型检查又可以动态确认程序满足的性质。为了开发这样的复杂的软件系统，混成语言以及相应编译技术变得非常重要。此外，复杂软件系统可能由不同程序设计语言书写的程序组成。对不同程序设计语言所书写的程序进行高效混成编译，也是一个值得关注的研究问题。

五、程序设计语言的安全性保障

程序设计语言的安全性体现在两个方面：程序设计语言自身的安全性设计与其支撑环境（如库、编译器、解释器、运行时等）的安全性保障。程序设计语言的设计者和实现者都在不遗余力地提升程序设计语言的安全性。当前，程序设计语言的安全性方面还存在以下重大挑战问题。

首先，需要建立语言安全性和灵活性、复杂性之间的平衡。程序设计语言的安全性主要体现为程序设计模型中的一组机制，保障程序员写出安全的程序。例如，C++支持的 RAII（资源获取即初始化）通过栈语义保证对象析构函数的自动调用，解决了内存泄漏问题；类型系统使代码仅能访问被授权可以访问的内存位置；Facebook 公司推出的智能合约语言 Move 不支持动态分配和循环递归依赖等。然而，语言安全性的提升意味着程序设计灵活性的下降、支撑环境复杂性的提升。为此，在设计一门程序设计语言的同时，需要定义一组通用的或领域/环境相关的安全机制，包括是否支持指针、自动垃圾回收、异常处理，是否支持强类型检查和中间码验证等，一方面允许程序设计人员编写出既功能强大又足够安全的程序，另一方面在静态编译或者动态执行时实现程序的安全性检查。

其次，需要提供充分保障支撑环境可靠性、安全性的分析、测试和验证等技术手段。编译器、虚拟机和执行引擎的代码复杂，其中潜伏着缺陷或者安全漏洞。如何提升编译器、虚拟机和执行引擎的安全性是一个重要的问题。当前已经出现经过验证的编译器，如 CompCert[171, 172]。此外，已经出现一批针对编译器和虚拟机的测试和安全分析工作，如 CSmith[173]、EMI 等。尽管如此，对编译器（包括优化算法）及虚拟机等安全性分析、测试、验证工作还面临很多问题，我们仍需要能够充分保障编译器、虚拟机和执行引擎的安全性的分析、测试和验证技术手段。例如，不可能枚举出一个语言的所有程序实例以对支撑环境进行穷尽测试，相反，需要提供一套策略，协助选择或者自动生成具有代表性的程序实例以高效测试支撑环境的健壮性。特别是，针对支撑环境进行广泛测试，针对各类编译技术和算法（如优化算法和垃圾回收算法）进行正确性验证，以及验证应用程序接口的正确性，仍然是这个方向的难点问题。此外，在程序设计语言动态演化过程中，需要提供足够的技术手段，保障语言新特性和支撑环境新功能可以被可靠地、安全地加入既有语言和支撑环境中。

第二节　主要研究内容

程序设计语言的主要研究内容参见图 8-1。为了应对上述重大挑战，需要在多个方面开展研究。首先，为了支持泛在计算、大数据处理和人机物融合等多种新型应用场景，需要研究面向不同领域的编程语言，包括面向数据管理统计的程序设计语言（本节第二部分）、面向软件定义网络的程序设计语言（本节第三部分）、智能合约的设计语言（本节第六部分）、支持最终用户编程的程序设计语言（本节第七部分）。其次，为了设计面向泛在计算的语言和实现多范式程序设计支持，需要研究多范式和领域特定的程序设计语言（本节第一部分）、离散和连续混成系统的语言和工具（本节第四部分）以及支持共享内存模型的并发程序设计（本节第五部分）。最后，为了支持新语言所带来的开发环境和生态的变化，需要研究程序设计框架和开发环境（本节第八部分）、特定领域语言的元编程和开发环境（本节第九部分）、程序设计语言的生态及其演化规律（本节第十部分）。图 8-1 中粗体表示本章讨论的研究内容。

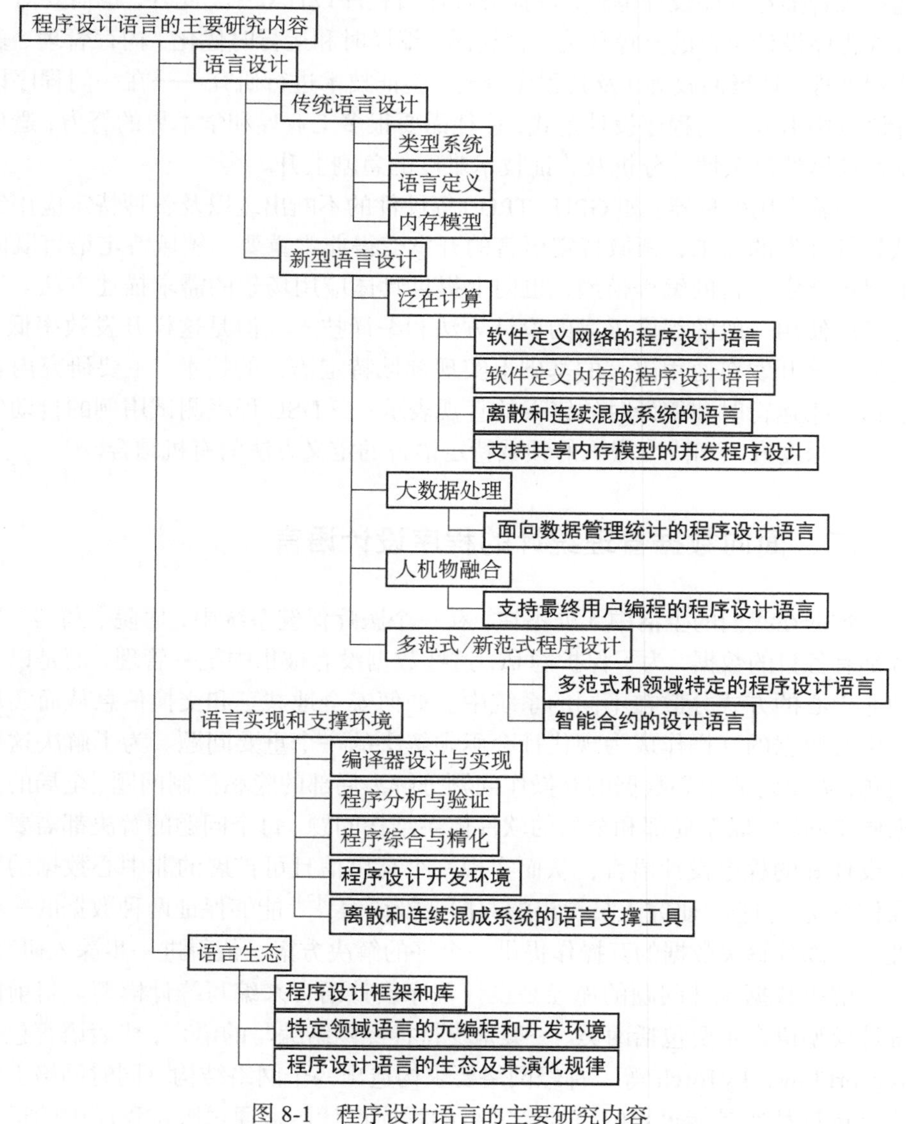

图 8-1 程序设计语言的主要研究内容

一、多范式和领域特定的程序设计语言

主流程序设计语言都支持多种程序设计范式。一方面，需要研究如何设计程序设计语言所支持的范式乃至于库、编程框架等，以助于程序员更便捷地编写大型应用程序。另一方面，需要研究如何根据程序员能力或者开发任务自动选择或者推荐程序设计范式，以提升程序员程序设计效率。此外，也需要对多范式程序设计语言的支撑环境（含编译、编译时和运行时优化、内存管理、多线程处理、垃圾回收等）及其程序分析、验证技术进行研究——在一门程序设计语言中引入新的程序设计范式，往往需要很多工业界和学术界的努力，避免支撑环境的复杂性、分析及验证技术难度的急剧上升。

随着专用处理器（如 GPU、TPU）等硬件的不断出现以及各种特定应用领域软件开发的需求，领域特定语言的开发变得非常重要。领域特定语言既向下提供特定平台的编程模型，也向上提供具体应用场景的需求描述方法。尽管可以使用一般的程序语言的设计方法和编译技术，但是这样开发效率低。我们应该开发在通用语言的基础上实现领域特定语言的技术。主要研究内容包括：①运行时和编译时的错误的直观表示；②DSL 程序测试用例的自动生成；③深度嵌入和浅度嵌入的领域特定语言的定义方法的有机结合。

二、面向数据管理统计的程序设计语言

数据在我们的生活中无处不在。在一个医疗保健系统中，医院、药房、患者都有各自的数据，为了保护隐私，这些数据没有被集中统一管理，而是以一种非中心的方式分散在不同的系统中。如何安全地共享和交换信息从而实现非中心数据的互操作成为现代社会亟须解决的一个重要问题。为了解决这个问题，需要将非中心数据的互操作问题分解为局部的隐私控制问题、全局的数据同步问题、联系局部和全局的软件体系结构问题。每个问题的解决都需要我们设计好的程序设计语言，从而实现一个高可信且可扩展的非中心数据的互操作系统。目前，研究人员提出的双向变换语言[174]能够保证两种数据的一致性，为部分解决数据的互操作提供一个好的解决方案，值得进一步深入研究。

解决数据统计问题的途径是设计程序设计语言来编写统计模型。目前的统计模型语言主要包括两类。一类是支持神经网络编写的语言，代表语言包括 TensorFlow、PyTorch 等。神经网络要求构造出一个网络结构，同时网络上的所有运算都要是能求导的。神经网络的程序设计语言通过限定程序中的运算

必须是由可求导的操作构成来保证网络是可以求导的，并利用微积分中的求导算法自动求导来完成网络的训练。此外，神经网络语言通常包括大数据分析语言的功能，可以将运算分配到多个 CPU 或者多台计算机上，应对大数据程序的运算量要求。另一类是概率程序设计语言，代表语言包括 Stan[175]、PyMC 等。概率程序设计语言主要用于编写一个概率模型，包括随机变量、随机变量的分布和相互关系等，允许程序员指定一些模型上的观察值，通过贝叶斯统计来对模型其他部分的随机变量计算后验分布。概率程序设计语言通常提供一系列分析算法和采样算法用于求解和近似求解模型，同时部分语言也提供并行计算能力，以支持用于在大型机/集群系统上快速求解。

三、面向软件定义网络的程序设计语言

传统网络设施的网络协议都固定在芯片中，一旦制造出来就不可能支持新的网络协议。为了解决这个问题，软件定义的网络设备把控制器制作成可以程序设计的开关电路，允许通过软件控制开关来实现不同的协议。最基础的软件定义网络程序设计语言是 Openflow，该语言用于直接控制网络硬件中的开关。由于直接程序设计控制开关较困难，研究人员又进一步提出高层的程序设计语言，其代表语言为 NetKat 语言[176]和 P4 语言[177]。NetKat 语言主要从控制角度看待网络协议，允许程序员采用类似普通函数语言的方式来声明函数和函数的组合，然后该语言的编译器负责将这种高层声明转换成 Openflow 上的开关控制；P4 语言主要从数据角度看待网络协议，通过数据格式和对应数据项上的操作来描述网络协议。然而，程序设计人员在编写应用时仍需要使用一组与新型硬件相关的库函数，这极大地影响了既有系统在新型硬件上的运行或者迁移。这里值得关注的研究内容包括：①定义高层次的、具有更强表达能力的网络定义语言；②通过修改底层支撑环境（包含操作系统、编译器、执行引擎、库等），支持既有系统在编译或者执行过程中，主动支持新型硬件的使用。

四、离散和连续混成系统的语言和工具

混成系统是由离散和连续的多个子系统组合而成的模型。尽管近年来已有很多处理混成系统的语言和系统工具，但是每个语言和工具对环境做出不同的假设，导致混成系统难以在不同的语言和工具之间共享信息。因此，需要

解决混成系统中各个子系统的一致性问题，从而最大限度地利用现有的语言和工具。主要研究内容包括：①审阅和比较现有混成系统语言和工具的语义、表达能力和数学机制，发掘它们的差异；②设计一种语义感知的交换格式，便于描述不同语言间的语义变换（交叉语义）；③设计一个描述混成系统的统一的描述语言并开发相应的实现和验证技术。

五、支持共享内存模型的并发程序设计

由于处理器和编译器对程序的优化，大多数处理器和程序设计语言（如C++或 Java）无法提供理想化的顺序一致性（sequential consistency）内存模型。近年来，对内存一致性模型的形式化定义成为研究的热点，包括对处理器（如x86、ARM、Power 等）和并发程序设计语言（如 C++和 Java 等）的内存模型的设计与实现等。然而，现有程序设计语言的内存模型仍然存在较多问题。Java 和 C++的内存模型仍然过于复杂，且允许程序产生违背直观的行为，特别是与程序逻辑完全无关的行为（即 out-of-thin-air 行为，OOTA 行为）。因此，这些内存模型还有待改进。另外，经典的并发验证逻辑和既有分析、测试、验证工具无法直接应用于弱内存模型程序，需要新的理论和工具支持。针对以上不足，需要解决以下问题：①改良现有的程序设计语言中的内存模型，避免内存模型中的 OOTA 行为；②基于改良后的内存模型，给出新型的并发程序验证、分析、测试的技术，保证弱内存模型下的并发程序编译及执行的正确性。

六、智能合约的设计语言和开发环境

智能合约是一种以信息化方式传播、验证或执行合同的计算机协议，允许在没有第三方的情况下进行可信合约的签订。智能合约实质上是一种代码合约和算法合同，将成为未来数字社会的基础技术。他的主要研究内容包括：①设计易于开发智能合约的程序设计语言；②研究规模化智能合约的自动生成技术；③研究适合于智能合约生命周期的形式化验证框架和验证方法；④实现智能合约的开发环境。

七、支持最终用户编程的程序设计语言

最终用户程序设计主要涉及两条研究路线。一条路线是从教育的角度出

发，将现有程序设计语言中的概念用更简单直观的图形化方式表达出来，使没有学过程序设计的人也能很快熟悉和掌握。研究内容包括：①设计一组被最终用户所能接受和使用的语言构造，并通过相关支撑环境实现将用户设计的程序“编译”为可以被具体执行的程序；②研究提升此类程序设计语言的表达及容错能力的方法。最终用户程序设计的另一条路线是针对特定领域让用户用最自然的方式表达需求，同时用程序综合的方式来完成程序的构造[178]。主要内容包括：①研究适用于不同应用场景和不同用户级别的需求表达方式；②研究将这些需求自动转换成程序的方法。

最终用户程序设计的一个重要应用领域是应对面向人机物融合的大趋势，为最终用户提供控制网络上设备的编程方式。目前，在这个方向上已经有一些典型的应用，包括为智能家居的物联网设备编程。例如，物联网编程语言 IFTTT 采用 IF 语句作为基础编程单元，主要表达不同条件满足时设备应该采用的动作。很多主流的智能家居企业（如小米、华为）都采用这种编程模型。但目前编程模型的能力还有较大局限性，一些需求无法完全表达；同时在程序变得比较复杂时，基于 IFTTT 的编程方式也容易带来预期之外的交互，引起较难调试的问题。

八、程序设计框架和开发环境

程序设计语言与编程环境、程序设计框架、程序设计工具需要协同发展。近几十年来程序设计的努力主要体现在框架及工具等方面。例如，.NET Framework 中有超过一万个类及十万个方法，现有的编译器和解释器之间的界限越来越模糊。类似地，现在的集成开发环境包含无数强大的功能，如语法提示、重构、调试器等。上述程序设计框架、工具等支撑着高层语言的普及和使用。因此，需要设计与开发与程序设计语言相匹配的程序设计框架和程序设计环境，支撑多范式程序设计，并集成程序搜索、推荐、自动修复等功能，以支持程序员轻易地开发出更强大的应用[179]。

九、特定领域语言的元编程和开发环境

程序设计语言方面的一个研究内容是构建支持特定领域语言的定义和实现的开发环境。这个环境需支持高效而正确地设计和实现众多的领域特定语言，抓住不同领域的计算特征，便于领域专家使用。同时，为了高效组合不同

领域的计算特征，需要构建“面向语言”的程序设计环境。面向语言的程序设计明确鼓励开发人员构建自己的领域特定语言，或者将具有特定领域概念的现有语言作为方法的一部分进行扩展。利用这个环境，程序员在软件开发时不是只使用一种语言，而是使用最适合每项任务的语言，然后将它们有机组合在一起。例如，元编程系统（meta programming system，MPS）等语言工作台是面向语言方法的重要组成部分。使用 MPS，可以为任何新语言定义编辑器，使领域特定语言的使用更简便。即使是不熟悉传统程序设计的领域专家，也可以在 MPS 中使用领域特定语言。

十、程序设计语言的生态及其演化规律

程序设计语言的流行与发展，离不开其生态的繁荣与发展。程序设计语言的生态是围绕各种程序设计语言，为了支持语言标准化、使用及扩展所形成的语言设施（包括语言标准、集成开发环境、编译器、虚拟机、标准库、扩展功能支持库等）、语言涉众（包含语言的学习者、使用者、维护者、标准委员会和用户社区等）和知识体系（帮助文档和知识库、资源下载网站、教程和培训等），以及在此基础上形成的相互依赖和相互作用的网络。生态提供了对程序设计语言更广泛的支持。然而，针对程序设计语言生态的研究还不多。仍需要对程序设计语言生态进行大量研究，研究如何定义/描述一个程序设计语言及其生态系统，以及研究如何将一个既有项目从一个语言生态迁移至另一个语言生态等。此外，需要分析生态系统的利益相关者及生态中蕴含的海量知识/数据等，以更好地发现程序设计语言与生态、利益相关者的伴生、共同演化与发展的规律。

由于工业界、研究者的努力，程序设计语言将处于持续演化中，主要演化方向是使语言变得更简单、更完善、更强大、更安全、更易学和使用。然而，仍需要进一步探索程序设计语言的演化规律，理解、分析并利用程序设计语言演化的驱动力，探索可能的演化方向，推动程序设计语言进一步发展。首先，需要归纳、总结程序设计语言中出现的、程序设计人员更主动采纳的新特性、新机制。例如，如何设计一系列“语法糖”（syntactic sugar），帮助程序设计人员更便捷地书写程序；如何从语言角度设计模板，使模板的编写变得更简单和容易理解；如何使程序员更容易使用容器和算法，且更容易组合算法等；如何通过语言来简化异步程序的编写等。此外，程序设计语言的演化，也会导致支撑环境性能的提升。例如，利用模块以加快编译速度，提供更强大的编译期反

射功能和元数据查询能力，利用即时编译（JIT）编译器以节省解释器的开销等。这里，语言的演化更需要得到编程支撑环境方面的支持。

第三节 本 章 小 结

软件已经成为信息社会的基础设施。如果说软件是信息社会发展的基础，那么程序设计语言就是软件持续发展的基础。在泛在计算的背景下，程序设计语言的挑战问题主要集中于如何建立、描述和实现泛在计算的抽象。泛在计算促使我们探究各式各样的适合某种框架或具有某种特性的领域特定程序设计语言，使其向下能对计算平台进行抽象，向上提供适合不同场景的应用编程接口；研究程序设计语言随着时间和环境的改变而变化的演化和生长机制；探讨基于“语言工程”的软件设计方法和支撑环境等。本章详细地说明了新时代程序设计语言的几个挑战问题，有些问题并不新，但是它们被赋予新的内涵。同时，本章也列出一些本领域的研究热点，希望有更多的科研人员投入程序设计语言及其生态的研究，迎接未来的挑战。

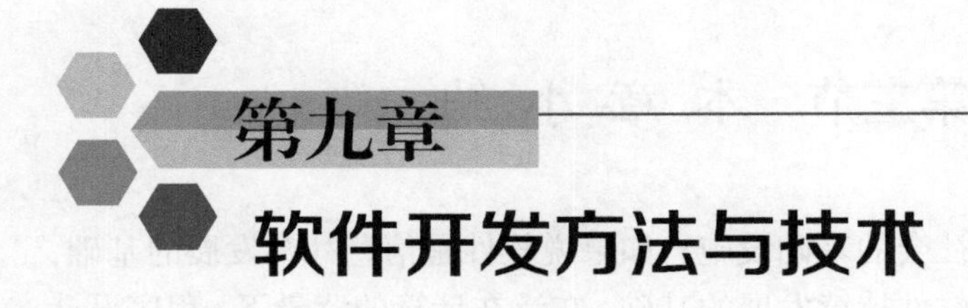

第九章 软件开发方法与技术

软件开发方法与技术是软件学科的核心关注点之一。从宏观上看，其目标一方面是在计算平台上给出满足用户需求的解决方案，另一方面是达到开发效率、质量、成本的最佳平衡。在通常的软件及信息技术体系中，软件开发包括技术、管理、工具等多个方面：技术上包括软件分析、设计、构造、维护和质量保证，关注于如何完成具体的软件开发活动并产出相应的软件制品；管理上包括软件过程模型、开发团队组织和最佳实践，关注软件开发活动的流程和协作管理以及包括人在内的各类资源的组织和运筹等；无论是技术还是管理方面，在解决大规模复杂软件开发问题时都离不开工具的支持和帮助。高效、高质量、低成本地开发和演化软件系统是软件开发方法和技术研究追求的总体目标，在这个总体目标指引下，在不断出现的、新的应用需求的牵引下，软件开发方法和技术研究不断面临新的挑战。

在“软件定义一切”的时代背景下，尽管软件开发方法与技术的目标宏观上依然不变，但是软件的需求空间被进一步大幅度扩展，人机物融合的需求场景和运行环境更进一步增大软件系统的规模和复杂性，导致软件开发和演化的成本随之急剧上升，从而产生提高软件开发和演化自动化程度的迫切需求。另外，软件开发和演化的外在条件随着需求和技术发展不断发生变化，新的问题不断涌现，不断扩展软件自动化方法和技术的研究空间。

人是软件开发成败的决定因素，认知空间中人们长期的积累与计算平台的发展，使软件开发的社会化和智能化成为必然方向，也为软件开发中人与计算/机器平台的新型关系的建立提出挑战。网络化、数据化、可视化、虚拟化将改变人在软件开发中的工作方式、合作方式和组织方式，催生出软件开发的各种新方式，包括软件开发终端化和普及化、群体智能化开发与生态化平台等。建立新的开发方式以有效适应人机融合的软件生态发展，将是软件开发和平台的未来机遇。

软件作为人工逻辑制品，其开发属于认知空间范畴，本质上是问题空间、解空间和平台空间之间的转换和映射。随着问题空间和平台空间的泛在化和持续变化，未来软件形态也呈现出泛在性、适应性、演化性、不确定性。特别是，复杂多样的不确定性成为软件的固有本质特征，控制而不是消除不确定性使软件的持续演化和成长成为必然挑战。与传统软件开发相比较，软件的不确定性控制和处理难以在设计时完成。除了面向应用空间，软件开发的设计时与运行时融合要求认知空间与平台空间的协作乃至一体化成为一个趋势。近来的开发运维一体化已经有了一个良好的开端。

面向动态变化场景的人机物融合复杂系统，软件开发面临的首要挑战是融合人机物三元资源、以建模为核心的软件定义方法和技术。我们需要构建人机物三元资源及其行为的抽象、观察和度量的新模型及方法，研究基于软件定义方法的元级控制和数据赋能机理，使得软件开发方式（包括设计、构造和保障）从实体建模为主走向实体加连接，从分而治之走向群体智能聚合，从而有效驾驭各类软件复杂性。

第一节　重大挑战问题

在人机物融合应用场景需求牵引下，软件开发方法和技术研究面临的重大挑战问题主要包括复杂场景分析与建模、群体智能开发、人机协作编程和开发运维一体化。

一、复杂场景分析与建模

人机物融合计算场景的需求在我们的日常生活中已经存在，大到智慧国家、智慧城市，小到网络家电、汽车引擎智能网络控制系统，对这类计算场景的分析和建模存在许多挑战[180-182]，其中主要的挑战包括如下几个方面。

（一）与日俱增的规模与复杂度

1. 系统的大小和复杂性显著增加

从已经出现的支撑人机物融合计算场景的系统来看，其系统的大小和复杂性显著增加。例如，现代汽车中基于软件的功能在不断地持续增加[183]。2007年时的经典高端轿车包含大约 270 个与驾驶员互动的软件实现的功能，而最新的高端轿车包含超过 500 个这样的功能。轿车软件的规模也在大幅增长。2007 年时的高端轿车的二进制代码量约为 66 兆字节，而现在这类轿车则含超过 1000 兆字节的二进制代码。随着软件支持的功能的数量和规模的增加，复杂性也随之增加。这些基于软件的功能要求各个子系统，如刹车系统、发动机管理系统、驾驶辅助系统等，具备更细粒度的功能，以及子系统之间密集的交互，因此整个系统的复杂性大大增加，对系统的分析和建模需要从方法和技术上得到全面提升。

2. 软件与硬件、软件与人的交互的紧密性和持续性

除了功能数量和规模的提升，对软件分析和建模方法的挑战还来自软件与硬件、软件与人的交互的紧密性和持续性。首先，软硬件协同分析和建模成为必需。这类系统的发展大部分是由先进硬件技术驱动的，集成电路的成本、尺寸和能耗的显著降低，以及各类嵌入集成电路的、带计算能力的设备的不断增加，使得人们能像调用软件一样灵活地调用设备。其次，在硬件设备中嵌入软件能力，又为许多设备提供新颖的功能，如家用电器的网络连接等。这种趋势和挑战要求采用系统的方法来设计具有大量计算节点的大型网络化系统。通过网络将大量物理设备连接起来，并对这些数量庞大的设备进行实时数据采集，产生了大量的数据。这些数据呈指数级增长，并进行彼此间的信息交互，形成复杂的网络。这些数据的处理促进新软件的诞生，系统规模日益增大。在这样一个广泛嵌入各种感知与控制智能设备的物理世界场景下，系统能够全面地感知环境信息，并智能地为人类提供各种便捷的服务。

3. 纳入人的行为分析和建模也成为必需

在系统分析和建模中，纳入人的行为分析和建模也成为必需，因为人的日常生活将和这些大型网络化系统紧密地联系在一起。例如，目前全球已经大约有 40 亿人连入互联网，每个人都在智能终端、个人电脑上使用各种各样的软件，发微博、发微信，全球每天会有 2.88 万小时的视频上传到 YouTube，会有

上千万条信息上传到 Twitter，会在亚马逊产生上百万笔订单……这些数据都是由人和系统的持续交互产生的结果，人的行为和意图将成为系统分析和建模的重要关注点。

（二）开放和不确定环境

传统软件分析和建模方法通常假设软件的工作环境就是设计环境。但人机物融合计算场景与其不同，软件系统将运行在开放和不确定环境中。例如，在未来的大规模且无处不在的城市计算系统中，系统将能获取大量的异构数据。这些异构数据由城市空间中的各类数据采集器从各种数据源中获得，需要集成到软件系统设计中进行统一分析，并构建有价值的应用。再如，通过气象传感器收集温度、湿度和风向等信息，软件系统可以预测热岛效应并给出应对措施。软件系统可以帮助维护旧的高速公路或道路，并通过部署在旧建筑中的传感器检测旧建筑的安全参数，预测危险。软件系统还可以通过感知人类的生命体征，帮助提供紧急医疗服务和监测慢性病。在所有这些人机物融合计算场景下，软件的交互环境都是动态的，并且可以观察到其不确定性。有很多证据表明，在人机物融合计算场景中，软件的交互环境也是开放的。例如，许多移动电话、掌上电脑、个人电脑、配备射频识别的商品等都通过不同规模的网络联网，并自主进行动态加入或者移除。可用设备的不断更新，又促使系统提供新服务或移除不再有效或已被取代的服务，利用网络环境提供新的服务。这些更新后的服务是软件系统设计时不可能预见的。因此，建立在不断变化的服务空间上的人机物融合系统的环境永远不会是封闭的，而是开放的。总之，运行环境的开放性、变化性和不确定性，需要从方法学和技术层面进行支撑。

（三）情境感知和适应性

除了复杂度和不确定性带来的挑战，新算法、新技术引入的系统能力，也是人机物融合计算场景对软件系统分析和建模的挑战。例如，与手机和全球定位系统位置设备耦合的电子导航系统，以及执行从交通冲突检测到自动间隔和车道跟踪任务的自动装置，正逐步被辅助驾驶软件系统所采用。这些新的能力使软件系统与物理环境能更加融合，使软件系统能够了解周围的整体情况，从而做出更好的在线决策。新技术和新能力的引入使软件系统常常要在与其设计时明显不同的条件下运行。执行时，交互和运行情境的动态变化是一个重要特征，软件系统不仅要能够适应各种交互和运行环境的变化，还应能够在遇到变化时继续可靠地执行，需要广泛的适应性[184]。软件系统的分析和建模需要考虑在线决策的能力。这种能力所要求的不仅是简单认识环境状态，还高度依赖于情境感知能力，支持对环境状态的不断演变的认识。

（四）创新使能的需求演化性

人机物融合计算场景下，软件系统分析和建模的困难还来自当前的需求相关者（即领域专家、最终用户和客户）无法提供完整和正确的能力要求。许多创新应用，如微信、在线购物等一些受大众欢迎的应用程序，都是由技术的发展和产品设计师的创新思维驱动的，而不是最初的需求相关者所要求的。信息技术飞速发展的时代，领域专家和最终用户无法提出超出想象的技术发展，不能预测技术的发展趋势。因此，如何在软件系统分析和建模方法中支持创新需求的引入，或提供对创新需求的包容手段，是一个重要的挑战。

（五）系统内生安全性

对人机物融合系统而言，安全和隐私保护是第一要务。首先不容置疑的是系统安全性。系统在和人与物理环境直接交互的过程中，需要保护人身安全和其交互环境，不施加具有破坏性的操作，避免交互环境受到损失。其次，由于其直接和人打交道，采集和分享人的信息，使得系统的隐私保护成为计算系统需要强制执行的法律，欧盟、美国等都出台了个人隐私数据或网络隐私保护法，中国也即将出台个人信息保护法。与开发功能性需求是申明系统要做什么不同，使人机物融合系统具有内生的安全性和遵循隐私保护法的系统需求开发的难点和挑战是回答以下几个问题：如何避免在系统操作回路中/上的人的安全隐患；如何避免系统可能对交互环境造成的伤害/破坏；如何避免不在系统操作回路上存在人的安全隐患；如何避免泄露不在系统操作回路上的人的隐私等。

（六）计算与控制的交互与融合

人机物融合场景下，大量系统不再是单纯等待外界输入后做简单响应。在以轨道交通、航空航天、医疗卫生、工业控制等为代表的核心系统软件中，相关系统行为都包含连续实时计算与离散决策控制之间的交互与融合。以列控系统为例。列车运行中相关运行参数物理量，如车速、位置、外界风速、轨道坡度等，取值在连续变化。基于这些运行参数取值的实时监控与预测计算，列控系统会在各运行模式间切换，如加速、减速等。然而，列车不同的运行模式也会导致这些物理量的变化规律发生改变。在这类情况下，系统的连续计算和离散控制两种行为相互依赖、相互影响、彼此互为依存、息息相关。因此，如何在开放环境下准确构建系统离散与连续交织行为模型成为重要挑战。

二、群体智能开发

互联网技术的发展，使得人类群体打破物理时空限制开展大规模协作成为可能。新型编程技术（包括新型高级编程语言、智能化编程工具和技术等）的出现则降低了编程开发的参与门槛。软件开发从一个纯粹的生产性活动演变为一个涉及多种要素紧密关联的社会性活动，软件也从相对独立的产品演变为多种元素相互依赖、持续演化的生态。在软件生态系统中，作为软件开发活动的关键要素，“人”在其中发生了显著变化：参与者规模的变化——软件开发活动的参与者规模由过去的公司/组织内部封闭环境下的数百至数万人，演变为软件生态系统中开放环境下通过互联网连接的数万甚至数十万人；参与者群体类型的变化——软件开发活动的参与者由过去的主要是开发者，演变为软件生态系统中开发者、用户、管理者、投资人等多种不同类型的群体深度参与，共同驱动软件生态系统的发展演化；参与者个体多重角色的变化——软件开发活动中参与个体的角色从单纯的软件开发者或使用者等单一角色，演变为软件生态系统的参与者和推动者等多重角色，每个参与个体都成为软件生态中的组成部分，与软件生态共同成长演化[183]。

群体智能开发是一种通过互联网连接和汇聚大规模群体智能、实现高效率高质量软件开发的群体化方法，主要包括微观个体的激发、宏观群体的协作、全局群体智能的汇聚以及持续的成长演化等不同维度。在生态观下，软件开发的关注点从“人在系统外”的软件系统构建发展为“人在回路中”的软件生态构建。开源软件、软件众包以及应用市场等作为群体智能开发的原始形态快速发展，释放出不同于传统软件开发模式的强大生产力，展现了群体智能开发所蕴含的巨大潜力[185]。但是，如何高效激发和稳态汇聚大规模群体智能，确保群体智能在软件开发活动中可控形成和重复出现，构建持续健康演化的软件生态，是群体智能开发面临的核心挑战。

（一）自主个体的持续激发和大规模群体的高效协作

互联网技术的快速发展，打破了传统软件开发面临的时间和空间的局限，为大规模群体的连接和协作提供坚实的基础。在开源、众包和应用市场中，采用社区声誉、物质回报等多种机制来激励群体参与，并采用合作、竞争和对抗等模式开展群体协作，取得一定的进展。但是，在互联网环境下的群体智能开发中，参与的每一个个体都具有高度的行为自主性和不可预测性。因此，基于人类群体智能的软件开发不仅仅是一种技术问题，更是一个心理、社会、经济等多种属性交织作用的复杂问题，如何有效激发每一个参与个体进行持续高质量的贡献成为一个重要的研究问题。另外，大规模多样化群体的开放参与带来巨大的沟通交互开销，如何有效组织大规模参与群体开展高效协作共同完成复杂软件开发任务，则是群体智能开发面临的另一个重大挑战。

（二）群体智能任务的度量分解与群体智能贡献的汇聚融合

软件开发本身是一项创作与生产深度融合的活动，具有很强的开放性和灵活性。在面对一个具有更强不确定性和差异性的大规模群体时，如何将一个复杂的软件开发任务分解成一组简单任务，并建立起开发任务与参与个体的最优适配，实现个体智能的最大释放？此外，开放参与下的软件开发具有群体贡献碎片化、群体智能结果不可预期性等特点，如何量化度量群体智能贡献的质量和价值、构建有效的群体智能贡献迭代精化闭环、实现多源碎片化群体智能贡献的可信传播与汇聚收敛，形成高效群体智能涌现？这些都是有待深入研究的问题。

（三）群体智能开发生态的认知度量和成长演化

在群体智能开发中，参与者群体、代码与社区等多种要素共同形成一个持续发展的生态，并在个体激发和群体智能融合基础上，通过评估和反馈推动生态持续成长演化。在此环境下，软件开发关注点不再仅仅是孤立的、静止的参与者个体或者代码，更需要从“联系”的、“发展”的视角去分析和认识整个群体智能生态。这里面临以下两个方面的挑战：一是如何认知和计量软件开发中的群体智能。群体智能激发和汇聚是形成群体智能开发生态的关键，如何深入理解和认识群体智能激发汇聚和本质，并从激发和汇聚的角度建立群体智能的效能评估方法和评测指标，从而为群体智能开发的成长演化提供评价准则和度量体系？二是如何推动群体智能生态的持续成长演化。群体智能生态中各个要素相互依赖、紧密交互，如何建立多元高效的主动反馈机制，在基于群体智能度量体系对群体智能过程开展量化度量的基础上对参与群体进行实时反馈和持续引导，驱动群体智能生态的正向演化？

三、人机协作编程

在现有的软件开发活动中，几乎每一行程序（高级语言编写的代码）都需要程序员手工编写。随着对软件的需求进一步增长，以及软件复杂度进一步提升，这种几乎全手工的编程方式将成为制约计算机行业发展的瓶颈。只有大幅度提升机器编程的占比，并将程序员的主要工作更多地放在少数对创造性具有极高要求的活动上，才能够突破这一瓶颈。因此，需要将程序员统领开发环境完成编程任务的模式转变为程序员与机器各司其职又相互协作完成编程任务的模式。实现人机协作编程的挑战主要来自两个方面：①如何提升机器编程的能力；②如何实现人机无障碍协作。

提升机器编程的能力是实现人机协作编程的基础，软件自动化是提升机器编程能力的主要技术手段。人们对软件自动化的探索几乎是伴随着软件的出现而开始的。由于早期的软件开发（编程）是异常烦琐易错的工作，人们很早就开始考虑将编程中机械性的工作交给机器完成。然而，软件自动化也一直没有完全达到人们的期望，导致软件开发长期属于严重依赖开发人员个人能力的活动。传统的软件自动化技术以严格的规约作为输入，通过机器将规约翻译成程序代码或者通过搜索技术找到符合规约的程序代码：前者的典型代表是编译器，也是软件自动化方面到目前为止最为成功的尝试，但随着抽象层次的提高，人们发现很难通过固定的规则完成所有可能的翻译；后者的典型代表是程序合成，但由于程序空间过于庞大，目前能够通过搜索获得程序通常仅限于规模很小的程序。近年来，随着数据的广泛积累，数据驱动的方式在很多领域取得前所未有的成功。类似地，长期累积的海量代码数据为软件自动化带来新的可能性，为提升机器编程能力带来新的希望[186]。数据驱动的软件自动化可以利用已有代码数据中总结出来的规律指导搜索，从而提升程序合成的效率。同时，这种不依赖严格推理的模式又易于处理半形式化甚至非形式化的规约，从而扩大软件自动化技术的适用范围。由于程序空间是无限空间，已有程序代码在整个空间里仍然很稀疏，而程序代码又受问题领域、技术进步、开发者习惯的影响展现出很强的异质性，如何从已有程序代码总结规律存在巨大的挑战。

与人工编程相比，机器编程的优势在于机器编程可以利用计算机的强大计算能力，劣势在于机器编程主要从已有代码中学习，缺乏有效处理边角信息的能力，因此高效的人机协作将能更好地发挥两者的优势。支持高效人机互动的开发环境一直是软件工程关注的重点之一。最早的开发环境只是一系列工具的简单堆叠，真正意义上的开发环境是在 20 世纪 80 年代以后发展起来的。这类开发环境的主要特点在于，开发者是整个开发环境的主导，开发环境是开发者的操控台和延伸。进入 21 世纪，开发环境有两个新的发展趋势：①开发环境中开始出现一些智能服务（如代码推荐等），虽然能够进入主流开发环境的智能服务仍十分有限，但学术界研究的智能工具多以开发环境的插件形式展现；②开发环境开始支持开发者间的交互，虽然这与开发者间远程协作需求的增长有关（本地协作中开发者可以进行面对面的交流），但却为探索多开发者协同提供有益尝试。为了满足人机协作编程的需要，开发环境需要应对以下两个方面的挑战：①建立开发者对机器编程的信任关系，即在开发者主导的环境中开发者更多依赖自己的主观判断，但在人机协作环境中开发者完全可控的范围缩小将更依赖机器编程，如果开发者不能确信机器编程能否完成特定任务，就会严重影响开发效率；②实现人机多渠道交互，即现有开发环境中的人机交互以及开发者间的交互方式主要以文本方式进行，而人类通常习惯同时以多种方式进行交流，这样才能更好地激发开发者的创造力。

四、开发运维一体化

软件开发是人类的一项高复杂度的集体智力活动，其现实问题的复杂度反映到开发中主要表现为架构、过程、技术和组织四个维度上的复杂度。它们往往紧密地交织纠缠在一起并相互转化。软件工程在这四个维度上的发展趋势，即架构逐渐去中心化，技术趋于平台化、自动化和虚拟化，过程趋于增量和迭代，组织趋于小而自治，DevOps 集中体现了这些发展趋势的高阶形态。随着互联网化和服务化的高度发展及走向成熟，未来的软件更加需要具备持续（continuous）的特征[187]。这种持续性将覆盖从商业策划、开发到运维以及演化的所有环节，使得未来软件系统像具有生命一般：在持续稳定提供服务的同时，软件系统的边界、发展走向等不再固化，而是始终处在不断变化和适应之中。持续性与上述的架构、过程、技术与组织四个维度的复杂性交织在一起，再叠加性能、安全等质量要求和实效性要求等，使得未来的软件系统的开发和运维面临诸多的挑战，这就需要我们在原则、方法、实践以及工具层面都要做好充分的应对。

（一）构建按需（on-demand）的基础设施

作为 DevOps 产生的技术和平台基础，基础设施（infrastructure）可能是未来 DevOps 能够发挥更大作用的关键环节。然而，如何匹配软件系统运行需求（或者企业需求）来构建适用的基础设施一直是需要重点关注的话题。值得关注的几个挑战包括：①混合云，即为了更好地适应各种业务场景，混合云是一种合理的选择，但是由此带来的异构、安全、可扩展等方面的挑战不容忽视；②边缘计算，即为了尽可能减少数据传输代价，就近提供计算服务是一种选择，但是这会大大增加基础设施的复杂程度，带来软件系统部署和维护方面的巨大挑战；③基础设施自动化和智能化，即提供自动化和智能化类的处理流程来进行基础设施的管理和维护。现有信息技术基础设施和环境往往已经足够复杂，同时也缺乏跨系统、平台以及流程的可见性，叠加基础设施、运行其上的软件系统和业务往往都是紧耦合的，这些因素都给自动化和智能化带来巨大挑战。此外，为基础设施注入内建安全机制等也都是未来支撑 DevOps 发展的信息技术基础设施亟待解决的挑战。

（二）搭建智能化流水线

DevOps 持续高效高质量的交付有赖于高度自动化支持工具的支持，自动化也是获得快速反馈的关键。鉴于 DevOps 自动化支持工具涉及多个阶段，种类繁多，数量上已达数千种，从诸多关系复杂的工具中理解和选择合适的工具集合来搭建流水线对 DevOps 实践者来讲至关重要，但也非常具有挑战性。未来，部分重要的基础性工具将向少数较成熟的工具收敛（如在持续构建、自动化部署、服务治理等方面），但是，更多的 DevOps 的自动化支持工具将向更加专业化方向发展，即构建的流水线往往面向特定应用领域（如金融行业对安全性和合规性有着极高要求）或包含其他专业组建（如人工智能、大数据等），因此如果提供开箱即用的工具链方案，帮助企业选择并定制适合其业务的 DevOps 工具链是一个巨大的挑战。此外，随着软件项目的持续进展，DevOps 流水线会产生大量的数据，如工具链自身产生的数据、在研软件系统在验证过程中产生的数据以及 DevOps 项目执行产生的数据等。如何将流程与数据两个维度打通，提供以 DevOps 流水线为基础的 DevOps 协作平台，进而提升其智能化水平，在此基础上提升 DevOps 实践的效率和质量，同样也是为支持前文所述的持续性，从工具链和生产环境角度需要解决的重大挑战之一。

（三）微服务化架构演化策略和评估手段

微服务化是支持前文提及的持续性要求的必备条件。软件系统的微服务化要求软件系统的各个模块或服务间的耦合进一步降低，从而在新版本发布或者部分服务出现问题时不会影响系统其他部分。企业系统架构的微服务化以更好地支持 DevOps 已成为行业共识和趋势，但在演化过程中却面临诸多挑战[188]。首先，如何进行合理的服务划分，即将软件系统拆分成多个独立自治且协同合作的服务，是微服务应用实现敏捷、灵活和高可扩展的先决条件，也是微服务领域的一项严峻挑战。其次，虽然服务拆分为开发和维护提供诸多便利，但服务数量的增加也带来系统整体测试复杂度的增长。例如，当采用微服务架构之后，系统对远程依赖项的依赖较多，而对进程内组件的依赖较少，因此测试策略和测试环境需要适应这种变化。微服务化的系统不仅需要保证组件内部的正确性，还需要通过契约测试等保证组件间通信和交互的正确性，使得众多微服务能够真正实现协同工作。相应地，微服务联调、日志分析与故障定位、自动化监控告警与治理策略等是当前以及未来较长时间内的研究中需要探索的迫切问题。此外，缺乏普遍适用的架构演化评估手段也是当前面临的挑战。微服务架构并不一定适合所有的企业情况，因此在演化过程中，应该通过哪些角度去判断架构拆分的效果？如何建立这些角度与业务需求之间的对应关系？如何度量微服务拆分效果并及时给出建议（包括补充替代的架构形式）等方面都存在若干亟须解决的问题。

（四）DevOps 高频交付带来的质量和安全问题

质量和安全一直都不是新问题。然而，在 DevOps 语境下，在高水平自动化支持下的快速高频交付是维系持续性的基础，同时也使传统的质量和安全问题有了新的含义和内容[189]。例如，通过各类工具来实现自动化验证和确认是 DevOps 实践中的不二选择。然而，现有工具在发现并消除缺陷和隐患的效率及效能方面并不完全令人满意，在快节奏和高度自动化的交付过程中，以往的交叉检验和人工分析等质量手段往往也被略去，不可避免地增加了很多质量风险。大量研究和实践表明，DevOps 和 Security 合规往往在实践中处于天然对立关系。这种对立不是通过“构造”DevSecOps 一个词语能解决的。如何协调上述对立是一个棘手问题。其次，现代软件系统的弱点（vulnerability）往往有多种来源和根本原因，如来自上述基础设施的安全威胁、DevOps 的快节奏所导致的各种妥协、质量缺陷、大量第三方组件的安全威胁、自动化运维中的安全隐患、企业文化（流程、人员技能和意识等）导致的安全疏漏等。百密一疏，尽管有一些工具、方法以及实践可以在一定程度上缓解上述各种威胁带来的压力，但显然在效果和效率方面还有一些不足。从这个意义上说，退而求其次的方式是采取事后方式——通过监控系统运行过程尤其是通过分析系统异常来辅助发现安全风险。但是，这种方式还有两大急需解决的难题，即如何产生可靠的高质量运行相关的数据（如日志信息）以及如何应用先进的技术[如大数据、人工智能（artificial intelligence，AI）技术等]提升对数据的利用效率和分析数据发现质量与安全性风险的能力。

（五）智能化运维

作为 DevOps 中的 Ops 一端，运维的重要性越来越突显。工业界已经开始实践智能化运维（AIOps）技术以有效降低运维成本，提高运维效率和质量。我们注意到，随着各类人工智能技术和方法的迅速发展，智能化运维尽管已经有了较坚实的基础，但是其有效实施却直接依赖于软件系统或者服务的运行时产生的各类数据和信息的质量。目前智能化运维主要提供一些相对简单的标准化日志信息的捕获、分析和决策。同时，当前的 AIOps 主要关注在运维一侧，尚未有效形成运维-开发的反馈闭环，以支持开发团队高效应对运维变化的新需求。此外，智能化运维依赖的各类数据和信息也都有各自缺点：日志数据的产生主要依赖于程序员的个人经验，实践中往往日志实践开展的质量很差，导致大部分日志文件中充斥着毫无价值的垃圾信息，难以支持对软件行为的有效捕获；指标数据则是一种隔靴搔痒的环境数据，对错误定位的支持非常有限；跟踪路径数据会在瞬间产生巨量数据，导致完全无法分析。因此，如何充分使用这三类数据，在更加精细的力度上捕获软件应用或者服务的行为，进而提供更加准确的信息供分析，是智能化运维需要解决的关键问题。

（六）支撑 DevOps 规模化的组织与管理

DevOps 整合了开发团队与运维团队，使其成为一个整体，使得团队的组织、文化和软件过程都与单纯的开发团队和运维团队有所不同。同时，团队的规模也不可避免地有所增加，降低了团队面对面沟通的效率。DevOps 是受到敏捷软件开发的影响而产生的，天然带有敏捷基因并植根于精益思想。然而，敏捷方法的很多理念和实践并不能天然应用于 DevOps。例如，常规敏捷方式鼓励着眼当前问题的同时通过承担一定程度的技术负债来应对未来的多种可能变化。这种寻求局部最优解的思维方式并不利于打破各个部门之间的壁垒。

又如，在敏捷宣言鼓励之下的"重代码轻文档"工作方式对持续性的维持还是弊大于利，毕竟我们不会轻易终止一款软件系统。另一方面，随着开发和维护的软件系统越来越复杂，其规模也越来越大。在开发运维团队合并后，必然要求团队规模也相应扩大，团队之间的协作和交流也会更加复杂。敏捷社区提出SAFe（scaled agile framework）来支持更大规模的团队，目前已经列入DevOps相关内容。然而，也有很多人批评SAFe过于复杂，违背了敏捷的基本价值观。从这个意义上说，如何在大规模团队中实施DevOps仍将成为未来一段时间研究者和实践者需要解决的问题。

第二节　主要研究内容

面向高效、高质量、低成本开发和演化软件系统的总体目标，软件开发方法和技术的研究范围涵盖新型程序设计与软件方法学、软件自动化技术、软件复用技术、软件自适应与生长技术、复杂软件分析与建模、智能软件开发方法、嵌入式软件开发方法与技术、复杂系统需求分析方法与技术等各个方面。结合应对以上重大挑战问题，主要研究内容将集中在人机物融合场景建模（本节第一部分）、系统自适应需求分析（本节第二部分）、系统内生安全规约获取（本节第三部分）、群体智能软件生态（本节第四部分）、群体智能开发方法（本节第五部分）、群体智能协同演化（本节第六部分）、群体智能软件支撑环境（本节第七部分）、面向机器编程的代码生成（本节第八部分）、面向人机协作的智能开发环境（本节第九部分）、开发过程建模与优化（本节第十部分）、软件系统运行数据管理（本节第十一部分）、安全和可信的开发运维一体化（本节第十二部分）、开发运维一体化的组织与管理（本节第十三部分）、微服务软件体系结构（本节第十四部分）等。

一、人机物融合场景建模

人机物融合的新型泛在系统，以实现人类社会、信息空间和物理世界的互联互通为目标。在这种应用场景中，计算资源高度泛化，系统能力拓展到包括连接、计算、控制、认知、协同和重构等在内的网络化、协同式和适应性的认知、计算和控制一体的综合能力范畴，需要研究以下内容。

（1）人机物融合的计算环境的认知和建模，特别是对各种实现感知、计算、通信、执行、服务等能力的异构资源的认知的建模；

（2）系统研究交互环境的建模理论，包括交互环境静态属性特征和动态行为特征，以及行为约束等多个方面；

（3）针对系统离散、连续行为交织，系统外部运行环境、内部协作关系随时间、任务变化进行实时演变的特性，研究相关复杂行为建模与刻画方法，从而对系统行为进行描述，为后续分析、测试、验证奠定基础；

（4）需要对典型人机物融合场景下泛在应用的本质特征分别予以有效的场景抽象，研究相应的软件定义方法，以凝练人机物融合应用场景的共性，更有效地管理资源，并适应动态多变的应用场景。

二、系统自适应需求分析

在人机物融合应用场景下，需求以及交互环境的动态变化性和不确定性，使系统的自适应性成为关键，软件系统的自适应性需求建模和管理成为热点研究课题，其中包括自适应需求的获取，自适应系统的建模，需求、系统模型和交互环境的在线检测和分析，系统能力在线规划和管理等。针对系统环境的开放性、动态变化性和不确定性等，需要对系统及其交互环境在建模和模型管理方面进行综合型研究，在系统环境建模方法、环境现象感知方法、环境事件推理技术、模型的追踪关系和基于追踪关系的协同演化策略、运行时目标驱动的在线优化和系统功能重配置方法，以及系统自适应性机制的度量和评估方法等方面进行深入研究。

三、系统内生安全规约获取

人机物融合应用场景下，安全作为第一要务是不容置疑的。一方面，需要保护人身安全；另一方面，需要避免损失和破坏环境，加强安全防护。这些已成为系统强制执行的法律。系统内生安全的实现存在两个阶段。第一阶段是安全特征的构造。安全特性不同于系统的其他功能，需要研究：①基于显式环境建模安全关注点分析，支持对安全隐患/环境风险/不合规问题等的识别；②对系统运行时的时空间协同建模，支持混合的行为建模和认知建模以及人类行为模拟，支持从环境行为模型中发现隐含的风险隐患；③离散模型和连续模型的融合方法，支持一体化系统验证，以及人在环路中/上系统，以及支持协作和共享的控制器综合。第二阶段是建立内置的安全规约，需要研究：

①对系统级内置隐私保护和安全控制能力抽象，支持安全能力成为系统可管理的资源；②面向应用场景的可定义的安全能力配置，系统功能和隐私/安全约束的协调，个性化、可动态配置的隐私/安全约束，以及可追溯可审计的隐私保护/安全控制。

四、群体智能软件生态

在群体智能开发中，参与者群体、开发环境、软件任务、软件制品等多种要素相互作用，是持久驱动软件生产力发展的重要引擎。然而，由于软件的复杂性持续增长、开发过程的开放性持续加大，软件生态的形成与演变具有很强的随机性，未能形成有效的生态构建机理与方法。为此需要重点研究：①基于博弈论和社会经济学等理论研究开源生态形成与演化的动力学模型，形成“贡献激发、群智汇聚、人才涌现”的良性循环；②面向软件生态的多模态持续激励机制，突破基于区块链等新型技术的知识产权共享与群体智能激励方法；③软件生态的大规模混源代码溯源技术和演化分析方法，突破软件开发供应链的分析识别技术，建立全谱系的群体智能软件生态供应链模型。通过上述研究，为软件生态构建和演化提供理论指导。

五、群体智能开发方法

在动态开放环境下，参与群体的高自主性、任务目标的高变化性等，带来群体智能涌现的不确定性，严重制约了基于群体智能的软件开发效能。基于“人在回路中”的群体智能软件生态观，群体智能软件开发方法需重点关注：①研究大规模群体的高效协作机理和模型，突破面向复杂开放环境的群体协同增强方法；②研究碎片化贡献的高效共享与汇聚融合技术，建立群体智能贡献的高效可信传播体系；③突破群体智能贡献的多维量化评估与度量技术，形成多源群体智能贡献的高效汇聚与精化收敛方法。

六、群体智能协同演化

群体智能开发是一种人类智能和机器智能协同融合推动软件系统持续迭代的新方法，因此如何充分激发人机群体智能的效能，实现软件系统的快速演化，需要重点关注：①研究群体行为量化分析与建模方法，建立群体智能激发汇聚、行为轨迹演进等基本模型；②研究涵盖代码、开发者、开发社区、软件生态的群体智能软件开发多维度分析评估方法，突破面向软件开发演化的大数据分析和智能释放技术；③研究开发者群体智能与开发大数据机器智能的互补融合、协同演进机制，构建面向软件生态演化的人-机反馈回路。通过上述研究，为群体智能软件生态演化提供技术支撑。

七、群体智能软件支撑环境

以群体智能软件开发方法和技术为依托，以群体智能开发生态为理论指导，构建面向群体智能软件开发与演化的支撑环境，需要重点关注：①研究构建面向群体智能制品和大规模群体的管理、协作、共享与评估等群体智能开发支撑工具集，有效支持开放群体的高效协同和群体智能任务的有效管理；②研究动态开放环境的群体组织规则与环境协作流程，构建相应的支撑机制和工具，充分释放大规模人-机混合群体效能；③突破面向新型软件的智能化开发运维一体化技术，构建基于人机混合群体智能的软件开发与演化支撑平台，建立针对群体智能软件开发生态中核心技术和关键节点的全面支撑和自主可控机制，形成覆盖人-机-物的全新软件开发与技术创新生态网络。

八、面向机器编程的代码生成

机器编程是人机协作编程的基础，而代码生成又是机器编程的核心。从软件的生命周期过程看，机器编程主要在以下场景中起作用：①以软件规约为出发点，自动生成满足规约的软件代码；②针对软件中存在的错误，自动生成修复代码。从软件规约生成代码本质上是一个搜索过程，即在程序空间里搜索满足软件规约的程序，但是待搜索的程序空间规模巨大，搜索难以有效进行；程序本身固有的复杂性使验证代码是否满足规约也存在巨大的效率问题。与从软件规约生成代码相比，自动生成修复代码有明显的特殊性：修复时通常缺乏可以准确刻画正确程序性质的规约，但存在可运行的出错程序，此时代码生成更多的是在已有代码上的修改，而验证更多地通过对比运行修改前后的程序进行。这方面的主要研究内容包括：①如何利用海量代码数据加速程序合成中的代码搜索；②如何利用海量代码数据加速程序合成中的代码验证；③如何利用人类程序员的修复数据完成软件错误的自动修复。

九、面向人机协作的智能开发环境

人机协作编程的另一个重要基础是高效的智能开发环境。智能开发环境是机器编程技术的集中承载者，也为开发人员提供各种智能服务。同时，智能开发环境也是开发人员间交流的通道。在一个智能开发环境中，开发人员应该能够方便地获取各种所需的信息，从而减少对自身大脑信息记忆的依赖。同时，智能开发环境应该能够主动识别开发人员的需求，为开发人员推荐相关的信息或开发动作，如推荐完成特定开发任务的代码。进一步，作为开发人员间交流的中介，智能开发环境应该保证开发人员间高效顺畅地交互，如果存在可以独立承担开发任务的机器程序员，智能开发环境也应保证人类程序员与机器程序员间的交互。传统的键盘和屏幕并不是人类最习惯的交互机制，更好的交互机制应该是一种综合运用多种感官的多通道交互，智能开发环境应该提供开发人员更习惯的交互机制。因此，这方面的主要研究内容包括：①如何帮助开发人员快速查找开发所需的信息；②如何针对具体的开发任务推荐可能的开发动作；③如何实现开发人员间以及与开发环境间的多通道交互。

十、开发过程建模与优化

丰富的工具是软件过程实现 DevOps 化的助推器与基石，工具在有效地优化过程的同时，会产生海量的过程数据。挖掘这些数据并构建模型，以实现过程改进和优化是目前热门的研究领域。早在 DevOps 出现之前，软件过程建模和优化就是一个研究热点，但数据的缺乏一直是过去相关研究的痛点。DevOps 的盛行，尤其是随着各类工具的普及，问题已经转变为如何有效挖掘并利用资源库中蕴含的海量数据。这方面，有两大类研究值得关注：①使用传统过程建模技术为理解、分析以及管控过程提供支持，更进一步可以实现过程的改进与优化；②采用机器学习技术，着眼于过程中更具体的点，如缺陷预测、持续集成结果预测、评审人员推荐等，能够为提高过程质量、减少资源消耗和缩短交付周期等提供支持。

十一、软件系统运行数据管理

从指标信息、调用链信息以及日志信息入手，通过深入整合与挖掘这三种运维相关的数据信息，来提供更丰富以及更高质量的信息，进而提升 AIOps 的质量与效率，这应该是需要实现的目标。为了达成这个目标，需要开展如下研究。①需要研究提升运维数据的质量的方法。在这三类信息中，由于日志信息是非结构化的，受开发人员主观因素影响较大，因此大部分数据的质量并不理想。因此，在日志的生命周期中，需要将日志决策和日志开发的阶段左移，在需求开发和系统设计中充分考虑日志的需求，并形成日志本身的开发-运维反馈闭环。在此基础上，辅以自动化日志工具，以此来提高日志的质量以及日志记录的效率。②应该探索相应的方法和技术来提升调用链信息的捕获和存储效率。③需要提出一种深度整合三类运维数据的方法。日志信息、调用链信息以及指标信息应该通过特定的算法关联起来，从而提供多维度的运维信息。例如，调用链信息可以与指标信息结合，依据调用关系（事件）将各个时间节点的指标信息组织起来，进而更好地支持异常的根因定位和分析等典型的 AIOps 任务。

十二、安全和可信的开发运维一体化

为实现安全且可信的运维，需要开展的主要研究内容包括：①通过自动化运维以及智能化运维减少运维工作中的一些人工操作，在提升效率的同时避免手工作业本身可能导致的错误；②对运维过程的监控数据进行分析，及时检测异常的发生，并对问题进行追踪和溯源工作，快速解决问题、避免损失；③DevSecOps 下的安全运维在持续监控和分析的同时需要建立持续的问题反馈循环，为产品安全性和可行度提供持续的保障。

十三、开发运维一体化的组织与管理

为了缩短软件从产品设计到呈现给最终用户的时间，DevOps 整合了软件开发和运维团队，这使得 DevOps 团队的组织、文化和过程都与单纯开发、运维团队不同。从组织与管理角度，DevOps 需要解决以下问题：①使用经验软件工程的方法，探寻适合 DevOps 的组织结构和过程实践，并进行验证；②如何既能通过团队自组织工作方式提升效率，同时又能够避免由于具体人员技能缺失或管理人员与 DevOps 团队缺乏信任关系造成的失败，在敏捷与规范之间取得平衡；③在大型项目中，使用怎样的组织方式和软件过程，能够使 DevOps 项目具有敏捷应对变更的优势及工作效率。

十四、微服务软件体系结构

围绕微服务架构有如下几类研究值得关注：①实现合适粒度的微服务划分方法，主要研究内容包括：基于领域驱动设计方法识别限界上下文以实现高内聚、低耦合的服务；利用遗留系统的现有构件信息识别候选微服务；综合利用多种划分策略实现复杂系统的服务划分等。②基于微服务架构的快速故障定位和消除，主要研究内容包括：构建更加完善的监控系统，除了基础指标监控功能，实现分布式服务链路追踪和日志聚合分析等高级功能来帮助故障排查和定位；基于 AIOps 实现智能告警运维，通过已经构建的监控系统平台对多种类型数据进行不同形式的采集（有代理和无代理）、处理、存储，使用并改进机器学习算法对运维数据进行分析预测，实现多种场景的智能告警运维。③微服务架构评估，即提出面向微服务系统的一般化架构质量评价方法，为微服务系统架构质量的评估过程提供指南，总结供架构评估使用的核查表（checklist）以支持开发和运维中的微服务架构实践。

第三节　本章小结

在“软件定义一切”的时代，人机物融合的应用场景进一步拓展了软件的使能空间，开发和演化软件系统成为人类创造财富、延续文明的重要需求和途径。高效、高质量、低成本地开发和演化软件系统始终是软件开发方法和技术研究追求的总体目标。在人机物融合应用场景需求的牵引下，软件开发方法和技术研究将面临复杂场景分析与建模、群体智能开发、人机协作编程、开发运维一体化等诸多重大挑战，围绕这些挑战所开展的研究将主要集中在人机物融合场景建模、系统自适应需求分析、系统内生安全规约获取、群体智能软件生态、群体智能协同演化、群体智能软件支撑环境、面向机器编程的代码生成、面向人机协同的智能开发环境、开发过程建模与优化、软件系统运行数据管理、开发运维一体化的组织与管理等方面，最终形成面向人机物融合场景的软件开发范型和技术体系。

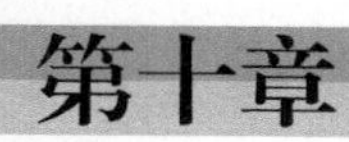

第十章 操作系统与运行平台

操作系统负责管理软硬件资源、操纵程序运行，为应用软件提供公共支撑，是“软件作为基础设施”的集中体现。过去，操作系统是信息空间的基础设施，起到以平台化方式向下管理各类资源、向上支撑应用运行的作用；未来，在信息物理持续融合趋势的推动下，操作系统管理资源将向各类物理资源扩展，甚至向其他具有“数字孪生”特性的经济、社会和生产生活资源扩展。这一趋势是“软件定义”思想发展的必然结果：随着计算系统正在突破单机、数据中心等封闭环境的限制，操作系统的资源虚拟化、功能可编程能力进一步拓展，从控制管理单个计算节点资源进一步延伸为连接协调多个节点组成的复杂计算系统，为信息空间、物理空间乃至整个社会提供“软件定义”手段，推动着面向网构软件的操作系统[190]、智能家居操作系统、智慧城市操作系统等“泛在操作系统”（ubiquitous operating system）成为现实[151]。

与此同时，操作系统的外延，或者说“操作系统应该是什么形态”这一问题也在随着技术和应用的发展而不断扩展演化。例如，在人机物融合互联这一大背景下，中间件正在表现出加速融合到操作系统中的趋势：早在 20 世纪 90 年代初，美国华盛顿大学的 MOSES（Meta Operating System and Entity Shell）项目即使用了“元级操作系统”的概念来描述分布式环境下“位于本地操作系统之上、应用之下的一层软件”；早期的普适计算中间件 Gaia[191]等已在文献中混用“元级操作系统”和“中间件”概念，而今天广泛应用的机器人操作系统[192]更是继承了网络计算中间件的核心思想。换言之，操作系统正在以海纳百川的方式沉淀各类具有软件定义特征的运行平台设施，这也是本章标题“操作系统与运行平台”的由来。

基于上述内涵和外延两个方面的观察，本章将从平台架构、方法机制、安全隐私等方面列出操作系统与运行平台的重大挑战问题，并阐述本领域的研究趋势和内容。

第一节　重大挑战问题

互联网革命正在进入下半场，“万物互联”时代正在到来，人机物融合的泛在应用场景推动着操作系统和运行平台的新一轮变革，带来平台架构、资源管理、应用支撑、安全隐私等方面的挑战。首先，在所管控资源高度异构、涵盖人-机-物三元空间的条件下，未来的操作系统和运行平台需要什么样的架构（本节第一部分）；其次，从向下管理泛在资源的角度，需要什么样的资源虚拟化和调度机制（本节第二部分）；再者，从资源聚合和应用协同支撑的角度，在网络环境下如何实现从“精确控制”到“连接协调”的变迁（本节第三部分）；接着，从向上支撑应用运行的角度，应当如何支撑上层应用持续适应和演化（本节第四部分）；最后，在人与物加入操作系统管理对象中之后，基础设施层的安全与隐私保护风险如何应对（本节第五部分）。

一、支持软件定义的新型运行平台架构

“软件定义”的提法最早可追溯到20世纪90年代所提出的软件定义无线电（software-defined radio）[193]概念。在软件定义的无线电设备中，一部分传统由晶体管、集成电路等实现的信号处理部件（如滤波器、调制/解调器等）被软件所代替，在简化硬件设计同时，获得“功能可编程”的显著收益——设备能力可以按需扩增或裁剪，从而快速适应技术标准和市场需求的变化。

进入21世纪，随着云计算等新型计算范型的出现，人们对计算系统的灵活性、可管理性和资源利用率的追求日益提高，“软件定义”一词被引入计算技术领域。以“软件定义网络”（software-defined network）为例，与传统网络互联能力由硬件/固件所决定不同，软件定义网络强调将整个网络自底向上划分为数据、控制和应用三个平面。其中，控制平面向下操纵和协调数据平面上设备（如交换机）的行为，向上提供尽可能与硬件无关的抽象（编程接口）、支撑应用平面运行。控制平面不仅具备“功能可编程”能力，也具备了“资源

虚拟化”能力，即能够对数据平面资源进行高效管理、封装与抽象。“软件定义”内涵的这一升华深受操作系统思想的影响（图 10-1）。例如，首个开源的软件定义网络控制器 NOX（network operating system）在其文献[194]中指出，“现代操作系统通过提供对资源和信息高层抽象的可控访问……使程序可以在各种计算硬件上安全和高效地执行复杂任务”，NOX 就是将操作系统思想拓展到网络设备管理中。

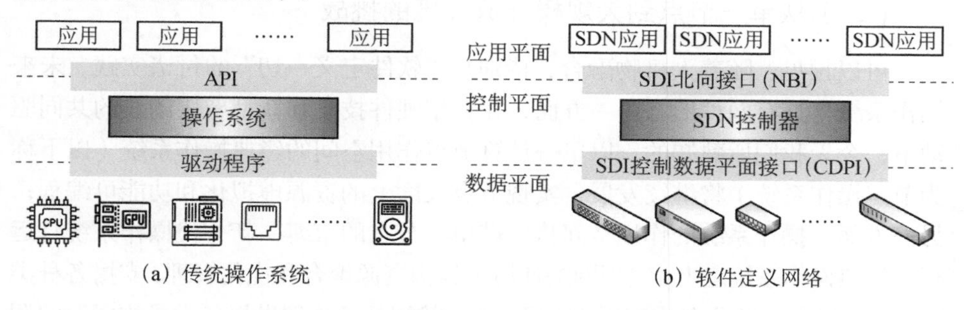

图 10-1　操作系统与软件定义网络架构的类比

将操作系统“功能可编程”“资源虚拟化”的思想拓展到存储、安全、数据中心等具体领域，就得到软件定义存储、软件定义安全、软件定义数据中心等概念。进一步，随着操作系统由计算机软硬件之间的桥梁、人与计算机之间的桥梁拓展到云边端、人机物之间的桥梁，其定位将由单个计算机“管家”演化为支撑“软件定义一切”的运行平台。传统操作系统架构面向的是信息空间内孤立的计算节点，主要关注基于一般硬件的通用场景。这一沿用数十年的架构将面临如下三个方面的挑战。

（一）新型硬件对经典操作系统架构的挑战

近年来，处理器、存储器件、网络互联设备等硬件技术快速发展，众核处理器、现场可编程门阵列/图形处理器（FPGA/GPU）加速硬件、非易失存储器、远程直接数据存取（remote direct memory access，RDMA）网络等一系列高性能、具有新架构和新特征的新型硬件不断涌现，并逐渐成为主流技术。一个典型案例是面向人工智能等特定领域的“CPU+XPU①”体系结构，在高性能计算机及移动异构片上系统中均得到较广泛应用。如何充分发挥新型硬件的潜力，是经典操作系统架构设计所面临的重大挑战。以内核设计为例，传统操作系统主要有宏内核和微内核两种模式：以 UNIX/Linux 为代表的宏内核操作系统在

① 如图形处理器（GPU）、张量处理器（TPU）、神经网络处理器（NPU）等。

架构上已经趋于稳定，新的改进主要来自对新的硬件、新的抽象和新型外设的支持，这种不断打“补丁”的方式导致系统不堪重负，而宏内核天然的一体性也导致通过定制裁剪来适应异构硬件的方法代价高昂；现有微内核操作系统主要考虑受约束场景的需求，缺乏对大型计算密集任务场景的扩展性支持，也缺少完善的用户态环境。

（二）从单一节点到大规模开放环境的挑战

可以预见，随着人机物融合，特别是“软件定义一切”的付诸实践，未来操作系统将具有两种形态：一方面，在新型硬件技术和新型应用场景的共同驱动下，今天我们所熟知的、以单一计算节点作用空间的经典操作系统（以下称为节点操作系统）将继续发展，实现节点尺度上的资源虚拟化和功能可编程；另一方面，操作系统的作用空间将突破单一节点的束缚，新一代操作系统将运行于经典操作系统之上，实现网络环境下异构资源聚合和优化管理，支撑各种类型、更大尺度上的分布式应用，实现计算、数据甚至物理世界各类异构资源的调控。后者将极大地扩展现有操作系统概念的内涵与外延，由于系统边界的开放性、软件架构的分布性、运行环境的动态性、涉及资源的高度异构性，其架构将很难沿用传统操作系统自顶向下、精确控制的模型（详见本节第三部分）。

（三）人机物三元融合互联场景的挑战

今天广泛使用的 Windows、Linux 等操作系统在架构上深受首个现代意义上操作系统——UNIX 的影响。它们运行于单一计算节点范围内，内部大致可以划分为资源管理、系统调用、人机接口等层次。这种架构针对信息空间内部的孤立计算节点设计，很难支撑泛在化、智能化、网络化的新型应用场景。具体而言，在计算维度上，单一的本地计算将向云边端一体化计算、人机物协作计算、智能和机器学习计算等新型场景变迁；在通信维度上，5G 等无线通信技术的出现使网络时延和吞吐量得到极大改善，可望触发移动和嵌入式操作系统的新一轮革命；在控制维度上，物联网、机器人等与物理世界紧密融合的计算设备涌现，使“功能可编程”将突破信息空间范畴，需要在操作系统架构设计层面上考虑物理空间约束和对物理空间的影响。

二、泛在资源的高效虚拟化和灵活调度

文献［151］给出“泛在操作系统”的概念，指出未来的操作系统不仅仅

是信息技术操作系统，也将成为物理世界和虚拟世界的操作系统，在今天已经初露端倪的机器人操作系统、车辆操作系统、物联网操作系统等基础上，校园操作系统、城市操作系统、家庭操作系统等可望在将来成为现实。在这一背景下，操作系统的核心功能——资源虚拟化和调度的实现机制面临一系列挑战（图 10-2）。

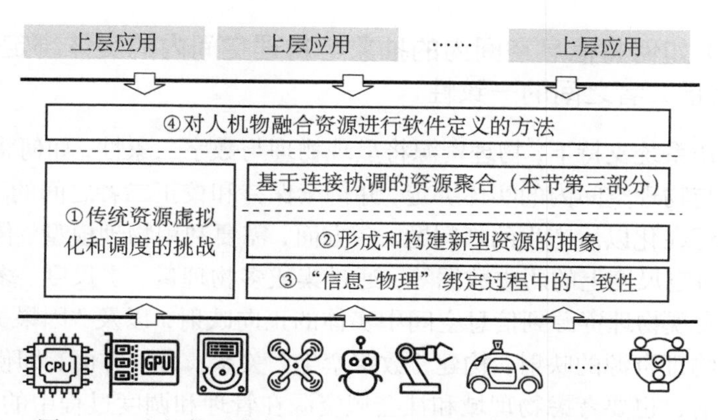

图 10-2　人机物融合新型资源的虚拟化和调度所面临的挑战

（一）经典的计算资源虚拟化和调度机制面临的挑战

高性能处理器、新型存储器件、高速网络互联设备等快速发展，使得经典的计算资源虚拟化和调度机制面临挑战。例如，多核和多芯片计算机系统中非一致性内存访问架构使传统基于页的虚拟内存系统面临挑战；目前已有的设备模拟、设备半虚拟化、设备直通、单根虚拟化（SR-IOV）等技术尚不能完全扩展到 GPU、张量处理器等人工智能新型加速器，或者是效率和灵活性还需要进一步提升；非易失性存储器的应用使内存中的某些数据不再需要存储到硬盘，内存和持久存储走向融合，对传统类文件系统架构带来挑战；100G 及以上以太网链路在大规模数据中心的普及，网络进入纳秒级时延，带宽增长速度超越 CPU 处理能力增长速度，操作系统网络协议栈面临挑战等。

（二）如何为人机物融合计算中的各类新型异构资源建立抽象

如何为人机物融合计算中的各类新型异构资源建立抽象，是未来操作系统需要解决的核心问题。本质上，操作系统和运行平台负责向应用提供“抽象”，并将这些“抽象”绑定到硬件裸机。数十年来，这一领域已经积累了进程、线程、文件、内存页等一系列重要抽象机制，为现代操作系统奠定基石。

但是，未来操作系统所管理的资源将跨越人、机、物三元空间，涵盖物理资源、计算资源、数据资源等多种类型，现有抽象远远不能满足需求。因此，需要探索符合新型资源特点、切合其特性的抽象机制，并突破在单一计算节点、有一定边界的分布式系统、跨域开放式系统等不同尺度上维护这些抽象的方法机理。

（三）如何将信息空间内的抽象与物理空间内的实体绑定，并持续保持和校正二者之间的一致性

在操作系统支持下，物理资源将呈现物理与数字二象性，如何将信息空间内的抽象与物理空间内的实体绑定，并持续保持和校正二者之间的一致性，是操作系统泛在化以后产生的新问题。一方面，需要利用物理模型、传感器实时数据、大时空尺度上的历史数据等，通过集成多物理量、多尺度、多概率的仿真过程，实现物理资源到信息空间中实体的正向映射，以及“因果关联”的虚拟实体到物理资源的映射，构建“数字孪生”关系；另一方面，即使建立了上述双向映射，也要考虑物理域和社会域资源在管理和调度过程中的特有属性，如动作的非精确性和动态性、固有的噪声等。

（四）未来泛在计算场景下为上层应用提供适当的、相对稳定的“功能可编程”接口

需要深入理解未来泛在计算场景下应用模式的共性特征，为上层应用提供适当的、相对稳定的“功能可编程”接口。可以预见，未来泛在计算场景至少包括数据规模巨大、强调按需能力获取的“云-边”效用计算，资源需求动态变化、不确定性很强的智能计算，移动性强、承载设备多、续航要求高、迭代快的智慧城市、工业互联网等领域的协作计算，人与物相互驱动、相互协同的人机物统一计算等。这些泛在应用模式很多都处在探索阶段，需要理解和凝练应用模式的共性特征，进而通过编程接口支撑上层应用灵活实施软件定义。

三、基于连接协调的资源聚合与应用协同

未来的人机物融合系统将是大规模、网络化的计算系统，虽然每个节点上的节点操作系统仍通过自顶向下、精确控制的模型来达到资源虚拟化、功能可编程的目的，但这种机制很难放大到网络层面，特别是大规模网络化系统。事

实上，简单放大的思路在 30 年前的 Amobea[89]等分布式操作系统实践中就已经尝试过，并被证明很难奏效（参见本章第四节）。根本原因在于大规模网络化的系统具有开放复杂系统的特征：①需求和环境开放性，突出表现在此类系统通常是在不断适应需求和环境变化的过程中逐步成长演化而成的，这一过程在时间尺度上可能长达数年甚至数十年；②行为开放性，突出表现在此类系统中存在大量非线性相互作用和涌现现象，整体的行为很难简单地通过成员系统行为来进行刻画和预测；③边界开放性，突出表现在系统往往依赖于大量外部软件实体，自身构成不具有明确、封闭的边界，同时人（社会组织）、物理世界和软件系统边界模糊化。这些开放性将直接映射到操作系统和运行平台层面，使要"虚拟化"的资源和"可编程"的功能都具有明显的开放性，导致很难构建出自顶向下、精确控制的模型。

因此，在开放的网络化环境下，更为妥当的资源管理和应用协同方式将是"连接协调"，即通过按需聚合和动态协同来打破不同节点之间的壁垒，统一管理并优化利用计算、数据甚至物理世界各种资源，支持应用实体的分布式自主协同。换言之，操作系统将成为通过软件定义管理复杂计算系统的"元"级系统，面向单个计算机系统的"控制"功能则逐渐转移到面向多个计算机系统"连接协调"功能。这将动摇现代操作系统构造和运行的很多基本假设。虽然相关理念在中间件领域和网构软件[26]等范型中已有初步实践，但一系列共性机理层面上的问题仍有待解决，包括需要何种模型来协调跨域资源及其能力、如何在动态环境下维持相对稳定的"功能可编程"抽象、如何支撑软件实体通过扁平化架构达成共识、如何有效管理调度各种冲突及涌现现象等。

在机理突破基础上，"连接协调"需要何种类型的基础设施支撑，是操作系统领域另一重要挑战。近年来，以区块链为代表的分布式共识技术，特别是区块链从应用系统向运行平台蜕变的发展历程（参见第三章第四节），为这一方面的实践提供了一个可借鉴案例——区块链可以在相对开放的环境下，通过扁平化架构和"连接协调"机制，在多种类型大规模分布式系统中构建群体的共同认知。例如，IBM 的面向区块链的分布式操作系统 Hyperledger Fabric[195]可以利用区块链来支撑分布式应用运行，并且通过模块化的共识协议灵活适应不同的应用场景和信任模型。但是，当前区块链的实际部署仍集中在金融、物流等少数领域，要使其能够为更多应用领域赋能，一系列问题仍有待解决，包括共识算法效率以及如何在效率和扩展性、安全性之间权衡、如何实现不同区块链之间的互操作、如何在形成共识同时保护隐私、如何在开放环境下实现有效监管等。

更进一步，区块链及其上软件系统作为新一代分布式软件体系结构的探路者，在扩展操作系统运行平台外延与内涵的同时，在未来极有可能成为系统软件和软件生态发展的催化剂，围绕群体共识、可信计算等问题，催生分布式软件一个新的独立分支。因此，如何"来自区块链、超越区块链"，借鉴区块链思想，为未来大规模网络化系统共同认知、协同决策、行为实施等环节实现连接协调提供手段支撑，是操作系统和运行平台领域需要探索的方向。

四、复杂软件系统适应演化的共性支撑

近年来，以人机物融合系统为背景，有研究者提出信息产业的"昆虫纲悖论"：一方面，未来物联网设备和应用场景将会像昆虫一样繁多，带来空前巨大的市场；另一方面，由于每种场景都存在其个性化需求和特点，针对场景所开发的软件系统将缺乏可复制性，导致边际成本显著提高，反过来制约产业的发展。要打破这一悖论，关键在于软件系统不能静态绑定到特定场景，而应当具备灵活适应场景的能力，在其生命周期内能够持续演化来应对环境和用户需求的变化[196]。

软件适应能力将成为未来人机物融合软件系统的基本属性，而操作系统在支撑软件适应演化活动方面具有天然优势：从可计算性的角度而言，操作系统与下层硬件裸机一起组成能够"操纵"应用软件执行的通用图灵机实现，这一"操纵"能力使操作系统有可能驱动应用软件的适应和演化[197]；从计算反射（reflection）实现的角度而言，操作系统和运行平台是应用软件执行的"元层容器"，对上层应用具有反射能力，如获知上层应用和环境状态、维护系统化反映上层应用环境和状态的模型、对上层应用实施调整操作等。因此，操作系统和运行平台是驱动计算节点动态感知、自主学习、在线演化的理想载体，但这也同时对平台设计实现提出一系列挑战。

（一）操作系统及其上应用的自主适应与学习赋能

从计算资源聚合到多样化人机物融合场景下的资源按需定制，关键在于操作系统和其上应用需要具备主动适应新场景和场景变化的能力，包括：操作系统本身和其上应用都具有柔性架构，节点本身可以动态调整，节点与节点之间的连接关系可以按需变化，并且携带有指导这些变化的元层数据；在操作系统和运行平台内部构建"感知—理解—调整"回路，能够捕获和理解环境及运行状态，进而据此进行应用配置生成、主动部署、参数和连接关系在线调整等

操作；具有从过去的适应和演化动作及效果中持续学习的能力，从而突破预定义场景和决策规则的约束，使得操作系统及其上应用在适应场景和用户需求变化的维度上能够表现出一定的“智能”。

（二）大规模复杂软件系统的演化规律及其运行支撑

人机物融合场景下，许多软件系统已经达到空前的规模。例如，互联网的前身 Arpanet 仅连接 4 个节点，而 2019 年移动社交应用微信的活跃用户数达到 11.5 亿。规模上的量变引起质变，此类系统具有与单个节点或小规模分布式系统不同的演化规律，带来一系列挑战性问题[198]：软件系统规模巨大，其海量状态数据之间存在着千丝万缕的联系，如何“去粗取精、去伪存真”，提取能够作为适应演化依据的运行态势数据；系统中的节点通过“连接”形成一个复杂网络，如何基于复杂网络中的交互掌握软件体系结构和当前运行态势；在由大量自治软件单元所组成的软件系统中，适应性演化动作往往发生在单元、子系统、系统等多个尺度上，如何在群体层面上形成恰当的适应性演化行为，以及不同层次上的适应性演化如何相互影响等。

（三）“人在回路中”的软件系统演化决策

软件是“由人开发，为人开发”的产品，人在软件生命周期各个阶段所发挥的作用不可替代，人是软件产品需求的提出者，也是需求落地实施的开发者，同时也是软件终端的使用者以及运行时的维护和升级者。因此，未来人机物融合软件系统适应性演化决策应当是软件和人相结合的方式，除了现有的规则、策略、机器学习等自动化方法，“人在回路中”是其重要的特点，主要表现为三种形态：操作系统和运行平台集成 DevOps 工具链，来有效支持人作为“指导者”（Oracle）来发挥作用；软件系统从平台层所累积的人的行为数据，特别是群体行为数据中进行主动学习，从而不断提升其演化决策能力；人与软件实体协同工作，在宏观尺度上通过人的行为演化驱动软件演化，实现行为涌现和人机协同演化。

（四）“信息–物理–社会”空间的协同持续演化

未来软件将与其所在的社会和物理环境紧密融合在一起，相互作用、相互影响。这与传统的、完全在信息空间运行的软件演化有着质的区别。具体到基础性的、“操纵计算系统执行”的操作系统和运行平台层面，需要有能力支撑上层应用与物理世界和人类社会长期性的共同演化。这将显著扩展现有操作系统的内涵，带来一组极具挑战性的开放问题，例如：物理空间变化的频率远高于信息空间变化的频率，如何高效地支撑上层软件适应物理空间的变化；利用人工智能算法来进行演化决策，一旦决策错误可能会直接在物理空间造成严重后果，操作系统和运行平台应当提供什么样的监督、审计和补偿机制等。

五、人机物融合过程中的安全与隐私保护

数十年来，“魔高一尺，道高一丈”，主流操作系统不断围绕系统用户认证、访问控制、数据安全、漏洞攻击缓解等方面进行安全增强。然而，安全与隐私保护是一种伴生技术，新的安全问题伴随新计算模式的涌现而不断产生。未来，随着5G通信、移动互联、云计算与物联网的应用普及，人机物将广泛互联，网络虚拟世界与现实世界将实现深度融合，导致信息系统的安全防御边界愈加模糊，面临的安全威胁在种类和数量上都将激增，用户隐私保护的难度显著增加。在未来人机物融合的过程中，作为信息空间与物理空间乃至整个社会进行统一信息处理的载体，操作系统及运行平台在安全和隐私保护方面的需求将面临一系列挑战。

（一）需要在大规模松耦合交互场景下建立虚实融合的信任关系

在未来人机物深度融合的时代，将会有大量物理设备与应用软件接入运行平台，以数字身份作为运行主体在系统中发挥作用。随着越来越多的现实世界行为被迁移到网络虚拟空间进行处理，在数字世界中如何对纷繁芜杂的虚拟社会关系进行准确刻画并实施严格管理，是构筑未来安全可信数字空间的所必须要面对的挑战。在此基础上，要建立数字身份的信任关系，还需要在平台层面上对数字实体在虚拟世界的行为进行全面、如实的记录，为准确刻画数字世界实体间的信任关系提供有力依据。并且，由于现实社会中主体之间关系的大规模、松耦合特性，原有的集中式管理方式对人机物融合系统的实体管理将无法适用，需要实现管理的弱中心化，基于区块链等新型分布式信任关系构建方法已在操作系统领域崭露头角[195]。

（二）需要实现人机物融合场景下的严苛安全和隐私保护需求

人机物融合场景下计算节点众多、数据传输分散，边缘计算等以“计算尽可能靠近数据的源头”为基本理念的计算模式将走向前台[199]。而这些新的计算模式由于其服务模式的复杂性、实时性，数据的多源异构性、感知性以及终端的资源受限特性，传统数据安全和隐私保护机制将很难高效应用。同时，由

于移动终端的资源一般都比较有限，其所能承载的数据存储计算能力和安全算法执行能力也有一定的局限性。如何将传统的隐私保护方案与边缘计算环境中边缘数据处理特性相结合，从数据隐私、位置隐私、身份隐私等多个方面入手研究相应的保护方案，并沉淀为软件基础设施，是未来操作系统安全与隐私保护领域面临的重要挑战。同时，为了支撑广泛、大规模的人机物融合和互联，需要突破现有操作系统安全和隐私保护的被动防御机制，打破"信任篱笆"，强化安全与隐私保护的主动性与支配性，在利益与风险之间权衡，既关注更强、更灵活的隐私保护，又支持网络资源共享和互联互通。

第二节　主要研究内容

如本章伊始所述，未来操作系统将具有节点操作系统和以网络为核心的新一代操作系统两种形态。前者是对今天经典操作系统的继承与发展，后者以"泛在操作系统"[151]等为代表，运行于经典操作系统之上，通过"连接协调"实现网络环境下人机物异构资源聚合和优化管理，支撑各种类型、不同尺度的泛在应用。本节将围绕未来操作系统的上述两种形态，阐述操作系统和运行平台的研究趋势与内容。其中，本节第一～第三部分聚焦节点操作系统，第四～第八部分聚焦新一代操作系统，第九部分和第十部分则分别重点阐述与软件适应和演化、操作系统生态链构建相关的问题（图 10-3）。

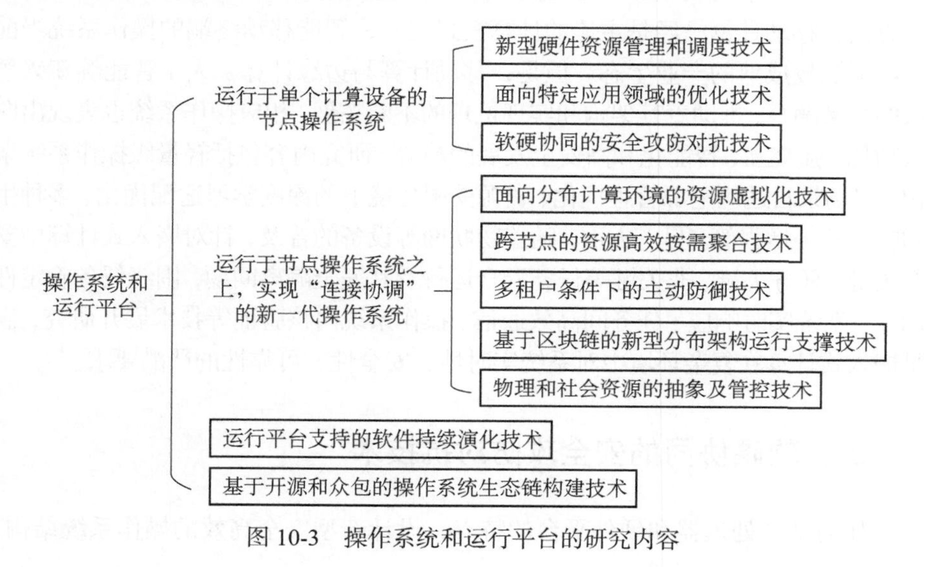

图 10-3　操作系统和运行平台的研究内容

一、新型硬件资源管理和调度技术

近年来，计算机硬件技术发展迅速，并且表现出向“上”（高性能）、“下”（轻量级）两端拓展的趋势。作为计算系统的“管家”，如何充分适应新型硬件特点并充分发挥其潜能，是操作系统理论和技术的重要研究方向，研究内容包括：新型基础内核架构将汲取宏/微等不同类型内核的长处，研究实现适合多样化应用场景和新型硬件特点、易于裁剪定制的新一代操作系统内核架构；异构资源融合支撑着重针对“CPU+XPU”硬件体系结构，解决异构编程模型、同步和通信机制、访存效率的优化等问题，实现高效易用的异构资源使用模式；面向极端硬件和应用的轻量级虚拟化机制，将结合硬件虚拟化支持研究轻量级虚拟化的实现与虚拟化资源管理机制，满足大规模虚拟化管理以及极端硬件（如 FPGA/GPU 加速硬件、TB 级内存、非易失存储器等）条件下的虚拟化需求；应用场景支撑能力主要研究智能计算、边缘计算以及云边端融合应用场景下的基础系统共性支撑环境，为在节点粒度上为新一代人机物整合应用实现可编程的资源和能力抽象。

二、面向特定应用领域的优化技术

当前，运行于单一计算节点的操作系统架构已经趋于稳定，但移动计算、物联网等特定应用领域的快速发展，推动着相应操作系统实现优化技术的突破。一方面，移动计算已经是主流的计算模式之一，智能移动终端的操作系统当前已经形成较成熟的产业生态。但是，移动计算与边缘计算、人工智能等新兴领域的交叉融合，推动着其架构和实现机理的不断拓展，相应操作系统也表现出向低功耗、强交互、智能化和高安全发展的趋势，研究内容包括轻量级操作系统架构、多场景自适应电源管理优化、资源受限环境下的深度学习适配优化、多种生物特征认证增强等。另一方面，随着物联网等设备的普及，针对嵌入式计算中安全关键、任务关键、非关键等任务混合运行及其安全隔离问题，围绕任务确定性调度、系统实时响应、任务间高效通信、操作系统内核验证等技术展开研究，满足嵌入式计算在复杂环境中对系统实时性、安全性、可靠性的严酷要求。

三、软硬协同的安全攻防对抗技术

如何结合处理器和硬件平台的特点，设计新型安全高效的操作系统结构，是未来操作系统技术的另一主要研究内容。当前，基于 CPU 的可信计算空间隔离和基于可信赖平台模块（trusted platform module，TPM）芯片的可信计算技术为可信软件执行提供硬件级的执行验证，这些技术都从操作系统底层提供有力的可信执行支持。未来操作系统安全研究将发展软硬协同的操作系统安全攻防对抗模式，变被动响应为主动防护，夯实信息系统的安全基础。具体而言，需要突破软硬件高效协同的安全架构设计、安全防护模型和方法、跨域交互机理及优化方法和基于模糊测试的内核安全性测试等关键技术，结合硬件平台提供的多层次特权防护、资源分区隔离等安全能力，解决软硬协同的高安全操作系统设计中的核心问题。

四、面向分布计算环境的资源虚拟化技术

虚拟化技术不仅仅能够在单台计算机上实现资源的有效隔离，更重要的是在分布计算环境下能够实现大量资源的细粒度管理，为弹性可伸缩的资源聚合奠定基础，这也是云计算高度依赖虚拟化技术的原因。当前“函数即服务”（function as a service，FaaS）、边缘计算等新型分布计算应用模式正在涌现，操作系统在资源虚拟化方面需要突破一系列理论和实践问题。首先，虚拟化技术需要能够在支持多租户隔离的前提下实现高密度的资源虚拟化。以边缘计算场景为例，与集中式云数据中心不同，可能需要在边缘的十几个服务器上分别支持数千种不同的服务，当前已有的基于容器的轻量级虚拟化技术尚不能完全满足。其者，在无服务器计算和边缘计算等场景中，应用对资源的需求是高度动态变化的，这给虚拟化的性能提出苛刻要求，需要探索新的轻量级虚拟化架构和优化机制。再次，部分云计算应用开始采用微服务架构。这意味着软件体系结构进一步地解耦，单个镜像上运行的业务更加专一。当前 Unikernel[200]等机制可以大幅度精简冗余模块，提高虚拟机的启动速度，但虚拟化场景下的适用性和成熟度还需要进一步提升。最后，在分布式环境下，计算资源之外的其他资源（如网络等）专用虚拟化技术需要进一步探索。

五、跨节点的资源高效按需聚合技术

“计算的泛在化”意味着操作系统和运行平台的作用范围突破传统单一计算节点范畴，需要在广域环境内调度各类资源，为上层软件提供相对稳定的抽象。在计算系统规模持续增长的情况下，需要突破海量虚拟机资源的高效管

理、虚拟机间通信优化、自适应的虚拟机在线迁移及动态部署、共生虚拟机间共享内存的弹性管理及优化、虚拟机访存效率优化等技术，实现跨节点的高效分布式计算资源调度。另外，网络操作系统中往往没有明确、固化的控制中心或层次结构，跨节点的“资源虚拟化”和“能力可编程”主要依靠“连接协调”、通过自底向上的方式来实现。如何借鉴社会系统、经济系统、生物系统等复杂系统机理，实现上述目标，也是此类操作系统面临的挑战。

在跨节点的资源按需聚合方面，未来的一个重要应用模式是“云-边-端”协同模式。因此，需要面向现代网络化信息支撑体系的发展趋势，探索以资源虚拟化、服务云化、前后融合为基本特征的“云-边-端”协同操作系统柔性结构设计与优化技术，研究“云-边-端”高效资源协同调度框架、基于云边端协同和多目标优化的任务调度技术等。

六、多租户条件下的主动防御技术

多租户将是未来运行平台的主流应用形态之一。更多的服务被整合在单一平台上，这些服务中可能包括来自不同租户的不同安全等级的信息，必须根据用户需求对应用系统的硬件、软件、数据、网络、存储等不同层面资源实现安全隔离。同时，为了提高资源利用效率，运行平台根据资源使用情况进行动态调度，这种动态变化的环境将显著增大安全隔离的难度。为了提高服务运行性能，以 Docker 为代表的轻量级虚拟化容器技术也被广泛应用，相对于虚拟机的强隔离性，容器技术则是以弱隔离性换取性能的提高。在应用虚拟化技术的过程中，隔离性与性能之间的取舍、动态变化下虚拟计算资源的安全复用、Hypervisor（虚拟机监视器）层的虚拟机监管、虚拟机逃逸防护等都成为必须要面对的挑战。同时，虚拟化技术还需要对软件定义网络在数据中心内部的网络安全管理提供支持，通过虚拟网关等技术对虚拟化数据流进行安全监控，这些虚拟设备能否安全使用都将对系统安全性产生深刻的影响。

七、基于区块链的新型分布架构运行支撑技术

以区块链为基础的共识与信任机制可以为去中心化、扁平化的分布式应用架构提供支撑，具有驱动未来分布式软件乃至整个软件生态跃升式发展的潜力，将成为新一代操作系统和运行平台的基本能力之一（参见本章第一节第三部分）。要实现这一目标，需要在如下方面开展研究：首先，区块链技术本

身具有可扩展性、去中心化和安全性三者不可兼得的“三元悖论”难题，在区块链成为共性构件后，需要针对应用场景特点突破侧重点不同的共识算法，进而通过机制与策略的分离，实现场景定制的三元平衡寻优；其次，区块链技术在渗透至不同场景后，为了支持价值在不同行业与场景之间流动，支持不同行业与场景群体之间的协作交互，实现区块链的互操作性势在必行，需要针对公证人、侧链、原子交换、分布式私钥控制等为代表的跨链技术深入展开研究；再者，为了保证共识形成，区块链中事务信息需要通过网络传播给大范围节点，需要不断完善链内数据产生、验证、存储和使用整个过程中的隐私保护机制；接着，区块链的匿名性给网络监管机构带来极大的挑战和威胁，当前对公有链的监管尚无有力技术手段，而如何在保护隐私的前提下实现监管，也是当前联盟链面临的重大挑战；最后，需要深入研究在应用层如何充分发挥区块链的优势和潜力，针对可信计算、共同认知、群体协同等不同场景探索其适用范围。

八、物理和社会资源的抽象及管控技术

操作系统“资源虚拟化”的能力来自其对资源的抽象、封装和调度。传统操作系统针对信息空间内部的资源，已经建立了进程/线程、内存页/虚拟内存、文件等相对稳定的抽象实体。未来，在人机物融合系统中，如何表达和管理各类高度异构、动态变化的物理和社会资源，是操作系统领域的开放问题。其中一个核心问题是：在信息、物理和社会（包括人的认知）空间三者之间，如何刻画、检验、保持、校正多模型结构之间定性与定量一致性，进而实现具有“数字孪生”的物理和社会空间资源的调度及管理。此外，未来操作系统的编程接口不仅涉及计算资源的“软件定义”，可能包括各种可传感物体对象、智能无人系统等各类物理资源，甚至像其他具有“数字孪生”特性的经济、社会和生产生活资源，其接口形式、接口实现机理等都是开放的问题。

九、运行平台支持的软件持续演化技术

适应和演化是未来人机物融合软件的基本特征，其实现机制涉及两个层面。首先，未来人机物融合软件的运行平台自身应当是柔性设计、可以持续演化的。其次，操作系统和运行平台是能够支撑上层应用适应和演化的天然基础设施，应当为其提供相应支撑。由于在线演化的需求是在“软件作为基础设施”

过程中逐渐显现的，其实现机理也是目前操作系统和运行平台领域研究相对薄弱的环节，需要从态势评估、演化决策、效果评估、人机物协同演化等多个角度开展研究。首先，作为支撑复杂软件系统运行的“元层容器”，操作系统和运行平台有可能采集到各个软件实体的运行状态和环境状态，基于大数据的软件系统态势评估需要从中“去粗取精、去伪存真”，提取出能够作为适应和演化依据的运行态势。其次，为了支撑软件根据环境和状态变化自主做出在线调整和演化的决策，操作系统和运行平台需要提供什么样的支撑，以及在这一过程中如何支持“人在回路中”发挥作用，这一问题仍有待深入探索。再者，由大量自治软件单元所组成的复杂软件系统中，适应性演化动作往往发生在单元、子系统、系统等多个尺度上，需要在“元层”对各个尺度上的演化效果进行评估，必要时进行多个尺度的演化和调整。最后，如本章第一节第四部分所述，新一代操作系统需要有能力支撑“信息-物理-社会”空间的协同持续演化，相关机理和实现机制亟待突破。

十、基于开源和众包的操作系统生态链构建技术

开源和众包对操作系统及其上生态链的发展已经产生深远影响。如何在操作系统生态链构建过程中最大限度地扬长避短，发挥开源和众包的优势，是需要深入研究的问题。首先，在使用开源资源时，如指导思想和方法不当，可能导致在产品中包含若干“黑盒子”，引入代码不可控、产品升级被动等风险，因此需要研究操作系统代码来源链的建模和分析方法，以及多来源和开源/闭源混源代码缺陷的定位和溯源方法。其次，开源的优势之一是可以促进面向行业或应用场景需求的专用操作系统的发展，在严格遵循开源许可证的前提下，实现操作系统的快速定制。这可能会对操作系统的可剪裁性产生深远影响，甚至催生未来新的商业模式。再者，如何在技术、平台和机制设计层面上驱动开源社区的群体智能汇聚，丰富和完善操作系统及其上软件生态链，也是未来系统软件领域的重要研究内容。

第三节 本章小结

无论是今天还是未来，操作系统都是“软件作为基础设施”的集中体现，也是“软件定义一切”能力的基石。在计算泛在化背景下，未来的操作系统将

向支撑人机物融合、具有“资源虚拟化”和“功能可编程”特点的泛化运行平台过渡。受这一趋势所推动，一系列重大挑战性问题涌现，包括支持软件定义的新型运行平台架构、泛在资源的高效虚拟化和调度方法、软件系统持续适应演化的支撑机制、人机物融合过程中的安全与隐私问题等。本章对上述挑战的概念内涵、产生背景和展开后的具体问题进行详细阐述，并在此基础上结合操作系统和运行平台领域当前研究热点，从未来操作系统的不同形态角度，对领域研究方向及内容进行梳理。

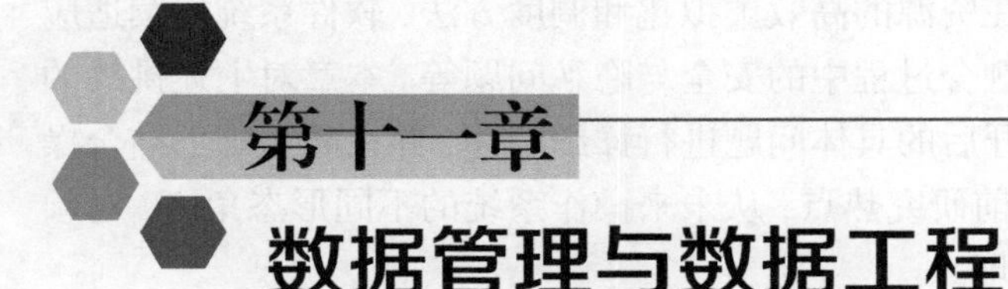

第十一章 数据管理与数据工程

大数据时代，我们用“以数据为中心的计算”这一说法来表达计算技术的发展趋势：数据在计算体系中的地位越来越重要，数据不再仅仅是算法处理的对象，也不再仅仅是依附于某种功能软件而存在，数据是组织的资产而独立存在，而且数据越积越多、规模越来越大，形成一种数据平台。

在某种程度上，数据平台隔离了上层基于机器学习的数据建模和推理应用与下层大数据的存储与计算设施。这种分离增加了上层应用系统的稳定性。新一代大数据管理与分析系统也是一类系统软件，具有如下特征：多种数据模型并存；多种计算模型融合；系统可伸缩，弹性扩展能力强。首先，多种数据模型并存是指可以支持关系、文本、图、KV 等多种数据模型的存储与访问，系统能够根据应用特征甚至运行负载的情况进行模型的转化，支持自适应优化。其次，多计算模型融合是指高效支持批处理、流计算等多种计算模型，计算系统要能将多种计算模型进行深度的融合，而非简单地将两套或多套系统进行集成，避免数据的反复迁移，提高效率，同时能够做到批流交互，支持复杂应用和深度分析。再者，系统要能够高效利用底层的云计算资源，面向云计算平台上的虚拟资源构建效率高、弹性扩展能力强的系统，能够实时进行可伸缩调整，提高资源利用率，在软件系统层提升从资源到性能的转换效率。

从应用角度看，未来主流应用将从联机事务处理（OLTP）、联机分析处理（OLAP），走向联机机器学习（online machine learning，OLML）。机器学习等人工智能应用，能够从大数据中挖掘深度知识，将成为大数据管理与分析系统上的一类重要应用。机器学习系统将不再像现在这样，一类模型对应一组数据，而是成为一个同时支持多种机器学习模型的大规模数据平台。此外，降低大数据应用的门槛非常迫切，平民化数据科学成为一种趋势，实现平民化数据科学的有效途径就是提供丰富易用的工具，从数据采集、数据整理到数据分析和模型训练等，这方面的研究实践活动非常活跃，成果大量涌现。未来，期待大数据应用开发方法学的成果能够统领这个方向的研究。

从数据生态的角度看，围绕数据的产生、加工、分析、利用乃至交易形成相互依存又相互独立的生态系统结构。一方面这些数据为软件系统的智能化提供基础数据支撑，另一方面智能化服务软件又进一步贡献新的数据，进入数据平台。数据生态中涉及多个方面，如用户、商业公司、政府等，需要平衡各方利益，确保可持续发展。

从软件形态的角度看，软件所呈现出的泛在化和持续演化的特性都与数据密切相关。软件的泛在化应用以及人机物融合使我们所能够获得的数据越来越全面地覆盖物理世界及人类生活的方方面面。软件的持续演化有赖于持续的数据收集以及数据驱动的智能化演化决策，同时也有赖于软件功能定义的数据化（如配置项、元数据、参数等）。此外，软件将越来越多地将来自广大用户的群体智能（如使用数据反馈）融合到软件自身的持续演进中，这也是通过用户数据的收集和分析来实现的。

从系统论的角度看，未来面向复杂应用场景（如智慧城市）的软件需要多源异构的数据来支撑背后的智能决策。这些数据本身来自很多不同的软件系统以及人机物三个方面的要素，跨越了既有的系统边界，体现了复杂系统特性。汇聚大数据之后产生的一些非预设的系统行为乃至服务业态体现了复杂系统的涌现特性。

由此可见，数据、软件、用户将以一种新的关系共存，需要重新考虑超越传统软件质量之外的与数据紧密相关的隐私保护、平等（非歧视）及信息普惠等价值观的话题。

本章列出数据管理和数据工程的若干重大挑战、主要研究内容与研究趋势。

第一节　重大挑战问题

数据管理与数据工程的挑战问题包括两个方面。首先，在数据管理方面，主要表现在如何管理大数据（本节第一部分）、如何利用新型硬件混合架构来实现大数据的管理（本节第二部分）。在数据工程方面，主要有异构数据整理（本节第三部分）和数据安全与隐私保护（本节第四部分）等挑战。

一、大数据管理的挑战

大数据具有大容量、多类型、快变化、低质量的4V特征。大数据管理已不像传统数据库时代去追求使用关系数据库来解决所有数据管理的问题，而是探索从数据存储、数据组织与存取、事务管理、查询处理、应用等几个维度对传统数据库系统进行解耦，解耦后的各个子系统依据大数据的4V数据特征，各自独立发展，用户可根据实际应用的需要，采用松耦合的方式对各个子系统进行组装，量身定制自己的大数据管理系统。大数据管理系统技术目前还在快速进化之中，还没有成型。管理好4V的数据，是对大数据管理系统的基本要求。从这个基本点出发，可以归纳出大数据管理系统的若干技术挑战。

（一）多数据模型的统一管理

①数据模型是数据管理的核心，数据结构、数据操作、完整约束是构成数据模型的三大要素。关系模型有单一的关系数据结构、封闭的关系操作集合、灵活的关系完整性约束；而大数据管理中的其他数据模型，包括键值对、图、文档等，虽然数据结构定义清晰，但缺少数据模型中数据操作和数据约束两大要素的定义，亟待理论上的突破。②关系数据库有严格的关系数据理论和模式分解算法辅助数据建模，如何对大数据进行有效数据建模，尚缺少理论和技术支撑。③大数据多源、异构的特点，使得大数据管理系统无法采用单一数据模型进行管理，多数据模型并存并统一管理，需要系统从语言处理、数据组织与存取、数据存储等多个层次进行重新设计与优化[95, 201, 202]。

（二）存储与计算的分离

互联网的许多应用，随着业务的发展，集群的规模常常不能满足业务的需求，也许是数据规模超过了集群存储能力，也许是涌现式的业务需求导致集群计算能力跟不上。将存储和计算分离，可以更好地应对存储或计算单方面的不足，进而提升集群硬件资源的利用率。然而，在存储和计算分离的架构下，存储和计算可以部署在不同的数据中心，数据的本地化计算策略无法应用，如何保证系统的整体性能，亟待关键技术的突破。存储与计算的分离是实现以数据为中心的计算的技术基础。以数据为中心的计算，数据进行统一存储和管理，上层支持不同的计算模型和应用开发。同一份数据存储，如何设计合理的数据逻辑结构和物理结构，支持应用的敏捷式开发，促进应用软件开发模式的演进，亟待数据理论和核心算法的突破。

（三）多计算模型的深度融合

大数据管理系统更需要高效支持批处理、流计算等多种计算模型，将多种计算模型进行深度的融合，而非简单地将两套或多套系统进行集成，避免数据的反复迁移，提高效率，同时能够做到批流交互，支持复杂应用和深度分析，需要从统一接口、操作算子、通信机制、作业级与任务级调度等维度进行设计与优化。

（四）新型系统架构

大数据的大容量和快变化特征，要求大数据管理系统具备高可扩展性。针对大容量特点，采用“分而治之”的思想，将数据进行分片，每个分片部署到指定的节点上进行管理。针对快变化的特点，当数据快速增加时，可以通过增加节点的数量，使系统仍然具备较低的响应时间。在此背景下，大数据管理系统架构面临如下挑战。

1. 容错

大数据管理中的存储节点、计算节点已经不局限于传统分布式数据库中的高性能服务器，可以是普通服务器，甚至是个人计算机，可靠性有限。更重要的是，节点数量的增加，整个系统出现节点故障的可能性增大。如何从容错的角度设计可靠的系统架构，不影响数据存储、数据操纵、数据运维等管理的正确性和高效性。

2. 去中心化

大数据管理系统是分布式的，中心节点可能会成为访问的瓶颈。一方面，中心节点的故障会造成整个系统的瘫痪；另一方面，中心节点负载过重，也会影响系统的可扩展性和高效性，如何研究去中心化的大数据管理系统架构，突破单点瓶颈，实现系统的高可扩展性和高效性。

3. 自适应优化

一方面，集群环境下，存储节点、计算节点的硬件能力可能存在较大差异，需要研究异构集群环境下的自适应优化。另一方面，负载任务的多变性和复杂性，要求研究多数据模型下的自适应优化。

二、新型硬件与混合架构的挑战

数据管理系统的实现受计算机软件技术和硬件技术以及应用三个方面的影响。随着新型硬件及各种混合架构的出现，支持数据管理与数据工程的底层硬件正在经历巨大的变革，各类新型加速设备、混合架构出现也在逐渐改变数据管理和数据工程中的设计，并带来巨大挑战。

近些年，以 GPU 为代表的新型硬件得到迅猛发展，越来越多的数据管理与数据工程应用采用新型硬件与传统系统相混合的架构，使用 GPU 等新型硬件进行加速[203]。相对于传统数据管理与数据工程相关应用，GPU 等新型硬件的引入可提供更高的数据处理速度，以及更好的实时处理效果。然而，虽然新型硬件与混合架构为数据管理和数据工程提供新思路，但也带来一系列亟待解决的新挑战。

（一）混合架构中的新型硬件资源分配

不同种类的新型硬件具有完全不同的体系结构特征，适合处理的应用特征也不完全相同。例如，GPU 硬件依赖众核的并行提升吞吐量，隐藏访问延迟，往往适合高吞吐量、对延迟不敏感的应用。因此，在数据管理和数据工程中需要尽可能使各新型硬件设备处理各自适合的负载，而如何识别出适合新型硬件加速的程序进行有效的任务分配是一个不小的挑战。

（二）混合架构下的数据传输

混合架构中的 GPU 等新型硬件设备往往通过快速外围组件互联（peripheral component interconnect express，PCIE）与传统 CPU 相连接，由于 GPU 等新型硬件设备具有独立的存储结构，处理数据时需要从主存将数据传输至设备存储中，存在的挑战是如何降低数据传输所带来的性能影响等。

（三）新型硬件下的数据结构与算法

传统的数据管理和数据工程应用所采用的数据结构和算法往往是针对 x86 系统架构设计的，不适用于 GPU 等新型硬件。例如，GPU 中具有大量的计算核心，存在可以控制的局部缓存，体系结构组织方式也和传统 CPU 不同，需要使用 GPU 编程语言考虑硬件特性进行程序设计。此外，新型硬件编程往往涉及编程语言的扩展，因此新型硬件下需要有针对性地设计数据结构和算法是一个重要挑战。

（四）新型存储结构

以非易失存储器为代表的新介质可进一步加速数据处理的速度，但随着新型存储的引入，数据管理的过程中有可能会涉及多种存储类型，存储的层次结构也可能与以往不同，如何设计相应的数据存储也是数据管理与数据工程的挑战。

三、异构数据整理的挑战

数据整理是在挖掘提炼数据价值的过程中需要进行的前期的数据预处理工作。它看似不足轻重，实则非常重要。有调查研究表明，很多大数据分析任务 80%以上的工作花费在数据整理上，这给数据分析带来巨大的人力成本。很多分析设想因为承担不起前期巨大的数据整理工作而最终被放弃。更重要的是，由于缺少系统性和理论性的支撑，数据整理的质量千差万别，这给数据分析的结果带来很大的不确定性，大大影响大数据价值的挖掘与提炼。

（一）数据集成和数据质量

数据集成和数据质量是数据整理中的重要挑战。与数据仓库时代的抽取、转换、加载（extract，transform，and load，ETL）只关注业务系统内的数据不同，数据整理技术通常需要帮助用户将其拥有的数据与外部的一些数据源进行关联和数据融合。融合过程中面临着比较大的数据集成难题，伴随着大量的数据质量问题，如数据项缺失、不一致、重复、错位、异常值等。而很多情况下，这些数据集成和数据质量方面的问题又与具体的应用场景关系密切，很难形成通用的、一体化的数据整理解决方案。因此，如何从不同的应用场景中抽象出数据整理的共性需求，在新的数据整理的方法论指导下，系统地研究数据整理工具和平台，在未来会越来越重要，也必将面临很多挑战。

（二）数据整理工具的易用性

数据整理工具的易用性是研究的一大挑战。数据准备服务于企业内部所有的数据使用者，以对数据处理技术不熟悉的业务用户为主。这些用户缺少数据管理与数据处理知识，但对业务熟悉，对数据背后的语义更清楚，他们是企业机构大数据价值发现的主力。如何针对这类业务型数据分析人员的需求和特点，提供高效的数据整理工具，是数据整理技术面临的一大挑战。这既包括数据整理工具的易用性，又包括工具在执行数据整理任务过程中的执行性能和被整理后数据的有效性。数据整理工具适用性和易用性之间通常还存在一定的矛盾，如何利用一些自动化的手段，降低用户使用工具的难度，根据场景自动优化配置数据整理工具，会是数据整理面临的一项重要难题[204]。

（三）数据整理过程的流水线优化

数据整理过程的流水线优化也是一个难题。数据仓库中的 ETL 是为了建立数据仓库所采用的相对固定的数据处理流水线。数据处理过程一旦建立，整个过程比较静态，很少再变化。数据整理任务是针对企业业务系统中的问题，动态构建的数据处理过程。它针对具体问题做数据预处理，会随着不同问题采用不同的数据整理过程，虽然一些任务之间可以共享某些数据整理过程。如何优化不同数据整理任务所构成工作流，共享数据整理的知识和经验，避免重复性操作，也是数据整理所面临的较大难题[205]。

四、数据隐私保护与数据安全的挑战

数据安全与隐私保护问题长期以来一直受到人们的广泛关注。尤其是近年来大数据和人工智能技术的高速发展，数据外包到云平台上的需求与日俱增，各类应用对数据共享的呼声日益强烈，人们日常生活和出行对基于位置的服务的依赖性逐步提高，这些都使数据安全和隐私保护问题变得愈加突出和复杂。虽然学术界和工业界在隐私保护与数据安全方面已经取得一些可喜的进展，但面对大数据的应用需求和应用场景，还是显得力不从心。目前数据隐私和安全问题存在于大数据收集、存储、管理、使用的各个阶段，如何抵御非法用户的恶意攻击和隐私窃取；如何防止数据被非法篡改或删除，导致错误的查询和分析结果；如何避免合法用户利用数据之间的关联关系，通过反复搜索推演出数据隐私；如何防止人们在使用数据服务时暴露自身的偏好、位置、轨迹等隐私信息，都是亟须解决的关键问题，也是关系到大数据应用前景的重要现实问题。其中所涉及的数据安全共享与高效计算又是提升敏感数据应用价值的重要环节，数据的安全共享与计算一般是指拥有数据的各方在不暴露自己数据的同时，去完成共同计算的目的，如何设计达到抵御有更强攻击能力的攻击者的安全交互协议，同时又具有高效传输能力，是当前研究的瓶颈之一。

数据隐私保护与数据安全面临的重要技术挑战如下。

（一）敏感数据的安全存储与检索

大数据促进云存储和云计算的快速发展，许多公司（如亚马逊、谷歌、微软等）已经加快开发云服务步伐，大数据系统将数据外包到云平台上已成为一种趋势，但云平台是不可信的第三方，存在隐私数据被泄露、关键数据被篡改等风险，敏感数据在云平台上的安全存储与检索是必须解决的挑战性问题，它制约了云服务的推广与应用。

（二）数据的安全计算与共享

"数据孤岛"已成为在智慧医疗、金融分析、商品推荐、电商服务等各个领域中存在的普遍现象。作为数据拥有者的服务商，在不泄露各自敏感数据的前提下，联合多个服务商进行计算使用是充分挖掘数据价值的迫切需求，也是未来发展趋势。然而，各个服务商的敏感数据难以直接透明化共享，以及在使用新技术过程中造成的隐私安全漏洞，都使数据安全计算与共享成为一个挑战性问题。

（三）动态数据的安全发布

数据发布是数据服务的一种重要形式，k-匿名、l-多样性等传统隐私保护技术难以解决大数据环境中动态数据发布所带来的隐私泄露问题，差分隐私技术能够对静态数据的统计类信息进行安全发布，但是对于动态持续的数据发布场景，由于数据之间具有关联关系，其隐私泄露问题更加突出和严重，目前还没有有效的解决方案，是一个尚待突破的研究挑战。

（四）机器学习中的隐私保护和数据安全

随着深度学习等突破性技术的兴起，机器学习在众多领域得到广泛应用。大数据为机器学习模型提供丰富的训练集，但服务商作为不可信第三方，无法为训练集的数据提供隐私安全保证。另外，逐步成熟的机器学习云服务以及协同训练方式进一步提升训练数据受到隐私与安全攻击的风险。因此，在确保不泄密和保护隐私的前提下训练模型，成为亟待解决的挑战。

（五）隐私性和数据可用性的平衡

数据挖掘技术能够深入挖掘大数据中所蕴含的知识和规律，使大数据的价值能得到更充分的发挥。但与此同时，即使采用数据加密、数据加噪等数据保护手段，隐藏在不同来源数据背后的个人隐私信息仍然有可能被分析和推断出来。简单地切断社交网络信息、医疗信息、社保信息、购物平台信息、出行轨迹信息等不同来源数据之间的关联，对大数据系统的可用性和数据价值会造成致命影响，如何在隐私性和数据可用性之间寻求平衡是一个重要挑战。

第二节　主要研究内容

为了应对上述重大挑战，需要在多方面开展研究。这里列出 11 项研究内容，其中 5 个属于数据管理范畴，包括分布式数据管理（本节第一部分）、云数据管理（本节第二部分）、图数据管理（本节第三部分）、新型硬件数据管理（本节第四部分）和内存数据管理（本节第五部分）。另外 6 项属于数据工程范畴，包括多源数据集成（本节第六部分）、数据整理（本节第七部分）、数据分析（本节第八部分）、数据可视化（本节第九部分）、数据隐私（本节第十部分）和数据安全（本节第十一部分）。

一、分布式数据管理

由于大数据的管理需求，分布式数据库一直是工业界和学术界的研究重点。分布式数据库应该具备强一致性、高可用性、可扩展性、易运维、容错容灾以及满足 ACID［即原子性（atomicity）、一致性（consistency）、隔离性（isolation）、持久性（durability）］属性的高并发事务处理能力。由于受限于一致性、可用性、分区容错性（consistency，avaliability，and partition tolerance，CAP）理论，即在必须支持分区容错性的前提下，系统实现只能侧重一致性和可用性的一个方面而无法同时满足；另外，支持 ACID 事务属性及高并发事务处理一直是分布式关系数据库的难点。分布式数据库基本是围绕数据强一致性、系统高可用性和 ACID 事务支持等核心问题展开研究工作的。这些性质与系统的扩展性和性能密切相关，甚至相互制约，往往需要根据具体的应用需求进行取舍。主要研究内容包括：

（1）数据强一致性。银行交易系统等重要领域往往有数据强一致性和零丢失的需求。当更新操作完成之后，任何多个后续进程或者线程的访问都要求返回最近更新值。如果在这个分布式系统中没有数据副本，那么系统必然满足数据强一致性要求，原因是只有独本数据，不会出现数据不一致的问题。但是，分布式数据库系统的设计需要保存多个副本来提高可用性和容错性，以避免宕机时数据还没有复制，导致提供的数据不准确。如何低成本地保证数据的强一致性是分布式数据库系统的一个重要难题。

（2）系统高可用性。在分布式数据库中，系统的高可用性和数据强一致性往往不可兼得。当存在不超过一台机器故障时，要求至少能读到一份有效的数据，往往需要牺牲数据的强一致性来保证系统的高可用性。相当一部分 NoSQL 数据库采用这个思路来支持互联网场景下的大规模用户并发访问请求，它们通过实现最终一致性来确保高可用性和分区容错性，弱化了数据的强一致要求。为了解决数据不一致问题，不同的分布式数据库设计各自的冲突机制。另外，有效的容错容灾机制也是保障系统高可用性的坚实后盾。

（3）ACID 事务支持。如何有效地支持 ACID 事务属性一直是分布式数据库的难点，涉及很多复杂的操作和逻辑，会严重影响系统的性能，很多 NoSQL 数据库都是放弃支持事务 ACID 属性来换取性能的提升。

近年来，新型数据库（NewSQL）的出现给分布式数据库的发展带来新的方向，它的目标是提供与 NoSQL 相同的可扩展性和性能，同时支持事务的 ACID 属性。这种融合一致性和可用性的 NewSQL 已经成为分布式数据库的研究热点。

二、云数据管理

云数据管理以大容量、多类型、快变化、低质量的大数据为管理对象，提供弹性、可靠的与高效的数据存储、组织与存取、查询处理、运行与维护等管理功能。主要研究内容包括：

（1）针对多类型特征，研究多模型数据统一管理技术，提供统一查询语言（如 SQL）和编程接口。

（2）针对大数据的大容量、快变化特点，从系统容错、数据划分与迁移、去中心化、自适应优化等维度，研究弹性、高可靠、高性能的云数据管理系统架构。

（3）针对大数据应用的多样性特点，从分布式系统的线性一致性、顺序一致性、因果一致性、最终一致性，与分布式事务的隔离级别两个维度出发，研究去中心化的分布式事务处理技术。

（4）研究基于新型硬件和人工智能的云数据管理技术，优化数据存取、查询处理、并发访问控制与故障恢复、系统运维等子系统。

（5）研究云计算资源的按需分配和弹性伸缩调整技术，支撑系统的弹性管理。

三、图数据管理

图数据可以显式地表达事物之间的复杂关联，因此其具有非常广泛的应用场景，包括社交网络、知识图谱、网络数据分析等。然而，由于图数据的计算模式复杂，图算法的复杂性高等特点，如何有效地管理大规模的图数据是一项具有挑战性的研究。为此需要重点研究：

（1）低层次抽象地提供编程接口的图数据管理系统，针对图数据管理中的基本操作设计并实现相应的编程接口，用户利用这些编程接口来实现相应的管理和分析功能。

（2）高层次抽象的描述性查询语言，用户将相应的管理需求用描述性查询语言表达，系统解析这些描述性查询语句并生成相应的查询计划来进行执行处理，实现包括图搜索、基于图的社区发现、图节点的重要性和相关性分析、图匹配查询等查询和分析需求。

（3）在大数据时代，图数据管理的研究还包括在异构计算环境下的图数据管理方法、多源流式图数据管理、资源描述框架（resource description framework，RDF）知识图谱构建和推理等。

四、新型硬件数据管理

新型硬件技术的出现和发展为数据管理技术带来新的挑战，也带来明显的机遇。作为系统软件，数据库底层需要针对新型硬件做出适应性调整，充分利用新型硬件带来的便利，同时避免引入新型硬件后导致的新瓶颈。针对不同类型的硬件，重点研究：

（1）基于高性能和专用处理器的数据管理方法。GPU、FPGA、人工智能芯片等专用处理器具备更大规模的数据并行操作能力，可用于数据库内核范围内的机器学习等任务。同时，不同特性异构硬件的协同操作也成为研究问题。

（2）基于高速网络连接的数据管理方法。随着 RDMA 等高速网络技术的发展，网络传输代价大幅度降低。需研究基于高速网络的数据库查询处理和分布式事务处理机制。

（3）基于非易失存储器的数据管理方法。非易失存储器支持内存式的按字节的高速寻址，同时支持外存式的持久化能力。需研究非易失存储器和内存、闪存等不同特征的存储介质在体系结构层面的结合方式，以及非易失存储环境中的数据库恢复机制等技术。

五、内存数据管理

内存数据库就是以内存为主要数据存储介质，在内存中直接对数据进行操作的数据库。传统数据库查询执行的主要瓶颈在于输入输出操作，而在内存数据库中，内外存数据交换不再成为代价的主要来源。内存数据库需要考虑现有 CPU 特性对内存操作的影响，如 CPU 中的缓存、指令和数据的预取、共享数据结构上并发访问的控制机制等，为此需重点研究：

（1）数据组织，包括内存数据库中数据是否和不同处理器核进行关联的分区策略，是否存储多个版本的多版本策略，数据按行、按列或者混合方式的存储策略等。

（2）数据索引，即研究传统索引在内存多核 CPU 环境中的演化，包括索引节点数据适合 CPU 缓存、减少多处理器之间的并发控制代价、减少多处理器之间的数据一致性代价、减少非连续内存访问代价等。

（3）事务机制，即考虑多核并发环境以及数据内存组织方式，设计适合内存环境的新型并发控制协议，从而提升事务吞吐量，同时减少单个事务的延迟。

六、多源数据集成

多源数据集成，是指为多个异构的数据源提供统一的存取方法。多源数据集成需要解决三个核心问题，即统一的数据建模方法、精准的模式匹配以及高效的查询处理。

（1）需要研究如何提供一种通用的数据建模方法，以支持多数据模型混合并存，适应大数据多源、异构的特点。

（2）需研究实体匹配和模式匹配的问题。实体匹配的内容是判断多个元组是否对应同一个实体。需要研究合理的相似度度量标准，还要具备可扩展性，以处理大规模的数据集。模式匹配的目标是建立不同模式到一个统一的集成模式之间的映射。模式匹配的研究方法包括基于实例的匹配、基于模式信息的匹配以及混合匹配等。近年来的一个趋势是采用机器学习或深度学习方法来提高模式匹配的准确度。

（3）多源数据集成还必须提供统一的查询处理接口，需要有一个框架来容纳和支持多个不同类型的数据处理引擎，以灵活支持用户定义的操作，而不仅仅是确定的操作算子。面对跨引擎的查询和用户定义的操作，查询表达和查询优化将是一个难点。

七、数据整理

数据整理是为了使数据能够更好地服务于数据分析而对数据进行的审查和转换的过程，它是整个数据分析流程中最占用精力的过程。从技术上讲，数据整理包含前期数据解析与结构化处理、数据质量评估与数据清洗、数据集成和提纯等过程。由于问题的复杂性，数据整理过程通常不是完全自动化的，而是需要用户介入的反复迭代和交互的过程。因此，数据可视化、用户反馈与交互都是数据整理的重要研究内容。如何开展有针对性的研究工作，提出数据整理方法论，并系统化地集成相关工具，形成数据整理方面整体上的研究和应用影响力？相关领域的研究学者利用庞大的 Python 开源社区 PyData，投入系统化的数据准备工具研制中，将研究成果更好地应用在实际场景中，或许是一条较可行的技术路线。

八、数据分析

从系统角度，交互式分析对大数据处理的性能要求极高，如何利用好新型硬件（如 GPU、FPGA、NVM、RDMA 等）来加速大数据分析至关重要。首先，在数据处理层面，用户在交互分析时，需要花时间去理解数据分析的结果，利用这个时间完成数据的预取和预计算操作，把最有可能的下一步分析任务的结果提前算出来，或者采用近似计算方法，给出统计分析结果的上下界，并随着数据处理的进行，不断更新计算结果，让分析结果随着用时的增加更为精确。其次，如何根据一些常见的数据分析类型，设计相关的评测基准，让不同交互式数据分析解决方案之间有更好的可比性，也是很值得研究的方向。再者，就是解决具体分析任务时，如何设计有效的交互界面，结合数据模式和数据空间的特点，设计有效的数据交互方式，让数据和分析流程都能更好地通过可视化方式，引导用户以较低的代价参与到数据分析的整个流程中。

九、数据可视化

大数据时代如何利用可视化技术让用户更加方便地理解数据，具有非常广泛的应用场景。数据可视化利用计算机图形学、数据分析、用户交互界面等技术，通过数据建模等手段，为用户提供有效的数据呈现方式。数据可视化能够帮助用户迅速理解数据，定位问题。数据可视化技术可以从不同维度来刻画，如可视化后台的数据类型、不同类型的可视化交互技术等。数据可视化技术的进展通常针对不同的数据类型展开，为此需要重点研究：

（1）图数据的可视化。图数据的海量规模（包括节点和边）以及有限的可视空间限制成为图数据可视化的主要挑战，主要研究侧重于图简化的思路，通过边聚集或者点聚集，构建不同层次的图，同时引入交互策略，支持用户对其感兴趣的部分进一步动态分析。

（2）时空数据的可视化。时空数据是包含时间维度和空间维度的数据，其空间维度通常和地理系统进行结合，重点研究采用属性可视化技术展示对象随着时空维度变化，如将事件流和地理流结合的 Flowmap、时间-空间-事件等信息的三维立方体方式等。

（3）多维数据可视化。数据仓库中多维数据可视化则着重于更加友好地呈现数据，利用散点图、平行坐标等方式提高用户对整体分布和不同维度之间关系的理解。

十、数据隐私

数据隐私保护技术主要利用以密码学为基础的加密、签名、协议等技术，以统计学为手段的匿名化技术、模糊化技术以及基于概率分析的差分隐私技术等，为用户数据提供隐私保证。大数据背景下潜在隐私泄露方式更加多元，主要研究内容包括：

（1）大数据隐私保护理论，包括隐私定义与搜索能力之间的关系、支持数据隐私的安全搜索机理、隐私保护方法评测基准等。

（2）数据存储、查询和发布中的隐私保护技术，包括基于隐私识别的数据加密算法、带密检索机制、动态数据的安全连续发布、具有复杂关联的敏感数据反推演策略等。

（3）机器学习模型训练和发布中的隐私保护技术，包括最优化隐私性和可用性的模拟训练数据生成技术、基于目标函数和梯度扰动的模型训练技术、基于加密或扰动的隐私保护联合学习技术、基于对抗学习的模型参数发布技术等。

（4）数据服务中的个人隐私保护，包括个性化隐私度量及保护手段，数据服务中的个人隐私保护，包括社交网络环境下的个性化隐私度量及保护手段，数据服务中对用户偏好、地理位置、行动轨迹等信息的隐藏策略，及其与服务质量之间的关系度量等。

十一、数据安全

数据安全研究如何保护数据免遭窃取、更改和破坏。在大数据背景下，海量的数据规模、多样化的数据类型及无法回避的大规模数据共享需求等，是数据安全保护面临的新问题。相关研究主要包括以下四个方面。

（1）面向分布式环境的、覆盖数据全生命周期的安全保护模型及实施机制研究，包括兼顾可用性与效率的数据安全分发、访问、备份、恢复、日志、撤销和擦除等。

（2）人工智能时代中的数据使用安全研究，涉及在各类新型机器学习和数据挖掘等数据使用场景中避免敏感数据的直接或间接的泄露等。

（3）数据保护基础理论及其应用的研究，涉及数据安全保护各技术环节上的现代密码学算法的优化与应用，如基于属性的鉴别及访问控制、同态认证、同态加密及安全多方计算的优化等。

（4）数据安全检测分析技术研究，如面向数据安全的渗透性测试及数据泄露扫描与溯源技术等。

第三节　本 章 小 结

在“以数据为中心的计算”时代，数据在计算体系中的重要性凸显，数据不再是依附特定软件（业务）而存在的，数据本身可以是独立存在的。这给数据管理和数据工程带来新的挑战和机遇。一方面，数据不仅仅支撑业务的运行，即使在业务活动结束后还要继续保存，因此数据会越积越多，需要新的支撑平台；另一方面，数据只有利用才有价值，围绕数据价值的提升，需要有方法学和工具的支撑。这些挑战会深刻影响传统数据管理与数据工程的研究走向。在数据管理方面主要表现在如何更加高效地管理大数据，在数据工程方面将围绕数据整理、数据分析、数据安全与隐私保护等方向展开。本章对“以数据为中心计算”概念的内涵、形成的历史脉络等进行阐述，围绕数据管理和数据工程这两个方面，对主要的挑战问题和研究方向及内容进行梳理。

第十二章 软件质量与安全保障

软件质量自从软件诞生之日起就是被关注的重点。软件质量和安全保障通过相关技术和管理手段来检测、度量和评估软件制品符合预期的程度，并排除或容忍软件制品中不符合预期的因素，从而保障软件的实现和行为符合预期。经典的软件质量核心价值观强调“绝对正确”，涵盖功能性、可靠性、易用性、效率、维护性和可移植性等一系列质量属性[①]，强调在客观证据基础之上形成对软件质量的客观认识。

在“软件定义一切”的时代，一方面，人机物融合应用场景使软件的使能空间被进一步大幅度扩展，导致软件系统的规模和复杂性进一步增大，软件开发和演化的成本进一步上升；另一方面，动态开放的运行环境使安全性成为十分重要的质量属性，针对性的保障措施成为迫切需求；进一步，由于软件日益成为实现应用价值的核心载体，各类利益相关者的价值实现被纳入软件质量属性的范围，还需要考虑伦理、授权、法律等相关非技术因素。由于受可投入成本的限制，“绝对正确”这一理想目标在现实情况下难以达到，因此软件质量的核心价值观转变为强调“相对可信”，即在客观证据基础上形成对软件质量的主观判断。度量与评估软件符合预期的程度一直是软件质量保障的基础性挑战问题，随着软件质量的核心价值观从“绝对正确”转变为“相对可信”，该基础性挑战问题的空间被进一步拓展。

在建立价值观的基础上要进一步建立各类软件质量保障措施，即围绕各类软件质量关注点提供解决问题的方法和技术。从系统观与生态观的角度看，

---

① ISO9126. http://www.sqa.net/iso9126.html。

软件质量的考虑涉及更宽广的范畴。例如，从系统工程的角度看，如何在经济可行条件约束下通过综合集成的方法，用可担负质量的部件实现高质量的系统。又如，如何认识在软件生态系统中质量的依赖与传播规律；考虑到软件生态中各类利益相关者的价值差异和冲突，软件及其服务的质量如何取舍权衡等。以上内容相关的质量保障措施值得进一步研究，但由于篇幅有限，本章主要关注以下更加迫切、更具挑战性的软件质量与安全保障问题。

在人机物融合计算环境下，实时混成、云端融合、复杂异构、动态聚合、智能适应等非经典需求与应用场景层出不穷，软件系统设计、实现和运行过程中需要采用更具针对性的质量保障措施；大规模复杂系统的安全保障变得更重要但又更困难，迫切需要新的技术突破；确保物联网环境下软件安全升到国家安全高度，亟须系统深入的研究工作；数据驱动的智能软件日益成为一类重要的软件形态，不同于传统软件，这类软件基于概率化的归纳推理来实现智能行为，对各类不确定性的驾驭是其内在的要求，如何有效评估和保障这类智能化软件系统与服务的质量也是亟待研究的问题。

第一节　重大挑战问题

在人机物融合的计算场景下，软件质量与安全保障面临的重大挑战问题主要集中在以下几个方面：一是数据驱动的智能软件系统高度复杂的数据依赖、软件行为不确定性、计算结果鲁棒性方面，对软件质量提出新的挑战；二是针对人机物融合场景下的大规模软件系统，拓展传统静态、封闭环境下的正确性、可靠性质量保障技术，支持动态、开放、演化环境下的可信质量保障；三是针对基础设施化软件系统，有效检测漏洞或恶意软件等安全缺陷，并通过构建准确、高效的缺陷修复技术及漏洞防御机制保障安全。

一、数据驱动的智能系统质量保障

越来越多的软件系统采用深度学习技术，基于大规模数据分析进行计算、推理及决策，即综合利用统计分析算法、数据处理、并行计算等技术，从海量、多态的数据中挖掘知识，实现数据价值的最大化。与传统软件相比，智能算法模型通常构建一些复杂变换（往往是高维非线性）实现智能处理，这种复杂运算给模型内部变换边界带来特定方向的不稳定性。智能软件系统最终要依赖外部物理设备运行，系统运行过程还受环境的精度等方面的资源约束。因此，数据驱动的智能软件系统在高度复杂的数据依赖、软件行为不确定性、计算结果鲁棒性方面，对质量保证研究提出新的挑战[206]。随着数据驱动的智能软件系统越来越广泛地应用在工业生产、社会生活、金融经济、行政管理的方方面面，其可靠性、鲁棒性、安全性等方面问题如不能有效地加以防范，将造成重大损失甚至灾难性后果。

（一）数据质量和模型质量成为瓶颈

数据驱动的智能软件系统中，往往以数据为核心，围绕数据的处理、分析、挖掘、学习等各种任务设计算法，被称为“面向数据编程”的模式。因此，与传统软件侧重“逻辑正确”不同，数据和模型的质量是数据驱动的智能软件系统可信性的基础和关键。一方面，数据的质量难以保证，与传统关系型数据相比，大数据具有数据量大、实时分析要求高、存在多种异构数据格式、噪声水平高、关键数据元素持续演变等特点，数据质量是大数据分析正确和决策有效的根本保证，数据质量管理更加具有挑战性和迫切性；另一方面，鉴于认知系统和认知过程的复杂性，模型有可能不完整、不精确、模型假设存在偏差，噪声会严重干扰模型的有效性。算法需具备一定的鲁棒性，不受模型中噪声的干扰，给出可信的决策结果，在数据分布特征等方面，训练数据集与实际应用或是预期的数据集可能存在不一致性，即数据集偏差、歧视，或是样本迁移问题，直接影响模型的可靠性。数据和模型的错误和失效，将造成智能算法判断和决策错误、软件失效。

（二）数据依赖严重且依赖关系复杂、多变，软件行为难以预测

数据驱动的智能软件系统数据、模型之间存在着错综复杂的依赖关系，这些依赖关系可能是隐性的、间接的、动态多变的。数据、模型依赖及其与代码之间的相互关联难以分析和维护，错误难以定位和隔离。相比于代码分析，数据、模型和代码之间依赖和追踪关系的研究还非常有限，尚缺乏有效的技术和工具。由于程序逻辑高度依赖于数据，并且算法对数据、模型的变化敏感，所以基于概率分析和动态学习的决策过程，使得软件行为具有很大的不确定性。

（三）智能系统需具备运行时故障诊断、预测及自愈的能力

智能系统常常需要融合多种硬件设施、软件构件，实时完成大规模数据的采集、综合、分析等处理，实现智能感知和智能决策。系统应用场景多样，功

能组合繁多，输入空间难以穷尽，条件组合数量巨大；在实际运行中，软硬件环境等因素复杂多变，各种情况叠加在一起综合作用。离线测试阶段难以覆盖各种可能的场景。另一方面，系统常需要集成大量第三方的数据和软件，如深度学习与机器学习框架。在实际应用中，第三方服务的稳定性、可靠性、安全性以及不同来源的服务之间的兼容性、互操作性等问题，都给系统集成带来巨大的挑战。因此，运行过程中及时发现和诊断乃至预测系统故障、及时修复故障或通过容错等机制保持系统正常运行，对保证业务安全和系统高可用性至关重要。

二、人机物融合场景下的系统可信增强

与传统系统不同，人机物融合场景下的软件系统将计算部件与物理环境进行一体化整合，将大量独立的异构设备（及其数据）进行智能化的连接，并针对当前系统、场景等的实时变化根据任务需求对计算逻辑，乃至软件体系结构进行自动调整与配置。这样，计算设备可以更精确地获取外界信息并做出针对性、智能化的实时反映，从而提高计算的性能与质量，给出及时、精确并且安全可靠的服务，实现物理世界与信息系统的整合统一。显然，列车、电网、航天等典型安全攸关系统均具有鲜明的人机物融合特质。如何对相关系统的可信性进行保障对相关系统的正确运行具有重要意义。然而，在人机物融合的场景下，相关异构、组合、动态等特性也给系统行为可信保障带来新的挑战与需求。

（1）人机物融合场景下构件间将进行频繁的通信、合作与协同，去完成复杂的任务。因此，相关系统是一个典型的组合系统。长期以来，对大规模组合系统进行分析、测试、验证一直是相关领域的难点所在。此外，由于在人机物融合场景下不确定性行为、概率性行为、实时连续行为越来越常见，如何在建模阶段对随机、不确定、连续行为进行描述，并在分析中对相关行为进行研究，也是对相关复杂不确定系统进行可信增强的一个重要挑战。

（2）相较于一般静态可预测系统，人机物融合场景下系统行为更加强调于实时捕获、采集环境或者其他协作成员的运行时参数，从而进行自身策略，乃至构件间拓扑结构的智能调整。在开放环境下，相关外界参数取值随时间变化，难以准确离线刻画。因此，从传统的静态测试、分析、验证等角度出发，难以遍历枚举相关开放动态行为中可能出现的所有场景，无法给出完整状态空间描述与安全保障。在此情况下，如何从运行时监控角度应对开放环境带来

的连续动态行为是相关领域的重要关注问题。

（3）从系统观来认识人机物融合系统，我们会发现在人机物融合场景下，相关系统的多构件行为呈现出典型的分布式、异构式特征。在构件内部行为难以描述，构件间规格和工作方式差异巨大，难以整体把控的情况下，如何从体系结构角度对系统可信增强进行考虑，设计面向容错的新型协同设计方式及异构系统体系结构，为相关软件设计提出新的挑战。

三、大规模复杂系统安全缺陷检测

现代软件系统因需求的快速迭代而增量构建、经过频繁重构和演化、规模庞大、复杂度高，都是典型的大规模复杂系统的特征。它们在企业应用、城市交通、航空航天、智能电网、医疗、指挥控制等重要领域已经成为不可或缺的一部分，但其实现中存在漏洞或恶意代码等安全缺陷，是导致大规模复杂系统安全性问题的主要根源；而要想保障其安全，需要即时检测并排除安全缺陷。但随着软件的规模和复杂性的不断增大，现有软件安全保障技术与工具的有效性和可扩展性受到严重制约，软件安全缺陷检测和排除尚未改变以人为中心、侧重经验的实践现状，尚未能形成自动化、客观化的解决方案[207, 208]。综上所述，软件安全保障所面临的新挑战主要如下。

（一）安全缺陷统一建模

安全缺陷中，漏洞属于实现中存在遗漏，而恶意代码属于非预期的实现，安全缺陷一旦被攻击或利用，都能对软件系统带来危害。经过几十年的发展，已经公开大量的安全缺陷，软件安全缺陷具有程序设计语言依赖、系统依赖等特征，有时还依赖于特定的硬件平台与体系结构，安全缺陷形态、机理各异。针对特定的安全缺陷，研究相应的检测方法进行精准制约化检测，虽在特定场景下可行，但已不能满足实际的安全需求。面临的挑战主要在于如何统一表达安全缺陷的语法、语义特征、触发规则、行为特征等问题，使得能够通过相关检测算法高效、精准识别安全缺陷；在此基础上，提升安全缺陷检测方法的可扩展能力，以便检测已有的重要安全缺陷，还能检测新的安全缺陷。

（二）大规模复杂系统安全缺陷检测方法的效率和资源有效协同

根据已公开的安全缺陷特征，通过静态分析、测试和验证等方法检测潜在安全缺陷，是目前被普遍采用的技术。但随着软件系统规模越来越大、系统功能日趋复杂，公开安全缺陷的数量也急剧上升，安全缺陷检测方法的精准性和规模化能力是难点问题。面临的挑战主要包括：

（1）需要在处理大规模程序时平衡精度和可扩展性。高精度的检测方法需要更多的资源开销，并且受到程序规模的制约，而为了适应大规模程序的安全缺陷检测，采用保守的策略，会导致大量的误报，且需要人工进一步确认，从而降低检测方法的可用性。

（2）需要平衡协同计算资源的消耗与检测效率。安全缺陷检测方法可以提升精度但增加复杂度需要更高的计算资源，可以利用大数据处理、硬件加速、并行化等技术优化检测算法，依据特定的规则将大规模代码进行切分，将检测任务并行化处理，并将其分配到不同的计算资源上完成检测工作。

（三）安全缺陷检测过程中大规模状态空间的充分探索

在安全缺陷检测过程中，需要尽快探索到目标程序的状态空间，以检测潜在的安全缺陷，由于复杂软件系统的程序状态空间十分庞大，如何有效地探索程序的状态空间是需要解决的关键问题，具体包括以下几个方面。

（1）程序分支和循环结构的深度覆盖，即通过探索程序状态空间过程中历史覆盖、缺陷检测、冗余等信息，有效地制导探索过程，尽早覆盖关键的程序状态空间。

（2）多维信息制导的模糊测试输入生成，即利用程序结构、安全缺陷特征、执行结果反馈等信息，有效地制导模糊测试，使其能够产生覆盖多样性目标的输入空间，从而快速覆盖程序状态空间，到达能够触发安全缺陷的程序行为路径。

（四）历史漏洞机理和安全专家经验难以复用

在现有安全缺陷检测的分析和测试过程中，多个环节存在不确定性，仍需要安全专家人工进行决策。这些安全专家经验以及历史漏洞的机理信息对后续漏洞分析、检测、利用和修复工作能够起到很大作用。但遗憾的是，这些经验在现阶段难以实现高准确度的复用。人工智能技术现已在文本翻译、图像处理、语音识别等方面得到广泛应用，使其具备人的智能而实现自主决策。因此，如何在安全缺陷检测和预警的各个环节中引入智能化技术，是现阶段所面临的重要挑战，具体包括以下两个方面。

（1）安全缺陷检测历史信息的智能化。将安全缺陷检测历史信息及其统计特征知识化，以便在安全缺陷检测过程中进行智能化预测；将深度学习技术应用到安全缺陷检测样本代码相似度映射中以便实现同源安全缺陷检测和挖掘的智能化，应用到输入域、程序结构的映射中实现模糊测试中输入生成的智能化。

（2）安全专家经验的知识化和智能化利用。分析安全缺陷检测过程中的专家经验，进而将其抽象为安全缺陷检测的启发式规则，以便在安全缺陷检测过程中根据自动搜索经验知识空间实现安全缺陷检测的智能化。

（五）面向安全保障的缺陷自动修复与验证

及时修复软件中存在的安全缺陷，是保障软件安全的主要手段，现阶段主要依靠人工修复软件安全缺陷需要花费大量的时间精力阅读理解程序代码、定位安全缺陷并修复，非常耗时耗力。面临的挑战主要在于：

（1）如何针对安全缺陷实现自动修复。基于遗传算法、程序搜索、程序合成等手段的软件缺陷的自动修复方法面临在实际系统中应用的可扩展性、可用性等方面的挑战。

（2）如何自动验证修复。目前存在一些修复方法在某些实验途径上可以证实有效性，但缺少理论基础，无法保障其完备性，需要有手段保证安全缺陷修复措施符合预期。

四、物联网环境下的系统安全保障

物联网通过软件定义、人机物融合实现计算、信息、通信、控制等任务的一体化，软件是其核心使能、基础设施类组成部分。物联网高速发展的同时，也带来新的问题，特别是物理设备实现移动互联后，导致所有物联网终端设备直接暴露在互联网上，处于不安全状态，使得设备自身安全，其拥有和传输的数据的机密性、完整性和可获得性，都面临安全挑战。任一物联网终端软件一旦遭受攻击，将会导致软件崩溃、设备失效、威胁用户隐私、冲击关键信息基础设施等安全事故，对整个物联网系统造成严重的破坏[209, 210]。但现阶段，全面保障物联网软件与系统安全，需要检测物联网软件的所有潜在安全薄弱环节，实施有针对性的保障措施。但由于物联网软件的复杂性、异构性、人机物融合等特性，仍然需要重点解决如下重大挑战问题。

（一）面向复杂异构物联网终端控制软件的安全缺陷检测

物联网系统的使能部件是软件，而这类驱动物联网系统工作的核心软件如果存在安全缺陷，包括漏洞、恶意软件，容易被攻击利用，在安全关键场景下会带来严重的后果，如何能够及时检测这类安全漏洞是关注的焦点。在复杂物联网系统中，计算、通信和控制设备由于其各自所执行的任务不同，往往由完全不同的软硬件构成，同时不同设备间的相互协作关系也由于系统的庞大而变得十分复杂，有时还可能存在动态变化，这导致对复杂物联网系统中异构的终端设备控制软件进行安全性检测变得异常困难。如何改进现有的静态分析与动态测试技术以适应物联网软件依赖的芯片、硬件外设、操作系统、指令集、外部库、交互接口、外部输入等异构性，是面向复杂异构物联网终端软件进行安全缺陷检测亟须解决的关键问题。

（二）面向完整物联网软件系统的模糊测试

物联网边界模糊、设备异构，物联网软件实现控制、计算与通信的集成，使其在处理能力不断强大的同时，内部结构也变得愈加庞杂且与外部世界的交互变得愈加频繁，而现有的模糊测试方法主要针对物联网软件系统自身故障进行安全检测，面临的挑战在于如何针对物联网系统与环境，探索使用基于人工智能技术，构建智能化模糊测试方法，将物联网状态空间中搜索安全缺陷的问题转化为目标制导模糊测试与优化问题。

（三）面向动态安全检测的物联网软件仿真与虚拟化技术

现有物联网软件测试需要互联网环境支撑、动态执行设备，并依据获取的运行时反馈信息进行分析，使得运行时安全检测面临驱动设备运行困难、捕获设备反馈困难、识别安全缺陷困难等问题，具体包括：

（1）物联网软件仿真技术。由于物联网软件依赖的终端硬件、体系结构、指令集、部署配置的多样性，如何在支持相应固件体系结构、指令集的模拟器的基础上构建通用仿真执行支撑环境；如何针对基于特定外设，基于适配接口构建物理设备运行驱动环境，从而实现能对典型设备进行运行驱动的支撑；如何利用通用仿真环境和物理环境的支撑，捕获运行时的物理设备的状态、仿真环境下覆盖等反馈信息，便于安全缺陷检测过程。

（2）物联网系统环境建模与虚拟化技术，物联网软件需要通过外设、互联网接口与外界交互，如何基于各类网络协议，对多类交互输入接口进行虚拟化和数字化的基础上统一建模，对物联网运行依赖的系统软件平台进行虚拟化建模与支撑。

第二节　主要研究内容

软件系统质量和安全保障的重点，仍然是通过相关技术手段和管理手段来检测、度量和评估软件制品符合预期的程度，并排除或容忍软件制品中不符合预期的因素，从而实现保障软件系统的实现和行为符合预期。但由于软件在社会生活中的作用发生根本性变化，我们需要从尚未充分探索解决的经典问题和新的重大挑战问题等角度展望软件质量和安全保障方面的研究内容，整体框架如图 12-1 所示。具体而言，需要研究软件伦理、软件公平性、软件授权、软件立法等非技术因素扩展软件预期外延的方法，以及相应的检测、度量和评估技术；由于软件自身的发展、开源软件的大量使用，软件系统的规模和复杂度大幅度提升，运行软件的平台不断变迁、软件自身的形态不断变化，面向缺陷检测，需要研究分析、测试、验证、监控等检测与度量技术的能力提升和可扩展性途径；对现有的检测、度量、保障和评估技术不能满足实际需求时，需要研究相应的形式化方法、模型驱动方法、符号执行技术、人工智能技术、抽象解释技术、虚拟化技术、并行化技术等支撑技术；随着软件的运行环境动态开放、系统的行为存在不确定性，需要研究软件系统动态行为的建模、监控、预测和容错；随着数据驱动的智能软件大量应用于重要领域，需要研究作为软件制品的组成部分的数据和智能模型的质量保障；经过一段时间的安全检测与保障，已在全球构建各类公开的漏洞库/恶意软件库，需要研究已知漏洞、恶意软件的检测、定位、修复，并探索未知漏洞、恶意软件的检测与报告；随着支持软件运行的平台已经从经典的计算机，转向端边云融合的泛在物联网计算设备，软件的形态已经成为驱动物联网设备的固件，需要研究物联网固件的分析、模糊测试、仿真等安全保障方法，以及相应的虚拟化支撑技术；软件自身的构建和维护、软件运行和提供服务过程中，软件质量和安全保障活动产生大量数据，需要给予软件质量和安全的历史数据，从管理角度对软件开发构建、运行维护过程中人的行为进行约束、规范，改进软件过程，从预防不符合预期制品的构建角度保障软件的质量和安全。

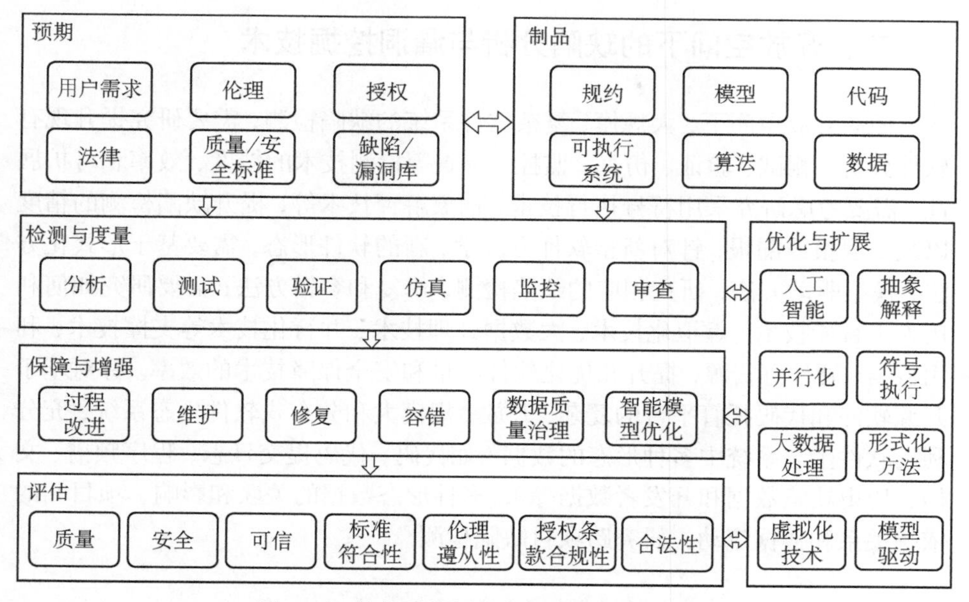

图 12-1　软件质量与安全保障研究内容框架

一、软件预期的外延扩展和符合性评估

由于软件在社会生活中的作用发生根本性变化，作为软件质量与安全保障的依据，软件预期不能局限于传统的用户需求和领域标准，需要分析国际、国家软件质量和安全相关的标准，针对软件体现的人类价值观，研究软件价值要素和反映软件价值要素的软件质量属性，在此基础上研究新型软件质量和安全模型，制定或更新基于软件价值的质量、安全和可信标准；研究软件价值的度量与评估，在此基础上研究质量评估、安全评估、可信评估、标准符合性评估手段；还需要考虑公开缺陷/漏洞库/恶意软件库、软件伦理、软件公平性、软件授权、软件立法等社会生活中的非技术因素，基于 ACM/IEEE 软件工程职业伦理规范，研究适合软件从业人员的职业伦理规范，基于法律法规及重要领域软件应用，研究特定领域软件立法；基于通用公共许可证（general public license，GPL）、Apache 等国际通行的开源软件授权规定，研究适合未来软件产业发展状况的授权法则，在此基础上，需要研究相应的标准、伦理、授权法则、法律等符合性检测、度量和评估技术。

二、开放空间下的缺陷分析与漏洞挖掘技术

面向开放空间下，大规模、复杂软件系统的缺陷检测，需要研究提升现有软件分析、测试、验证、仿真、监控、审查等检测技术的精度、效率和可扩展性。需要考虑研究采用符号执行技术、抽象解释技术等，提升缺陷检测的精度以减少误报或漏报；针对新型软件方法学、新的软件形态，需要基于形式化方法、模型驱动方法，研究相应的缺陷检测、修复和容错方法；需要研究如何利用人工智能技术、虚拟化技术、大数据处理技术、并行化技术等支撑技术，利用数据、硬件等资源，提升和优化软件质量和安全保障技术的效率。针对基于开源软件和代码托管平台的复杂、开放、规模大和分布式软件生态系统，充分利用软件生态系统中多种形态的数据（如代码、代码提交日志、程序频谱、文档、历史缺陷数据和开发者数据等），多种形态数据的关联和影响、项目间的依赖关系和数据流动，研究跨项目缺陷检测。

三、系统动态行为监控与容错

针对系统动态行为，以监控属性和监控设计模型为基础，对复杂状态空间进行快速、准确的计算和分析，结合运行时验证、故障诊断与隔离等技术，研究相关系统行为的实时、高效、主动监控方法。另一方面研究行为预测与控制生成技术，基于运行状态对系统后续状态空间进行预测，研究针对潜在故障的容错方法与技术，在可能发生故障前，进行实时控制生成，对系统运行进行干涉，以避免故障的发生，确保系统的行为符合预期。

四、数据及智能模型的质量分析与评估

（一）在数据质量保障方面

在数据质量保障方面主要研究如下。

（1）数据质量模型及度量方法如准确性、规范性、完整性、一致性、时效性等。

（2）以高质量的知识挖掘和利用为目标，研究数据质量的改进和优化方法与技术。

（3）研究在数据采集、分析、利用、演化的生命周期过程中，持续的质

量监控和管理方法与技术，形成高效的数据管理工具。

（二）在智能模型的质量保障方面

在智能模型的质量保障方面主要研究如下。

（1）有效的监测体系以及检测方法、技术与工具，能及时、有效地发现数据集偏差、歧视及样本迁移等问题。

（2）针对数据集偏差、歧视及样本迁移等问题，高效鲁棒的模型及算法设计。

（3）智能系统的鲁棒性、安全性、稳定性分析，有效识别和评估智能应用中的风险。

五、智能系统测试

智能系统测试在深入分析智能软件系统的故障模型、缺陷触发和传播机理的基础上，从数据驱动、复杂场景建模、人机物复杂运行环境模拟等几个方面开展相关研究。研究数据分布多样性、数据语义一致性、数据边界稳定性、数据精度适应性等特征数据测试；研究分布式、高并发、多种事件触发机制、复杂规则执行等特征场景测试；研究开放环境、动态交互协同、高度不确定性行为为典型特征的复杂环境测试；研究智能系统应用场景模拟、故障注入、数据及用例的基准测试集等测试工具及测试平台的构建。

六、安全缺陷检测、定位、修复和预警

关注软件漏洞和恶意软件等安全缺陷，认清漏洞作为不安全或遗漏的实现、恶意软件作为多余的实现这一本质，分析全球构建各类公开的安全缺陷库，研究安全缺陷产生的原因、结构和行为特征，需要研究典型安全缺陷的结构和行为特征的检测、定位方法，研究使用深度学习、并行化技术提升漏洞检测能力的方法，并探索基于安全缺陷的结构和行为特征的未知安全缺陷预警方法。分析漏洞成因，基于人工进行漏洞修复经验和知识，研究漏洞代码的自动化定位、漏洞代码上下文智能切片和基于上下文的代码逻辑修正等技术，结合智能化方法，构建智能化漏洞修复技术，保障漏洞修复的准确性和及时性。基于恶意代码的静态结构和动态行为特征及其演化，通过在静态分析中引入人工智能技术，模拟安全专家“手工”检测和识别恶意代码的流程，构建恶意

特征集作为训练集，训练智能化恶意代码检测模型，从而快速、准确地实现对恶意特征的识别和判断、对恶意行为的自动化验证。

七、物联网环境下的测试技术

物联网环境下软件存在的安全缺陷可能存在潜在的风险，其自身结构特性和环境依赖给软件测试带来新的问题。需要研究软件建模、模型驱动测试与验证方法；研究针对软件的静态分析和符号执行技术，支持典型安全缺陷的检测；研究面向物联网环境的智能模糊测试技术，用软件结构、行为模型有效制导模糊测试，生成能够覆盖软件的输入域、结构和行为场景的测试输入，利用人工智能技术，基于对软件结构与行为、软件安全缺陷、模糊测试历史等知识和经验的学习，构建并训练映射模型，预测输入域与状态空间区域的映射关系，通过使用遗传算法、人为指定漏洞关联重点区域，优化模糊测试制导算法，避免无效、冗余的测试用例生成，在资源有限的情况下充分有效地遍历重要的状态空间尽早发现漏洞。

八、过程改进与预防式软件质量保障

在 DevOps、持续集成（continuous integration）、持续测试（continuous testing）、持续交付（continuous delivery）、AIOps 等软件开发、集成和动态运行维护框架下，研究开发、集成、部署、运维流程中持续迭代的故障检测和质量评价等环节质量历史数据的分析方法，确定质量问题、追溯问题来源并评估质量风险，从管理角度在软件开发构建、运行维护过程中约束、规范人的行为，从改进软件过程、预防不符合预期制品的构建角度保障软件的质量和安全。

第三节　本章小结

长期以来，软件质量一直是软件学科不可或缺的核心研究主题之一。在“软件定义一切”的时代，软件日益成为实现应用价值的核心载体，软件质量的核心价值观由强调“绝对正确”转变为强调“相对可信”；在人机物融合应用场景需求的牵引下，软件系统的规模和复杂性进一步增大，动态开放的运行环境使安全性成为十分重要的质量属性，从而使软件质量与安全保障面临一

系列重大挑战，主要包括数据驱动的智能系统质量保障、人机物融合场景下的系统可信增强、大规模复杂系统安全缺陷检测、物联网环境下的系统安全保障等。围绕这些挑战所开展的研究将主要集中在软件预期的外延扩展和符合性评估、开放空间下的缺陷分析与漏洞挖掘、系统动态行为监控与容错、智能系统测试、物联网环境下的安全测试技术、过程改进与预防式软件质量保障等方面，在此基础上建立人机物融合环境下的软件质量与安全可信保障方法与技术体系。

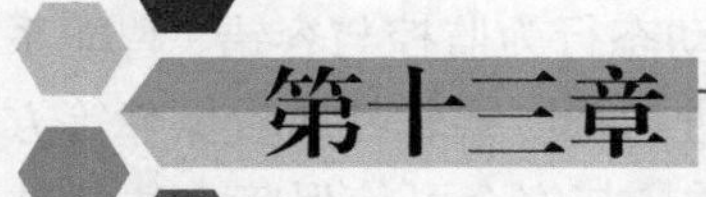

第十三章 面向人机物融合的新型软件系统

软件系统已经成为现代社会的重要基础设施，包括提供云计算、大数据等支持的信息基础设施、软件定义的物理基础设施等。在这些基础设施的支撑下，传统的软件应用如科学计算、办公自动化、企业管理决策等正朝着服务化和智能化的方向发展，以提供更强的功能、更高的性能和更佳的用户体验。更为重要的是，基于这些软件基础设施，未来的应用软件系统将以面向领域的人机物融合场景计算为主要呈现形式。即应用软件系统将使计算服务嵌入各行各业以及民众生活，使计算从单纯的赛博空间进入人机物融合空间，综合利用人类社会（人）、信息空间（机）和物理世界（物）等的资源，通过协作进行领域特定的个性化计算，实现领域价值。

在此人机物融合的大视野下，软件至少在两个方面承担着关键角色。自顶向下观之，软件因其驾驭复杂适应系统的突出能力，通过软件定义的方式，充当人机物融合大系统的集成者与管理者。自底向上观之，软件实现科学第三（计算仿真）、第四（数据驱动）范式，极大提升了人类的工程能力，是改造待融合的物理世界的不可或缺的服务者与赋能者。

在前一方面，近年来，软件定义网络、软件定义存储、软件定义数据中心等的成功及“软件定义一切”的趋势，揭示了计算系统在能力描述上的潜能，其内在本质是资源虚拟化和功能可编程。未来的现实世界，场景就是计算机，软件系统要在各种各样的现实应用场景中，发挥其核心纽带作用，软件定义的方法和技术将成为其基本手段。本章从天地一体化并覆盖生产、生活、国防等不同领域的角度，选取作为对地观测及应用平台的新型卫星系统、作为先进制造平台的流程工业控制系统、作为城市治理和生活服务平台的智慧城市系统，以及在生产、生活、国防领域都有广泛应用的无人自主系统，从系统体系结构和软件技术挑战等方面分别予以阐述。需要强调的是，本书之前章节所述的共性软件技术在这些系统的开发运维中仍然适用，本章着重于讨论领域特定的内容，并从软件定义的角度展示新型人机物融合软件系统的发展趋势。

在后一方面，软件对物理世界进行数字化模拟仿真和计算分析，以此支持对现实世界的科学认知和工程改造。从手段上看，这是以虚拟镜像的方式实现的一种“机物”融合，从目的上看，无论是重大工程还是高端装备，其日益明显的趋势是建造出更加利于融入软件定义的人机物大系统的关键物理子系统。这方面的关键软件应用系统包括高端 EDA、虚拟制造和高性能 CAE 等。其中高性能 CAE 软件系统作为支撑高端装备、重大工程和重要产品计算分析、模拟仿真与优化设计的工程软件，为关键装备及科学装置的研制提供物理世界的数字化模拟，为现实世界人机物融合系统中的物理规律分析和验证提供平台支持。为此，本章也将讨论高性能 CAE 软件系统的技术挑战和研究方向。

第一节 卫星系统

长期以来，卫星的研制模式一直采用“为特定任务定制卫星、为特定卫星定制载荷、为特定载荷定制软件”的技术路线。卫星按功能划分，一种卫星只能完成一种任务，入轨之后无法增加新的功能。随着商业航天时代到来，这种“一星一任务、一箭定终生”的模式显然不能满足商业航天时代的需求。软件定义卫星成为一个新的发展趋势。2018 年 11 月 20 日，中国第一颗软件定义卫星“天智一号”发射升空，是软件定义方法进入卫星领域的成功案例。

软件定义卫星采用开放系统架构，以计算为核心，支持有效载荷虚拟化，即插即用，应用软件按需编排、生成与加载，系统功能快速重构。从平台优先到载荷优先，从载荷优先到算法优先、软件优先，改变卫星的研制模式，成为实现具备“一星多任务”能力的通用卫星的重要一步。

软件定义卫星与传统卫星的主要区别是，通过软件的方式重构有效载荷、改变和扩展系统功能并优化其性能，最大限度地解除卫星软硬件间的紧耦合，使其可以各自独立演化。利用强大的计算能力，一方面支撑更多应用软件，将卫星的硬件效能发挥到极致；另一方面实现对卫星全系统资源的虚拟化，简化卫星的硬件实现。软件定义卫星以计算为核心，硬件最小化，软件最大化，可最大限度地降低卫星研制成本，缩短卫星研制周期，提高卫星应用效能，从而最大限度地提高卫星的效费比。

一、参考体系结构

软件定义卫星的基本理念是，基础资源层实现有效载荷虚拟化，应用层实现应用逻辑可编程，为了实现从应用层到资源层的动态按需调用，需要在基础资源层和应用逻辑层之间，建立支撑应用层的任务及其运行管理，以及支持资源层的资源管理调度机制，从而建立上下两层间的动态映射，因而引入独立的卫星操作系统平台，并实现系统平台可演化。其抽象系统体系结构如图 13-1 所示。

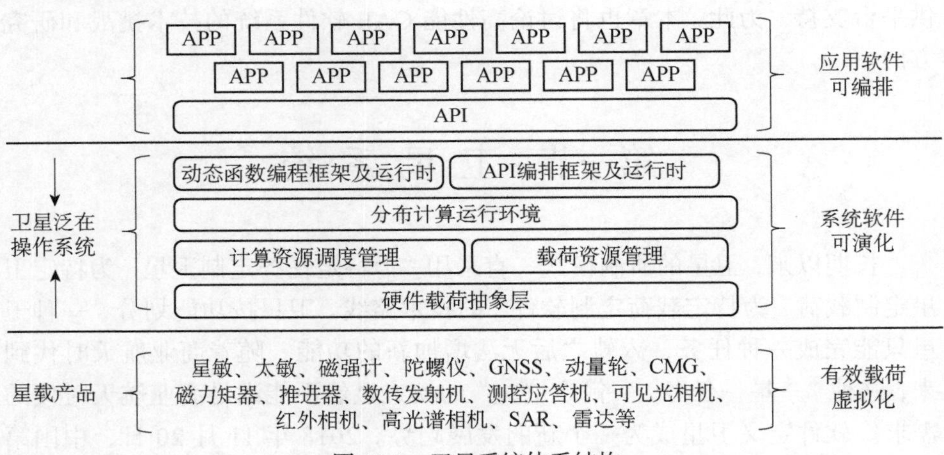

图 13-1 卫星系统体系结构

APP 指应用程序，GNSS 指全球导航卫星系统，CMG 指控制力矩陀螺，SAR 指合成孔径雷达

其中，面向卫星的泛在操作系统成为卫星应用和卫星资源的桥梁。它向下提供硬件载荷抽象层，实现卫星硬件资源的标准化和虚拟化，为高层统一资源的调度管理提供一致的访问控制接口；向上提供应用编程与编排框架，以及统一的编程接口，支持各类应用程序，并通过丰富的应用程序为用户提供个性化服务；其核心功能是资源的调度、管控、配置、组装及演化。

二、关键技术挑战

软件定义卫星从概念模型到全面实现仍面临诸多技术挑战，包括卫星有效载荷的虚拟化、异构资源的管理与实时调度，以及卫星按需定制和演化及其可靠性等。

（一）异构资源的功能抽象和虚拟化

卫星上核心资源是卫星操控机制，除此之外，其他硬件资源还包括星敏、太敏、磁强计、陀螺仪、GNSS、动量轮、CMG、磁力矩器、推进、数传发射机、测控应答机、可见光相机、红外相机、高光谱相机、SAR、雷达等诸多种类，其功能特性高度异构。需要提供统一的虚拟化机制，构建相应的模型，通过结构化模型表示其能力，便于软件驱动或控制这些硬件设备。

（二）系统平台硬件资源的实时调度

卫星平台硬件资源虚拟化后，都映射为结构化模型表示，成为软件调度的系统资源，统一资源空间中的资源调度与管理存在两个层次上的差异性，其一是使星载计算机系统资源适应不同应用（算法）需求的调度与管理，如数字信号处理（DSP）、FPGA、CPU、NPU、GPU 等计算资源，以及网络通信与数据存储资源；其二是有效载荷虚拟化后的功能资源满足不同应用（算法）需求的调度与管理，如何对不同层次上的资源进行实时的协同调度与管理，是软件定义卫星功能有效性的挑战。

（三）软件定义卫星系统的持续演化

软件定义卫星需要支撑两个层面的适应性和演化性，一是面向容错的载荷资源的功能升级换代，这需要资源虚拟化和软件定义具备自动更新机制，具有自我修复与更新的软件定义自动生成能力；二是应对卫星应用场景需求或者环境变化，提供算法重构和重配置的能力。这向下要求载荷功能定义模型具有自动演化和更新能力，向上要求卫星应用定制程序和架构具有针对需求和环境变化的自适应能力。

（四）面向卫星应用场景的定制和卫星载荷资源的优化

传统的卫星基本都是专用的，不具有能力的可定制性，在软件定义方法的支持下，有可能通过领域任务知识的软件定义化，实现面向应用场景的定制，实现针对不同应用的应用程序。其挑战性问题是如何根据不同任务需求从载荷资源优化利用出发，实现一星多用，最大限度地发挥硬件的能力。

三、未来研究方向

面对以上技术挑战，围绕软件定义卫星需进一步开展以下研究工作。

（一）基于模型的有效载荷虚拟化及其可靠性检验方法

有效载荷的虚拟化不仅是提供访问接口，还需要有功能的抽象及其软件定义，需要从功能抽象的角度，研究并建立卫星硬件能力的建模和软件定义方法，需要研究基于模型的硬件资源的检验技术和基于模型的测试技术，为卫星有效载荷资源虚拟化提供可靠性检测方法。

（二）软件定义的卫星系统的资源协同管理体系

软件定义的卫星系统的资源协同管理体系涉及三个方面：①研究面向应用（算法）需求的星载计算资源统一调度模型；②研究面向有效载荷的资源调度与使用模型；③研究面向应用需求的资源协同调度和管理方法。

（三）软件定义卫星应用的持续演化框架

其涵盖一系列软件系统演化机制和方法，需研究：①领域特定的编程语言及运行时系统；②与编程语言系统适配的自适应计算卸载机制，以及代码自动生成与修复技术；③基于样例的 API 自动合成；④面向场景不确定性的管控逻辑自适应编排；⑤基于自主学习与数据驱动的管控目标自适应演化机制。

第二节　流程工业控制系统

流程工业控制系统是指专用于或主要用于流程工业控制领域，为提高制造企业制造、生产管理水平和工业管理性能的系统软件，包括嵌入式工业软件、协同集成类软件、生产控制类软件、生产管理类软件等四大类。流程工业控制系统利用信息技术将流程工业过程的控制逻辑化、管理流程代码化，从而驱动装备和管理业务按照既定的逻辑自动高效地运行，并实现预先设定的功能。流程工业控制系统的应用可以提高产品价值、降低企业成本进而提升企业的核心竞争力，是现代工业装备的大脑，也成为支撑新一轮工业革命的核心。

过去流程工业领域已有很多信息化工作，但在新时代的背景下，流程工业控制系统需通过软件定义的方式完成平台化的重构。这种软件定义的流程工业控制系统呈现出以下三个方面的优势：①通过协同研发平台优化研发管理体系，以数据和流程的标准化，以及跨企业研发平台的建设思路为核心，优化研发管理体系；②通过对传统工艺的理解和改造，推广工业机器人在垂直行业的应用；③应用商业智能实现数据驱动企业发展，在商业智能系统中，实现全员统一查阅企业视图，全面预测数据，洞察驱动的业务流程最佳化，形成统一的基础架构预先构建的分析解决方案，演变成企业绩效管理系统。

一、参考体系结构

流程工业控制系统的主要特点是：①机电仪控设备、生产设备、生产资源的虚拟化；②数据采集、过程控制、过程优化、生产调度、企业管理、经营决策的定制化；③工业应用开发、数据集成和分析服务的平台化。

流程工业控制系统体系结构如图 13-2 所示。

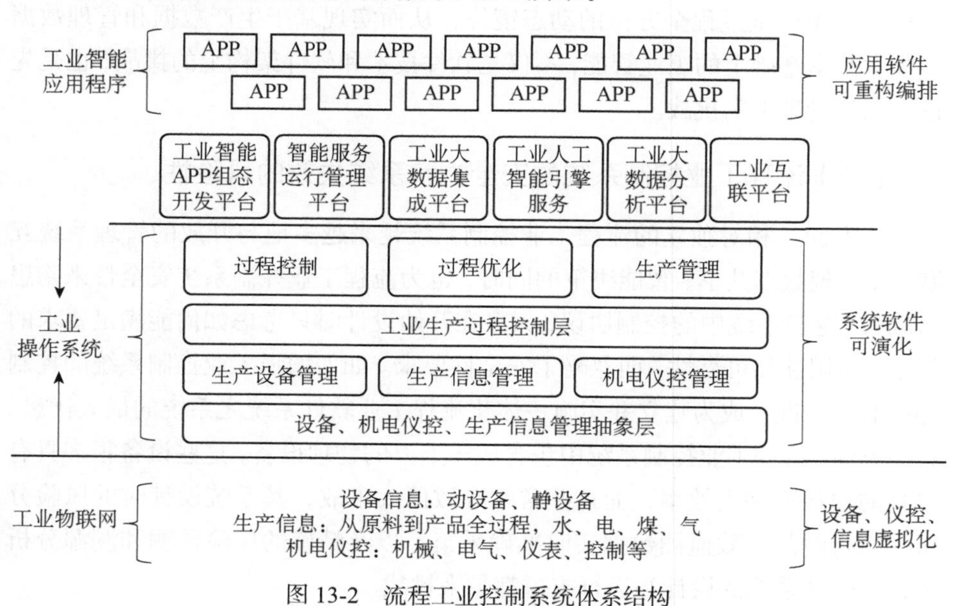

图 13-2 流程工业控制系统体系结构

二、关键技术挑战

从软件系统的角度看，流程工业控制系统的特殊性体现在设备和生产资源的虚拟化和工业大数据采集及管理上，其中包括工业信息化数据、机器设备数据和产业链跨界数据等，其中数据的采集环境多样，数据采集具有很高的准确性和实时性要求，并且大部分数据具有时序特性。流程工业控制系统的主要挑战，来自对上述四大类软件系统的合理重构，需要以系统的角度进行资源的划分、能力的定义，需要抽象出制造过程的任务，形成可动态重组的业务逻辑单元，并支持按需业务重组和资源调度，具体挑战如下。

（一）贯穿工业生产全过程的体系化的软件系统之系统

流程工业涉及多个方面，既涉及与企业价值相关的产品生产需求，又涉及原材料提取、传递及其通过物理、机械和（或）化学方式转化成其他产品的过程。当工业生产的每个环节都配备传感和通信设备之后，为了实现智能制造，首先需要构建各个生产环节上独立的信息系统和控制系统，如生产管控系统、安全环保系统、供应链管理系统、能源管理系统、资产管理系统等。但如何汇聚这些独立的软件系统和物理设备，用统一的机制综合物流、能源流、资金流，形成工业生产全过程全方位的动态镜像，从而实现基于生产数据和管理数据多维度共享基础上的工业智能，不仅是软件技术和软件架构上的挑战，也是先进控制和管理上的挑战。

（二）流程工业控制系统的安全性和系统失效的风险性

一方面，相对独立的流程工业控制系统越来越多地与开放的管理系统互联，在实现数据共享、智能决策的同时，也为流程工业控制系统安全带来隐患与威胁。这类系统中的控制协议，大多在开始设计时只考虑如何能满足要求的效率、实用性和可靠性，而忽略了安全性要求。如何增强工业控制系统的控制协议的安全性，成为建立并实施一体化流程工业软件系统之系统的最大忧患。另一方面，流程工业控制系统中包含成千上万的物理设备，这些设备很多具有很高的损耗率和失效率，而这些常常导致巨大事故，其系统设计时的风险分析、运行时的失效监测数据实时准确采集，以及精确的风险预测和溯源分析等，对软件系统的设计和运行支撑都带来挑战。

（三）海量多维流数据的实时处理

流程工业控制系统需要面对的是超高的数据通量和低质乱序的传输，同时需要满足的需求又是高质全序查询与复杂分析。只要系统处于运行态，那么检测设备就会 7 天 24 小时不间断地产生数据，数据采集频率高而且量大。软件系统需要管理千万条时间序列数据，并以每秒百万至千万点的速度处理数据。更加困难的是，这些数据基本都是异构的而且从异地采集的，常常出现表头缺失、数据错列、数据缺失、数据串行等问题，需要高效正确的纠错算法等，这些都是系统设计和运行时的挑战性问题。

三、未来研究方向

流程工业控制系统的未来研究方向如下。

（一）实时准确的信息感知和数据采集

工业生产过程优化调控和经营管理优化决策需要准确的信息，其难点是如何实现从原料供应、生产运行到产品销售全流程与全生命周期资源属性等的快速获取与信息集成。因此，原材料与产品属性的快速检测、物流流通轨迹的监测以及部分关键过程参量的在线检测是实现流程工业智能优化制造的前提和基础。

（二）生产运行监测和动态优化决策

生产计划的不确定因素众多，原料采购价格和市场需求多变，给生产运行和经营管理的决策带来困难。核心是要解决如何深度融合市场和装置运行特性知识以进行管理模式的变革，以大数据、知识型工作自动化为代表的现代信息技术为制造过程计划和管理的优化决策带来契机。

（三）以软件为核心的生产全流程自动协同控制

工业制造采用由经济优化、计划调度、先进控制、基础控制等不同功能层组成的分层递阶结构，如何根据实际过程的动态实时运行情况，从全局出发协调系统各部分的操作，成为生产过程优化调控的核心。软件系统需要将物质转化机理与装置运行信息进行深度融合，建立过程价值链的表征关系，支持生产过程全流程的自动协同控制与优化。

（四）生产过程故障诊断与环境安全监测和预报

生产制造装备安全、可靠运行是保证生产制造全流程优化运行的关键，也是综合自动化系统正常运行的保证。需要软件系统集成传感、检测、控制以及溯源分析等技术，实现模型与数据驱动的流程工业过程运行工况的故障预报、诊断与自愈控制，以及生产制造全生命周期安全环境足迹监控与风险控制，实现绿色制造。

（五）高通量时序数据全生命周期管理、传输和利用

工业物联网的数据采集、管理和利用涉及跨越"云-网-端"三层体系结构，终端层需要支持高性能的写入、高压缩比的存储以及简单查询。场控层需要配备高效丰富的时间序列查询引擎。数据中心层需要能与大数据分析平台无缝集成，支持时序数据处理和挖掘分析。

第三节　智慧城市系统

智慧城市系统利用信息技术，将城市的系统和服务打通并集成，以提升资源运用的效率。智慧城市系统建设已经成为城市治理的必要需求，其驱动力在于需要突破地域、部门或系统的边界，促进城市信息空间、物理空间和社会空间的深度融合，从而向城市管理者提供城市规划管理的支持，优化城市管理和服务，提高城市治理水平，向市民提供泛在、周到的智能服务，改善市民生活质量。

智慧城市涉及交通出行、环境保护、应急处理、电子政务、医疗卫生、民生服务等众多领域，应用需求丰富，以往采取各个应用系统独立规划、独自建设的方式，造成硬件"各为其主"、数据"互不往来"、软件"各自为政"的局面，不仅不利于软硬件资源的复用，也限制跨部门、跨系统的数据共享与业务系统，成为制约智慧城市发展的瓶颈。

在此背景下，近年来，软件定义的智慧城市系统成为一个重要的发展趋势。在软件定义的智慧城市系统中，原来各自独立的城市应用系统被整合成一个基于统一城市基础支撑平台的应用生态系统。在这个平台中，原来服务于不同应用的感知终端、各应用系统中的数据服务，以及云环境中的计算和存储资源都被虚拟化，并通过一组 API 被访问。新的应用系统在构造时，不再"从零

开始”，而是通过访问这些 API，复用现有的硬件、软件和数据资源，从而实现系统的快速构造，并自然实现了数据的跨系统流动以及服务的跨界融合。

一、参考体系结构

从软件定义的角度看，智慧城市的典型体系结构如图 13-3 所示。该结构分为三层，最下层是要打破现有城市信息系统的边界，实现跨域信息系统互联互通，并将现有系统中的数据、功能封装为可复用的信息资源；中间层则是为各种城市智慧应用提供开发、运行支撑和知识萃取等共性服务的城市基础支撑平台，并要随着城市应用需求、数据、技术的变化而演化；最上层是复用已有信息资源构建的大量应用系统，这些应用系统的功能和性能在基础平台的支撑下，实现功能和性能的自适应，由平台统一管理并根据用户的情境与偏好推荐用户使用。

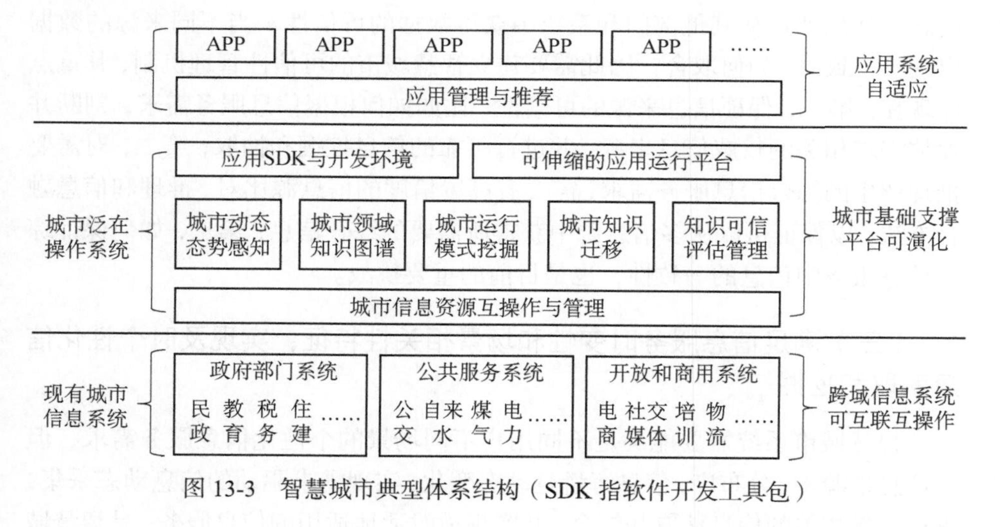

图 13-3 智慧城市典型体系结构（SDK 指软件开发工具包）

二、关键技术挑战

智慧城市系统的关键技术挑战如下。

（一）系统边界可伸缩，实现跨域信息系统互操作

在城市信息化建设的初期，城市管理的各个部门独立开展信息化工作，建成大批“孤岛系统”。建立智慧城市系统的首要挑战就是针对跨部门跨系统的

应用场景，如何进行异构信息交换、系统间互操作以及协同问题求解。智慧城市系统的功能重点体现在信息服务上，系统边界体现为信息边界。通过软件定义把信息资源虚拟化，再通过软件系统对虚拟资源进行管理和调度，这是实现跨域信息系统互联互通的技术支撑，也是目前存在的重要技术挑战。具体而言，其主要挑战在于：如何进行信息资源的虚拟化，以及如何在信息资源虚拟化的基础上实现信息服务可编程，通过统一系统调用接口，访问信息资源提供的服务，实现信息资源的灵活管理、调度和更新，以满足对信息服务的多样需求。

（二）满足数据的准确一致性要求，提供可信的城市信息服务

在软件定义的智慧城市系统中，不同的业务系统由不同的组织运营，从不同的渠道不断产生和收集数据。跨系统的数据共享，使得系统的运营方不再依靠自身的力量获取本系统所需的所有数据，这在提高效率的同时也带来新的问题。如何评价从其他部门和系统中获得数据的可信性？当不同来源的数据出现不一致时，如何取舍？因此需要建立智慧城市的可信性管理机制，其重点体现在：第一，保证信息来源的可信性，比如如何根据信息服务需求，判断并评估需求相关的权威信息来源，并进行可靠的信息挖掘和抽取；第二，对需要推理产生的综合信息服务需求，需要有高置信度的信息源比对、推理和信息融合方法，以保证可以从多信息源中获得所需要的综合信息；第三，如何保证综合信息服务中信息的一致性，也是目前的重要挑战。

（三）满足信息服务时变性和场景相关性特征，实现及时个性化信息萃取和挖掘

智慧城市系统需要能满足不同用户不同场景的个性化信息服务需求，但其信息来源多，分布广，信息海量且动态变化，实现需求驱动的信息动态采集，进行场景相关的信息萃取和综合，并实现适时适地适用的信息服务，是智慧城市系统的重要挑战。

（四）在海量信息的基础上建立各种分析机制和决策模型，成为提高城市治理水平的重要支撑

在实现成熟大数据汇聚和信息融合的基础上，一个针对城市管理高层决策的需求凸显出来，需要针对城市治理和应急管理等高层需求，通过软件定义的技术，建立面向城市资源全局调度、重大突发事件管控等的决策模型库，建

设支持动态决策支撑平台。

三、未来研究方向

智慧城市系统的未来研究方向如下。

（一）城市信息资源互操作与管理

建立城市信息资源互操作与管理系统，一方面需要打破城市各孤岛系统的壁垒，建立数据共享开放、功能协同的机制；另一方面需要实现对城市各类信息资源的统一索引、授权、监控管理，促进基于语义的资源大规模共享与协同。

（二）城市知识萃取、演化和服务化

城市信息系统具有“智慧”的前提是必须掌握与城市相关的各种知识，既包括特定应用相关的专门知识的获取和管理，也包括智慧城市的基础支撑平台，以针对跨应用的共性城市知识建立统一的知识萃取与演化机制，为各类应用提供共性支撑，包括三个方面能力：一是领域知识模型构造能力，将分散在信息系统和专家头脑中的知识集中抽象成统一知识模型并建立相应的知识库；二是领域知识模型演化能力，随着城市知识的演化更新知识模型，并保持知识库的一致性；三是知识可信性评估能力，从溯源、推理、传播、交叉验证等多种渠道，评估知识的可信性。同时，从跨系统的数据中萃取的知识也不应该仅服务于某个特定的应用系统，而应该被封装成一组服务，嵌入城市公共服务平台中，通过即插即用的方式被各个应用系统使用。

（三）城市信息群体感知和协同推荐

智慧城市系统应满足城市全方位感知和多样化信息服务需求，需要研究多人多组织参与的群体感知和服务定义，具体包括三个方面：第一，群体城市感知，即将持有智能手机在城市中移动的市民视为融合手机的感知、计算、通信能力和人类智能的“综合感知终端”，形成群体城市感知网络；第二，构建基于“云-边-端”计算架构的智慧城市互联和协作架构，使能“综合感知终端”通过移动互联网，实现云平台支撑下的互联和协作，完成大规模、复杂城市感知任务；第三，智慧城市服务定义和推荐，即面向智慧城市中信息服务应用的多样化、本地化、个性化的需求，促进人机交互和协作，在基于互联网的信息

汇聚平台支撑下，研究信息服务的软件定义方法，实现大规模协同式信息服务的定义、设计和推荐，形成各展所长、相互支撑的共生生态系统。

（四）城市规划仿真和突发事件管控

在城市大数据和多系统互操作的基础上，体系化地构建城市管理，特别是突发事件管控的模型库、预案库、策略库。研究多渠道城市运行管理事件关联分析、预警预报和综合决策技术，研究多系统协同指挥的流程及机制，研究基于跨系统城市功能协同的城市风险预测和推演技术，构建城市智能模拟/预测/推演平台；研究城市风险和灾害等不同情况下的城市危害与次生危害仿真模型，建立能支持突发公共事件风险的网络治理机制和城市群应急管理联动体制的平台。

第四节　无人自主系统

无人自主系统是机械装置、计算技术、传感器和软件的融合，包括无人地面车辆、无人飞行器、智能机器人等。其典型特征是能自主感知周边环境，通过内部搭载的计算部件理解环境状态并做出相应的行为决策，然后根据决策结果控制其机械装置执行相应的行为。以上各部分工作全部通过软件来协调完成。例如，无人地面车辆是在地面上自主行驶的车辆，一般配备一组传感器以观察其周边环境，通过感知和决策自主决定其行为。

无人自主系统的核心是其环境和情境的可感知性和行为的自治性，典型情况下具有如下能力：①环境感知能力，即能收集其周边环境的信息，形成对环境的认知，如了解建筑物内部的结构、检测环境中感兴趣的物体（如人和车辆）；②规划和自主行为能力，即能对自身的行为进行规划并自主执行，如无人地面车辆可以在没有人工导航的情况下自主在航点之间移动、无人飞行器可以在没有人工导航的情况下自主在航点之间飞行、智能机器人可以在没有人工控制的情况下自主完成为它设定的任务等；③自我维护和修复能力，即自身进行定期维护，对一些故障无须外部协助即可自行修复；④环境安全保护能力，即能在完成所设定任务的同时避免对人员、财产或自身造成伤害；⑤自主学习能力，即能自主学习多个方面的知识和技能，包括实现新的功能、根据环境实现行为的自适应调整、形成任务执行过程中的自主决策。

无人自主系统经常会以群体协作系统的形式出现，这种群体协作系统是从单体无人自主系统扩展而来的。除了单体无人自主系统具有的特点，群体协作系统还具有以下特点：①功能分布性，即不同功能的无人自主系统协同工作以完成更复杂的任务，同时通过共享资源扩大完成任务的能力范围；②空间分布性，即多个无人自主系统可以分布在工作空间的不同区域同时工作，提高完成任务的效率，增强系统的鲁棒性。

传统的无人自主系统针对单一的任务类型，通过硬编码的方式实现任务目标。随着无人自主系统在智慧城市、智能制造、智慧医疗、国家安全等领域的广泛应用，任务场景和应用目标的多样性和变化性逐渐成为一大挑战。为此，新一代无人自主系统正在逐步向软件定义的定制化开发的方向发展，通过针对包含感知和执行装置等设备的资源层面以及包含感知、分析、规划、执行在内的自适应软件控制环路层面上的软件定义化，向下管理基础软硬件资源、向上开放硬件资源及自适应控制编程接口，从而支持无人自主系统应用的灵活定制化开发。

一、参考体系结构

除了作为其本体的机械装置，无人自主系统的系统架构自下而上包含四个层次，即硬件装置层、硬件抽象层、自适应控制层、应用层。其体系结构如图 13-4 所示。硬件装置层包含各种传感、成像和执行装置。其中，传感器分为内部传感器与外部传感器：内部传感器主要用于监测系统内部状态，外部传感器主要用于监测外部环境状态。硬件抽象层向下管理各种传感、成像和执行装置，实现无人自主系统位/姿控制、资源调度与优化等管理任务，并通过虚拟化抽象向上提供物理资源编程能力。自适应控制层通过包含感知、分析、规划、执行等部分的自适应环路实现路线规划、运动控制等自主移动功能以及自优化、自配置、自治愈、自保护等其他自适应控制。对于无人自主系统集群，自适应控制层还需要实现相应的群体协作控制。应用层通过硬件抽象层和自适应控制层提供的编程接口对相关资源和能力进行定制和编排，实现各种面向特定目标和任务场景的无人自主系统应用。

目前，无人自主系统硬件抽象层已经广泛采用专用操作系统。例如，得到广泛应用的机器人操作系统提供机器人应用软件开发的系统级框架，提供支持软件开发和运行的工具、开发库与规范。这一硬件抽象层与自适应控制层一起构成无人自主系统泛在操作系统，以软件定义的方式为上层应用的开发和

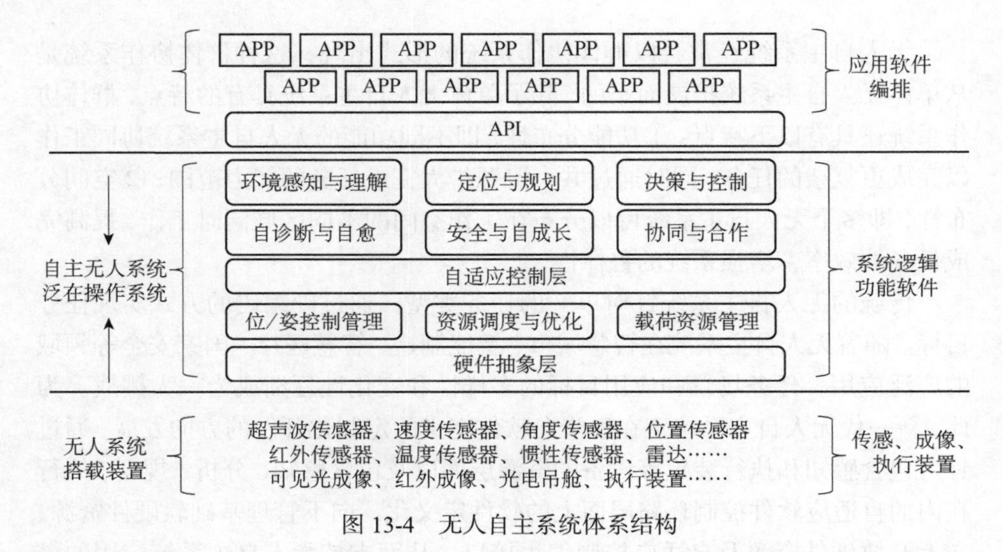

图 13-4　无人自主系统体系结构

运行提供支持。其中，机器人操作系统实现对传感、成像、执行装置等物理资源（包含机械部件及其配套电子装置）的软件定义化，提供了相应的操作接口。基于机器人操作系统的机器人应用可以通过同步服务访问或异步话题通信的方式使用接口操控机器人，实现面向特定任务目标的信息采集与动作执行。自适应控制层通过软件定义方式将自适应环路中的自适应策略（如数据分析方法、自适应控制规则等）定义和配置能力开放给应用层，实现自适应控制逻辑可编程。

二、关键技术挑战

无人自主系统分为单体系统和集群系统两类。从软件定义的角度看，其关键技术挑战包括以下几个方面。

（一）环境感知的实时性和场景理解的综合性

无人自主系统的上下文环境是物理世界，物理世界的时间动态是不可逆转的，这对系统的实时性提出很高的要求，信息获取和处理的实时性影响系统判断与决策的精度。无人自主系统的环境具有多个方面的属性，系统一般搭载多种不同的装置分别采集不同的信息，分布信息的实时关联和准确汇聚也是构造软件系统的关键挑战。场景感知的目的是对场景的理解，只有在准确理解的基础上，才能正确地进行决策并实施有效的控制。其信息采集的实时性、多维信息关联的一致性以及场景理解的准确性是无人自主系统的一大挑战。

（二）行为决策的适应性和系统控制的鲁棒性

物理世界不是完全可预测和可控的，无人自主系统需要具备动态自适应能力，即使遇到意想不到的情况，也要保证系统的鲁棒性。同时还必须满足其可靠性和效率等方面的需求。更重要的是，当系统用于安全攸关或者危险环境中时，由于系统实施的控制行为，将对物理环境产生直接的作用效果，系统需要具有强的内生安全性，并保证其行为不会对环境造成威胁。

（三）无人自主系统集群的通信、协作和冲突消解

无人自主系统集群是由多个无人自主系统按照一定的结构或关系构成的一个群体系统。这种群体系统的结构决定单个系统间的交互框架，决定单个系统间的信息和控制关系。两种常用的结构是：集中式和分散式。无人自主系统形成集群的目的是完成需要协作才能完成的任务，建立有效的结构是任务完成的关键，有效的结构可以增强无人自主系统集群的协作程度。如何根据任务的复杂性和不确定性，建立动态自组织群体结构是群体有效通信和协作的关键挑战。无人自主系统集群在任务执行过程中，常常出现任务冲突、空间冲突或路径冲突等，一旦发生冲突很容易引起系统的混乱，影响系统的性能，无人自主系统集群的在线冲突消解和有效的行为协调也是本研究方向的一大挑战。

三、未来研究方向

无人自主系统首先是一个完成特定功能的系统，其自主、自治特性体现在没有人干预的情况下根据其所处的环境自主决定如何更好地完成其功能。因此，其主要研究围绕自主决策这个特性展开，即主要关注“环境—监测—分析—规划—实施—环境”这样一个决策回路，其中环境指系统所处的现实世界，该回路中的所有活动以系统所拥有的知识（包括环境知识和行为决策知识）为基础，系统根据知识去感知环境、分析场景并进行行为决策和采取行为，具体如下。

（一）环境感知和场景理解（监测）

环境感知和场景理解（监测）是指无人自主系统对环境信息的感知和分析

能力。环境感知包括三个方面：空间感知和建模、静止物体感知和运动物体感知。无人自主系统的环境感知依赖多种传感设备：第一，需要分离空间感知能力和环境实体感知能力，研究空间建模方法以及系统和空间的位置关系判别方法。第二，对静止物体和运动物体的感知，包括物体探测和物体识别，实时捕捉物体和空间以及物体和物体间的关系，在系统中建立空间状态的镜像；研究运动物体行动轨迹的追踪方法，变化物体的变化性分析和预测方法。第三，需要研究如何组合空间状态感知和（静止/运动）物体感知及认知，并运用时序关联建立综合感知的技术，研究理解系统所处环境的场景的方法。

（二）安全风险因素识别和风险评估

安全风险因素识别和风险评估是指根据系统所处的环境场景，研究系统环境安全因素的监测和安全风险评估方法。根据不同特定领域的基础，研究提取安全因素的特征工程技术、深度学习技术、强化学习技术等，研究安全因素的分类并确立风险等级。这里的安全因素是广义的安全关注点，和无人自主系统的应用场景相关，包括环境给系统带来的风险和系统对环境带来的风险两个方面，需要研究以应用场景为依据的安全关注点提取和建模方法，建立安全因素分类体系和因果关系模型，这是系统知识库的重要部分。在此基础上，研究基于危险与可操作性分析（hazard and operability study，HAZOP）原理的安全风险评估方法。

（三）行为优化和自主决策

无人自主系统工作过程的首要矛盾就是既要采用最佳策略完成预定任务，又要规避各种可能的安全风险。由于系统常常处于动态变化的环境中，行为（包括系统运动行为和交互行为）优化和自主决策（解决已有行为规划是否需要改变、改成什么、如何改变等问题）成为关键特征。为了支持自主决策，需要研究针对系统应用领域和场景的自适应规则和策略的提取及建模，这也是系统知识库的另一个重要组成部分。值得研究的问题包括环境因素到系统行为再到系统任务间的关联关系建模、基于关联关系的任务完成度和安全风险的推理及分析，以及基于系统决策知识的自适应行为优化。

（四）自主学习和模型演化

赋予系统“学习能力”是为了使系统能充分应对复杂多变的环境，使系统能根据运行时的经验，支持模型（包括系统环境模型和系统能力模型）的演化，自动提升系统的能力，提升系统的性能。但无人自主系统引入自主学习能力，还有很多问题需要研究，包括学习和自主决策的关系、学习能力的需求识别、系统不同活动与自主学习能力的集成原理和方式、不同活动和不同学习方法的集成、学习构件的任务定义和交互定义等。更重要的是，基于控制论的无人自主系统引出各种源于标准控制系统的体系结构，基于学习的无人自主系统自适应也可能需要以学习能力为中心的新的系统体系结构。

（五）群体协同和动态合作

在复杂任务场景下，多无人自主系统依赖任务分解和自主行为，进行群体协作和动态合作，提高任务完成的质量和效率，需要研究的内容包括：①群体中个体的在线调度问题，需要将动态观测需求常态化，研究有效的机制来制定任务规划/重规划的决策时间点、机制策略、规划算法等，其难点是需要综合考虑个体动态环境和计算能力，如其他个体状态信息获取延迟滞后、任务发布与任务到达间的动态不确定的时间差、应急任务的时效可用性、个体计算能力对任务的应急响应性能等；②针对异构群体的任务分解和协同问题，包括任务驱动的群体配置和协同架构、机器协同算法机制、架构的有效性度量和成本分析机制等、群体架构的优化方法等，有效分解复杂任务，确定协调控制策略，控制任务的求解过程，实现个体间的有效协调配合。

无人自主系统的发展将推动包括智能制造、智能交通、智能农业、智能医疗、智能城市、国家安全等的重大变革。但无人自主系统的全面应用还需要很多工程性的工作，例如，建立以数据驱动的无人车间/智能工厂的体系结构和标准体系，形成人机协同的无人车间/工业智能系统完整的体系、技术与标准，实现知识驱动的无人车间/智能工厂的广泛应用，攻克以无人自主系统为基础的智能装备全生命周期的高安全性、高可靠性、高实时性、高精确性等难题等。

第五节　高性能 CAE 软件系统

高性能 CAE 软件系统是计算力学、计算数学、相关工程科学、工程管理学与计算机科学技术相结合的产物，是实现高端装备、重大工程和重要产品的计算分析、模拟仿真与优化设计的工程软件，是支持科学家进行创新研究和工程师进行创新设计的最重要的工具和手段，在重大工程实施、核反应堆设计与安全分析、航空发动机优化设计、飞行器优化设计、高端精密仪器装备、重大科学实验装置、复杂电磁环境与防护等重要装备/科学装置研制问题领域中具有举足轻重的作用。

高性能 CAE 软件系统是连接上层丰富多样的应用场景与底层高性能计算硬件平台的桥梁。一方面，高性能 CAE 软件系统应该提供适应特定问题领域的高层抽象建模机制，使得应用开发者能够使用领域特定语言进行领域特定应用的高效开发。另一方面，高性能 CAE 软件系统需要能够将应用需求有效地转化为基于高性能计算硬件平台的高并行可扩展性算法，实现应用的高效与高质运行。

软件定义为高性能 CAE 软件系统的可持续发展提供了重要的方法指导。在应对丰富多样的应用场景方面，利用软件定义机制，可以实现对不同问题领域应用需求的个性化建模以及基于构件定制与组装的需求快速实现。在应对高性能计算硬件平台计算规模的变化性和计算资源的异构性方面，利用软件定义机制，可以通过对计算资源的抽象建模与动态分配，有效提高计算资源的使用效率。

一、参考功能特征

高性能 CAE 软件系统在应用上具有广泛性和综合性，在研制上具有融合性和协作性，是一种多学科综合、知识密集的复杂软件系统，需要工程应用人员、工程科学家、数学家、计算机软硬件科学家和工程师等利益相关者密切合作才能完成其设计、开发及成功应用。其参考功能特征如下。

（一）大规模复杂几何结构的快速网格生成能力

能处理由众多具有高阶/间断曲面的零部件构造的、空间尺度大、零部件尺度跨度大的复杂结构，实现大规模网格的快速生成。

（二）多学科耦合的复杂系统耦合求解能力

复杂的工程/产品大都处在多物理场与多相多态介质非线性耦合状态下工作，其行为绝非多个单一问题的简单叠加。

（三）复杂物理现象的精准刻画和交互分析能力

交互显示全机构/全场景复杂系统中的精细复杂的装置结构、极端物理条件下未知的复杂物理现象、几何结构与物理场以及多物理场间的难以解析描述的相互影响。

（四）高效发挥高性能计算机计算效率的能力

能够适应高性能计算机体系结构的复杂性，高效利用其节点间高速互联、节点内众核异构、处理器内多层嵌套的体系结构特点，实现深度并行。

（五）集成化、连贯性

实现数值模拟流程的连贯性；实现多学科模拟集成，提高工程/产品开发整体流程的连贯性；能够帮助用户选择分析流程和判断分析结果，使 CAE 软件具有像“傻瓜”相机一样的一按即得的功效。

二、关键技术挑战

目前，高性能 CAE 软件系统的关键技术挑战包括：①软件的计算能力与超级计算机硬件峰值性能同步提升，实现数量级跨越；②软件的置信度与科学建模水平同步提升，多维度提高仿真置信度；③超大规模模拟前后处理交互能力与工程设计建模精细化水平同步提升，实现可交互操控的网格单元数的数量级跨越；④CAE 的基础理论、方法和科学数据的快速集成以及工程化能力的飞跃，实现高性能 CAE 软件能力的跨越式发展；⑤基于新兴技术的智能化、网络化和云化的新型服务模式，实现随时随地的仿真模拟。

为了实现以上飞跃，从软件角度看，必须应对以下关键技术挑战。

（一）突破效能瓶颈

随着计算性能的不断提升，高性能计算机的体系越来越庞大，结构越来越复杂，涉及计算芯片、计算节点、网络互联、存储系统等诸多方面。高性能计算机体系结构上的每项变化，都会给 CAE 软件对计算能力的发挥带来挑战，需要在算法研究、应用优化、编程实现等方面进行重大调整，使得数值模拟软件获得计算机峰值性能变得更加困难，难以做到软件计算能力与计算机硬算力同步发展。

（二）突破精度瓶颈

多可变形体、多相多态介质、多物理场、多尺度耦合分析，以及从材料到工程/产品设计一体化的仿真与优化分析，在高性能 CAE 中普遍存在。在并行模拟仿真情境下，数学物理方程解算算法的精度、多物理耦合解算过程中解算算法间耦合的精度以及解算算法与物理模型的匹配度，决定了复杂体系科学建模的集成与转化能力，是提升高性能 CAE 软件置信度的决定性因素。

（三）突破交互及其效率瓶颈

高性能 CAE 软件要求人机交互界面直观、直觉和操作便捷。随着工程建模精细度的提高，高性能 CAE 用户界面功能日趋繁杂，工作流程的构建及操作日益烦琐；同时离散网格和数据场规模持续增长，导致人机交互响应速度减慢。这使得在使用高性能 CAE 软件开展仿真过程中，大量时间和人力被花费在几何建模、网格生成和可视分析，花费于前后处理的烦琐的参数调节以及漫长的交互响应等待方面，影响了工程/产品的创新型设计和研发，严重降低了高性能 CAE 软件的仿真产出。

（四）突破软件研发效率瓶颈

高性能 CAE 软件的成功研制依赖于工程建模、数值离散、并行计算和大规模前后处理等方向在基础理论、算法研究和软件开发等方面系统化的创新成果。作为一个多学科交叉的、综合性的知识密集型产品，CAE 软件由数百到数千个算法模块组成，其数据库存放着众多的设计方案、标准构件，行业性的标准、规范、判定设计和计算正确与否的知识性规则。以上原因导致高性能 CAE 软件体系结构复杂、代码量巨大、软件开发难度大。

三、未来研究方向

对高性能 CAE 软件系统而言，其未来研究方向如下。

（一）匹配于高性能计算机硬件体系结构的高可扩展、可移植并行性能优化

针对效能瓶颈，开展高并发情形下的数据通信、负载平衡、混合并行、深度并行、微处理器浮点运算性能优化等高性能计算共性基础研究，支撑 CAE 软件的计算能力从当前串行、小规模并行向数千上万处理器核上的大规模并行跃迁。

（二）面向数学物理方程的高精度并行解算器

针对解算精度瓶颈，以实现复杂系统高效、高精度求解为目标，研究适应于并行求解环境的高精度/高效率解算算法、解算算法间高精度耦合并行算法，设计实现解算算法易于集成的开放式架构和编程接口，研究匹配于物理模型的解算算法智能选择机制，提高高性能 CAE 软件的模拟置信度。

（三）图形用户接口界面的个性化定制

针对交互瓶颈，研发高性能 CAE 软件前后处理技术，为精细化建模场景下，大规模高质量网格快速生成、海量数据场的复杂物理规律交互展现奠定基础；研发高性能 CAE 软件图形用户接口定制技术，实现图形用户接口的个性化定制，提高软件操控便捷性；实现前后处理自动/半自动的使用方式，降低数值模拟整体时间开销，提高产出效率。

（四）高性能 CAE 软件系统快速研发新模式

针对高性能 CAE 软件系统研发效率瓶颈，研究既适用于基础/共性成果快速集成，又便于基础/共性成果快速专业化应用的高性能 CAE 软件研发新模式。提供载体，将在突破效能瓶颈、精度瓶颈和交互瓶颈过程中形成的工程建模、数值离散、并行计算、前后处理的共性研究成果集成于其中。

第六节　本 章 小 结

卫星系统、流程工业控制系统、智慧城市系统、无人自主系统等新型软件系统体现了空天地一体化并覆盖了生产、生活、国防等不同领域，集中体现了人机物融合以及“软件定义一切”的发展趋势。这些领域普遍面临着异构资源抽象与虚拟化、面向特定场景的定制与优化、多维数据融合与互操作、复杂系统管理与持续演化、安全性与可信性保障等方面的挑战。同时，在人机物融合及“软件定义一切”的大背景下，这些领域也都蕴含着平台再造与整合的发展机遇，即以软件作为万能集成器对相关系统原有的软硬件和服务资源进行解构，然后以平台化的方式进行重构，从而建立软件定义的融合发展平台。为此，这些人机物融合的新兴应用领域和新型软件系统将朝着基于泛在操作系统的平台化方向发展，相关的重要研究内容包括面向特定领域的人机物资源及应用的软件定义方法、面向特定场景的人机物融合应用自适应与自演化方法、多源异构数据的融合处理与分析决策方法、人机物融合的智能产生与持续发展机制等。另外，在人机物融合中“物”的方面，软件同样是高端装备制造之魂。高性能 CAE 软件是工业软件中最具典型的代表之一。在人机物融合的智能化时代，工业软件作为工业知识的载体，也是新一轮工业革命的重点关注领域。未来，这些新兴应用领域将在基于软件定义的泛在操作系统支撑下，以空天地一体化的智能化服务渗入人们生产和生活的方方面面，为幸福美好生活奠定坚实的技术基础。

第十四章 软件生态

人机物三元融合的新型应用模式，通过综合云计算、大数据、移动互联网、物联网、人工智能为代表的新一代信息技术，使人类社会（人）、信息空间（机）、物理世界（物）之间实现互联，形成以人为中心的新社会形态。其中，软件是关键要素；而围绕软件的各类元素之间存在着复杂的依赖关系，并最终形成软件生态。软件生态是指各类软件制品（包括开发态和运行态）、软件涉众（包括开发者、使用者和维护者等）和软件基础设施（包括承载软件制品开发与运行等活动的软件基础设施等），围绕软件相关的各种活动（包括开发、运行、维护、使用等），形成的相互依赖和相互作用的网络系统如图 14-1 所示。随着互联网和软件技术的发展，这些依赖关系使软件制品越来越依赖于其所存在的软件生态，逐渐推动软件生态化发展并成为软件产业的未来发展趋势。

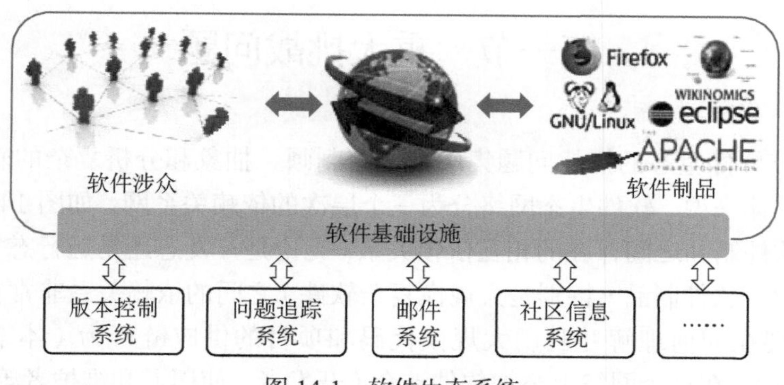

图 14-1　软件生态系统

在“软件定义一切”的背景下，软件学科的内涵呈现出四个新视角，包括以驾驭复杂性为目标的系统观、以泛在服务和持续演化为特征的形态观、以人为中心的价值观，以及以群体协作平衡为关注点的生态观。这四个视角对软件生态既提供新的观察内容，又提出新的挑战。从系统观来说，生态系统是复杂系统，即各类软件及软件活动所涉及的社会角色彼此交互，其适用于系统论驱动的复杂软件系统的观察和度量方法、各种模型表示方法及其工具支持。从形态观来说，软件泛在服务化和软件应用的持续成长趋势不仅是软件生态形成和发展的驱动力，而且增加其复杂性。从价值观来说，软件生态体现从单个元素到复杂系统的价值转变，并且因其所涉及的浓厚社会因素从以使用质量为核心的价值观发展到以人为中心的价值观。从生态观来说，软件开发、运行、维护和使用等活动的复杂性体现在参与软件活动各个环节的社会群体的广泛性，以及软件活动所处环境的开放性及其彼此交互和依赖所带来的不确定性等。总体来说，软件制品、软件涉众以及软件基础设施日益复杂化，同时在经济力量不断将国家市场转变为国际市场的背景下，全球化软件活动已经发展成为一种不可逆转的趋势[211]。全球分工不断精细化，各种供应链关系不断形成和发展，使得软件生态化成为趋势并可能形成常态。

软件生态化的时代趋势催生出许多软件学科的重要研究内容。例如，如何理解和优化大规模代码和项目的供应链行为并加以利用；个体如何快速学习并加入复杂项目和生态；群体如何高效高质地协作完成各类软件活动相关的任务；涵盖企业、个体开发者及用户在内的广泛社会力量如何围绕软件构建可持续性演化的生态系统等。本章将围绕这些问题从三个层次分析软件生态。

第一节　重大挑战问题

研究软件生态的挑战问题集中在如何刻画、抽象和分析复杂的软件生态网络。具体来说，软件生态网络分为三个层次的依赖关系网，如图 14-1 所示。首先，软件制品之间存在的相互依赖关系（无论是开发态还是运行态）构成供应链网络。软件制品（特别是大规模复杂软件）之间的依赖关系非常复杂，其挑战表现在如何理解并利用大规模代码和项目的供应链行为（本节第一部分）。其次，在这个网络上叠加软件涉众（开发者、使用者和维护者等）、软件涉众与这些软件制品形成的相互关系，以及由此带来的软件涉众之间的关系网络，从而形成相互联系的软件制品生态网络与其之上的软件涉众生态网络。由此带来的挑战包括个体如何学习并加入复杂项目和生态（本节第二部分）、复杂生态中群体如何协作以及协作行为如何发展（本节第三部分）等。最后，在这个网络上叠加软件基础设施、软件基础设施与这些软件制品形成的相互关系，以及由此带来的软件基础设施之间的关系网络。在理解三层软件生态网络的基础上，需要进一步考虑的核心挑战问题是生态如何形成以及如何可持续发展（本节第四部分）。

一、软件供应链的复杂性

随着软件技术的不断发展和软件应用领域的不断深入，软件项目越来越多样化和复杂化。一些大型项目（如 Linux 内核项目）的代码规模几乎呈现指数级的增长。与此同时，软件项目之间的依赖关系多种多样，而这种依赖关系也在不断复杂化，一个软件项目可能同时依赖数千个其他项目，如 CRAN（comprehensive R archive network，R 语言综合档案网络）在运行时上千个软件包会建立上万个依赖关系。不同于围绕同一软件项目形成的生态系统，这种由于项目之间的相互依赖（如软件的构建或运行时依赖、开发者同时参与多个软件项目、软件代码的复制粘贴、软件项目的定制化等）形成的复杂关系网络称为软件供应链（software supply chain）[212, 213]。

一种常见的软件供应链模式是企业将开源软件当作上游，对其进行定制化形成企业自研软件，并在此基础上开发各类应用。例如，很多企业在 OpenStack 基础上定制开发自己的云平台，或者在 Android 基础上定制开发自有手机操作系统等。与此同时，开源构件在开源平台、企业自研平台以及各类应用中被广泛使用。开源平台、企业自研平台、各类应用以及开源构件之间相互依赖但又在一定程度上独立演化。

图 14-2 以开源软件为例展示了软件供应链所涉及的技术栈层次（闭源软件生态或开源闭源软件一体的生态也是同理），包含底层硬件固件、系统软件（包括操作系统和数据库）、平台软件（典型代表是云计算和大数据平台），以及与用户息息相关的应用软件。大型的软件供应链几乎涵盖开发、运行、使用过程中涉及的所有软硬件及其生态。数以万计相互依存的软件项目形成的供应链为软件开发和使用带来前所未有的困难；同时，规模指数级增长的软件项目及其之间庞杂的依赖关系使供应链的复杂度激增。一方面，供应链上任何一

个节点的问题都可能波及链条上其他节点，使得损失被放大，例如，月下载量达到千万的 npm 包就曾被黑客篡改，大量软件项目和开发者受到影响[①]。另一方面，任何一个节点都可能受到供应链上其他节点的问题的影响，使得问题定位与解决变得困难。因此，如何理解并利用大规模代码和项目的供应链行为是一个亟待解决的重要问题，其目的是帮助开发者/使用者提高效率并规避风险，包括利用供应链高效地找到可依赖的或可替换的高质量软件构件、工具或平台，及时发现供应链中的脆弱点并避免由此带来的潜在风险，并避免"重复造轮子"等。

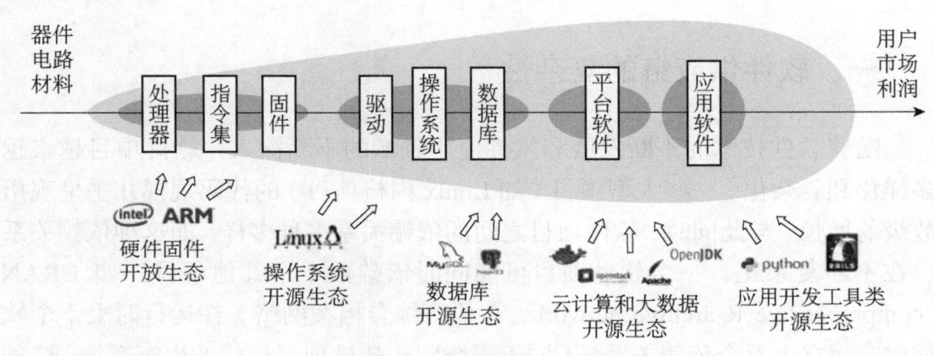

图 14-2　软件供应链示意图

二、个体参与生态的困难性

个体（主要包括开发者、维护者等）作为软件生态中的参与者，是影响软件质量和效率的关键因素，同时也是软件生态中最核心的角色之一。近年来涌现的一些软件趋势及现象（如软件开发全球化、软件众包、互联网新媒体等）进一步促使软件活动成为一种社会化活动，并改变软件从业人员思考、学习、工作以及协作的方式。同时，软件生态系统的复杂性不断增强，使得新人加入生态非常困难。因此，个体如何学习和加入复杂软件生态系统成为一个亟待解决的问题。此外，以互联网为媒介的各种应用蓬勃发展，各种新的技术和应用方式层出不穷，这也给开发者快速学习并适应变化带来很大的挑战。这些问题已经引起工业界和学术界的广泛关注。

"个体学习"包含两层含义。

第一，学习什么？参加软件项目除要求开发者掌握相应的软件技能，还需

① https://github.com/dominictarr/event-stream/issues/116。

要他们理解所涉及的领域知识。他们还需要熟悉使用各种开发支持工具，而这些工具及其积累的数据也是网络化环境下传播知识和学习项目的重要媒介。此外，根据相关研究[214]，开发者将近一半的工作时间都花费在沟通上，因此他们还需要学习如何有效沟通。

第二，如何学习？一个开发者如何从新手成长为专家，如何从一般参与者变为核心团队成员，在此过程中如何获取并按何种顺序掌握各种知识和信息等，都是理解个体学习的关键。特别是在开源项目中，由于没有层级组织、训练计划以及集中式的环境给予必要的熏陶和培育，初学者更多采用的是边干边学的模式。如何提供方法和技术，让一个新手程序员可以很快展现出一个熟练程序员的生产效率是很经典但仍然很具挑战性的问题。此过程存在的挑战主要体现在两个方面，一方面，传统的学习手段存在局限性，例如，专家和初学者解决问题的心理模型不一样，因此在其指导初学者时可能会出现失配问题（zone of proximal development，认知科学的一个重要发现[215]）。理解项目中失配问题的本质，并建立相应的技术和工具来更好地适配初学者的需求和专家的指导，不仅能帮助个体成长，也能帮助软件项目和社区的发展。另一方面，软件开发是知识密集型活动，尤其软件复杂性还在不断增长，如何高效高质地实施软件活动不仅挑战着人类本身的认知局限性，如工作记忆系统容量有限、认知负荷、学习曲线等问题。这方面需要融合相关学科的方法和洞见，并利用软件大数据提供的机会加以突破。例如，管理科学组织学认为，个人的初始环境对其长期行为有影响，但影响程度难以界定。借鉴这种洞见，利用开源贡献者的初始行为数据，对开源贡献者的意愿、能力和环境进行多维度的刻画，如图 14-3 所示，就可以量化开发者初始行为对长期行为的影响[216]。

总体来说，我们需要对个体如何学习软件项目、如何使项目更容易被理解和学习、如何提供所需要的资源和工具来提高初学者的学习能力和生产效率有更深入的理解。

三、群体协作的不可控性

全球化软件活动已经发展成为一种不可逆转的趋势。分布在世界各地的软件涉众需要协同开发并发布高质量的软件，并需要持续迭代反馈以改进和升级软件，这些都将导致大规模的通信、协调和合作。因此，其中所涉及的社会性问题，如软件活动中涉及的众多角色能否积极参与并良好地协作，会影响软件生态中各类活动的效率以及产品的质量。

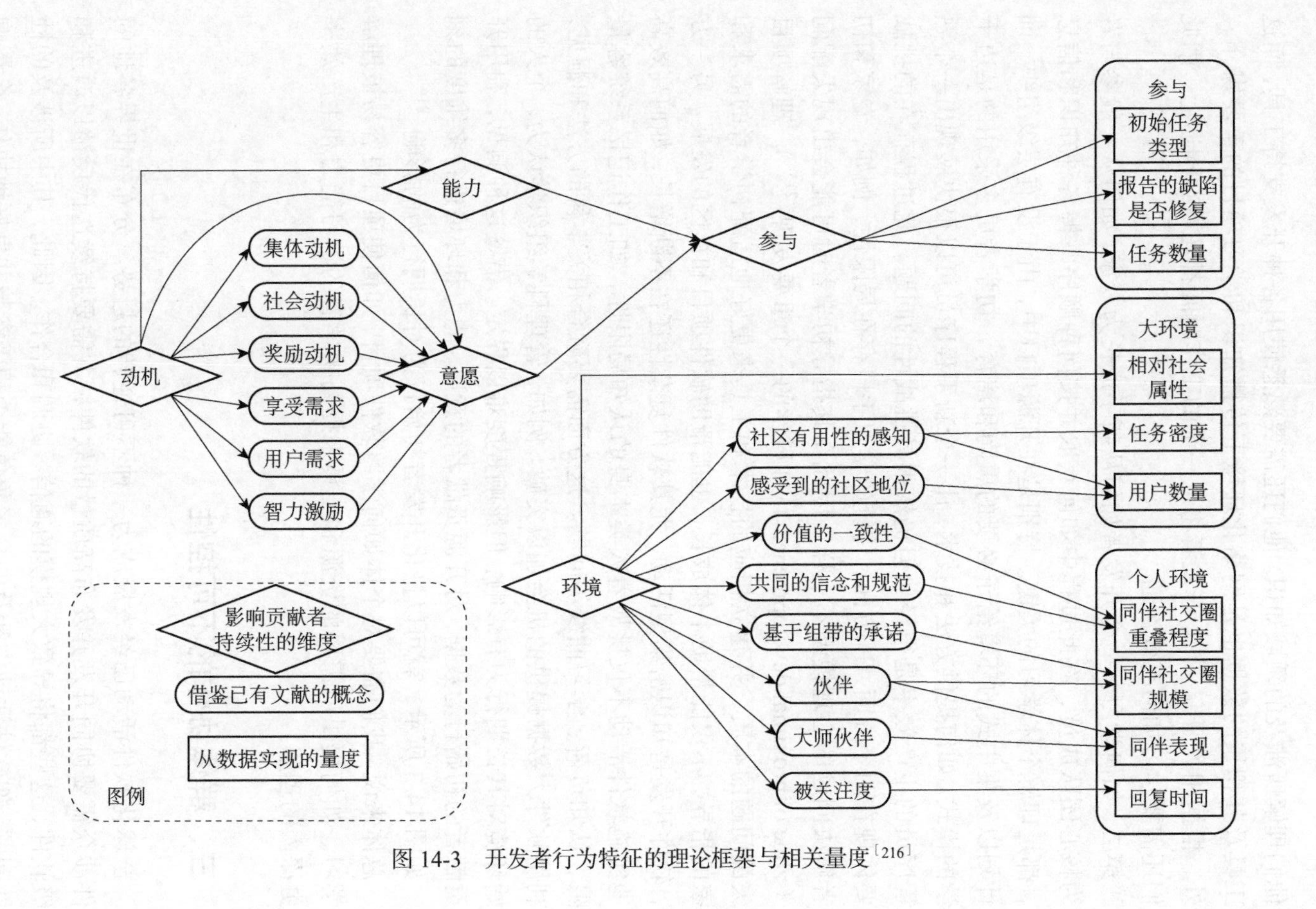

图 14-3 开发者行为特征的理论框架与相关量度[216]

以开源软件开发为代表的基于互联网的软件生态活动大多都是在开放透明的分布式环境下开展合作的，具有沟通媒介和形式多样化、协作内容和信息碎片化的特点。例如，常用的沟通媒介包括版本控制系统和缺陷追踪系统等软件开发支撑工具，以及 Stack Overflow 等技术问答社区。此外，软件项目的上下文千差万别，使找到可复现的通用最佳实践非常困难，导致群体社会化软件活动的可知与可控成为一个挑战。因此，在复杂软件生态系统中群体如何协作以及协作行为如何发展是一个亟待解决的问题。

四、生态的可持续性

随着时代和环境的变迁，软件生态的可持续性在可见的未来存在很大挑战，主要表现在如下三个方面。

首先，随着支持分布式软件活动的开放式现代平台（如 GitHub、Bit-bucket 等）的出现和不断完善，软件项目正在以前所未有的速度增长，而软件涉众的规模也在快速增长。软件生态中的软件制品、软件涉众、软件基础设施以及软件技术会随时间持续演化、不断更新。在此过程中，新老系统的兼容、新旧技术的融合以及用户使用习惯的变迁等问题都会不断挑战生态的可持续性。

其次，软件制品之间（生态内部或外部）存在着广泛的依赖关系，并且一般都有广泛的社会参与，整个生态很难采用单一和集中式的管理控制，这都使生态的管理控制复杂性激增。例如，175 家企业在 OpenStack 最近发布的 Rocky 版本中贡献近 90%的代码，其中来自不同行业、有着不同目的和动机的企业参与生态的方式也千差万别[217]。参与同一生态的组织和机构之间又会存在（或者产生）合作或竞争等关系。总体来说，不断增加的各种组织、迥异的参与方式以及相互间错综复杂的关联关系，都使生态系统控制和管理的难度持续增加。

最后，生态系统中的企业参与具有很大的不稳定性。商业企业始终需要在“开放”与“盈利”之间权衡，一旦确定其目标无法实现或企业战略发生变化，将有可能直接停止（撤走）对所参与的软件生态的所有投入。例如，在开源社区占据主导地位的企业的离开有可能直接导致该开源生态走向失败[218]。例如，IBM 取消对开源项目 Aperi 的支持后，该项目被迫关闭。对于开源生态，商业文化与自由开源精神可能存在冲突。开源开发者更加倾向自发参与，按照个人意愿选择任务。因此，商业企业传统的软件开发习惯，如组织安排、任务分工等可能伤害那些崇尚“黑客文化”、“自由软件精神”的个体开发者。例如，目前世界第一大开源 JavaEE 应用服务器 JBossAS 的创始人 Marc Fleury 在 RedHat 收购 JBoss 之后离开。

值得指出来的是，目前中国也在逐步构建软件产业生态（见第五章）。例如，在操作系统、数据库和中间件等方面形成自有产品和上下游应用的依赖，但是如何能够拓展更广阔的市场，并形成可持续的生态，还有待研究。另一方面，国内软件厂商是否能够把握时机，面向未来的人机物融合应用，定位到合适的技术进行发展建立生态，是一个很大的挑战。

第二节　主要研究内容

为了应对上述挑战，需要开展以下几个方面的研究工作。首先，为了理解和度量复杂的软件生态，需要在现有软件数据挖掘的技术和方法的基础上继续发展数据驱动的软件度量和分析方法（本节第一部分）。其次，围绕软件生态的三个层次还需要分别针对各自的问题开展研究工作：①应对复杂软件供应链所带来的机会和挑战，如何理解并度量大规模代码和项目的供应链模式，从中挖掘可借鉴的成功经验，同时及时识别潜在风险（本节第二部分）；②基于软件供应链，开发者之间形成相互协作的关系网，如何帮助他们顺利加入复杂项目、提高群体协作效率（本节第三部分）；③在此基础上，如何深入理解生态系统的形成和可持续机理，从而帮助软件生态可持续发展（本节第四部分）。

一、数据驱动的软件度量和分析方法

随着开发支撑技术的成熟，近年来软件项目广泛使用版本控制系统、缺陷追踪系统、邮件列表和开发者论坛等工具，由此也为相应的软件开发过程留下较完整的数字化记录。软件生命周期中的各种数据，包括代码变更、缺陷报告、开发者评论和邮件等，都被保存在各种软件仓库中。这种大规模的多源异构数据为软件生态研究带来重大契机，为人们认识软件开发的本质、提高开发效率和保证软件质量开启一扇新的大门。如何更好地利用这些数据使之发挥更大的价值是开展软件生态相关研究的基础。首先，应该关注软件数据的收集、组织与存储。其次，由于软件数据被广泛应用于科学研究和开发实践，其中的数据质量问题需要得到足够的重视。最后，因为大规模数据蕴藏的价值极为丰

富，为从点到面、从特定到通用洞察软件活动提供机会，因此面向海量软件数据的分析也成为潮流。

（一）数据的收集和处理

随着开源社区的不断发展，网络上累积了越来越多的公共开放的软件活动数据，这使得大规模的数据收集成为可能，但通常需要消耗大量的时间才能完成。目前，一些开源组织已经开始与学术界进行接触和合作，开放他们的数据。例如，Stack Exchange 公司已经持续公开发布其问答网站的数据存档①，Mozilla 社区也在研究者请求下发布了其 Bugzilla Dump[216]。Ma 等收集所有开源 Git 仓库包括 GitHub、BitBucket 等建立了数据集 WorldOfCode[213]。未来研究的重点将是针对不同应用场景，高效高质量地定制数据集。并且，多源异构数据（如数据来源于版本控制系统、缺陷追踪系统、邮件列表、问答系统等）的存在使如何建立不同数据源间的联系成为重要研究问题。

（二）数据质量的研究

高质量的数据是对软件活动进行分析、预测、推荐的基础。确保软件数据质量主要从两个角度出发。首先是数据清洗。数据清洗的目的在于去除影响数据分析结果的“脏数据”。例如，在问题追踪系统中，某个问题报告的评论中可能含有广告等与软件开发活动无关的数据，它们会影响基于评论数量和时间等度量的准确性从而威胁到分析得出的结论。一般而言，去除“脏数据”的过程更多地体现在具体的数据分析任务中。在目前大多数数据基础设施的建立过程中，由于没有针对特定的研究问题，数据清洗的工作涉及较少。其次，应该关注数据与上下文是否相匹配。如果不匹配，可能使基于问题数据的方法所产生的结果发生偏差。例如，在许多利用问题追踪数据智能化预测任务完成时间的工作中，将问题报告标记为“已解决”的时间点视为该任务完成的时刻，这种做法存在问题：开发者在完成任务后可能并不会及时将问题报告标记为“已解决”，而是在之后清理问题追踪系统时通过脚本进行批量处理[219]。鉴于软件生态相关研究对数据的依赖，随着人们对软件生态的认识逐渐深入，数据质量问题会得到越来越多的关注。每种软件数据产生的场景、存在的风险及其带来的影响将需要更深入的研究。同时，需要构建出可靠的数据集，并提出相应的方法来产生可靠的数据集。此外，用自动化的方法来检测和修正问题数据

---

① https://archive.org/details/stackexchange。

也应是未来研究应关注的重点内容之一。

（三）基于软件大数据的分析

当数据抵达一定的规模，一方面对其所需要的处理和分析方法会有不同需求，另一方面也为基于海量数据研究活动提供新的机会。前者的研究内容涵盖：针对海量软件数据中类型多样但个体数据之间具有内在逻辑联系的特点，为在数据分析中全面呈现软件开发上下文并构建开发者、过程和制品信息，研究跨阶段、跨版本、跨类型、跨项目和跨组织的软件数据关联方法，以保证不同来源的软件数据具有连续时间的逻辑联系和语义一致性；针对软件数据存在的大量缺失、噪声和不确定数据，为理解软件数据在质量上的独特性质，研究缺失、噪声和不确定数据的内在产生机制。在此基础之上，研究受限于软件数据质量条件的数据分析方法。针对软件数据在分布、类型和维度上与经典统计数据分布假设的差异，研究特定于软件数据的数据采样和统计实验设计方法。

基于软件大数据的分析可以有效地挖掘软件生命周期中蕴含的大量知识，并服务于软件生态中的各种活动。可以基于海量的代码数据研究代码的深度表示与理解，完成代码与代码注释的自动生成、方法名与变量名的自动推荐、类型的自动推断、代码搜索、代码分类等任务；可以基于海量的开发历史数据研究代码变更的深度表示与理解，完成代码变更提交日志的自动生成、代码变更模式的自动挖掘等任务；可以基于海量的软件缺陷数据研究软件故障及其修复，实现故障检测、定位与修复、测试用例自动生成等目标。

二、软件供应链的度量与分析

为了应对复杂软件供应链所带来的挑战，需要理解并度量大规模代码和项目的供应链模式，从中挖掘可借鉴的成功经验，同时及时识别潜在风险。

（一）软件供应链的行为分析

首先需要研究形成供应链的软件之间的功能性和组织性依赖关系，并进一步通过分析代码提交和软件包依赖等手段获取生态中的各类元素及它们之间的关联，建立包含开发者、项目、软件制品的多维软件供应链模型，并基于供应链建立各个元素的度量。该模型为生态中的软件涉众解决某个问题寻找恰当的代码片段、软件库、开发者等提供有效的帮助。

其次，开源软件是构成软件供应链的重要元素，需要研究其分类、评测与特性识别，以更好地支持软件供应链行为。具体来说，需要研究开源软件的自动分类与标注，使开源软件能够被更快地了解和使用；需要研究相似开源软件的自动评测与对比，使得开源软件能够被正确而高效地使用；需要研究开源软件的核心特性的识别与分析，理解各个特性在开源软件中扮演的角色及其重要性，从而避免重复造轮子，同时使新的有价值的特性能够及时得到应用；需要研究开源软件中优质代码的评价方法，使其可以用于代码搜索结果的优化排序以及开发人员的能力评价。

开源软件的另外一个重要研究内容是其变更影响，即确定开源软件的代码变更对使用该开源软件的影响范围及影响程度。需要研究开源软件的版本自动升级与热/冷替代，保证使用开源软件的所有软件都能够可靠地实现版本升级或替换；需要研究开源代码中安全漏洞的自动预警与修复，确保软件的安全性；需要研究开源平台与企业自研平台的同步演化，保证开源平台上的新特性能够及时得到应用，而自研平台上的特性能够回馈给开源社区。

（二）软件供应链的风险评估

软件供应链在为人们提供便利的同时，也引入新的风险和不确定性，因此需要评估软件生态供应链风险，当前许多企业（尤其是大企业）在这方面的需求也在不断增加。具体而言，需要在对形成软件供应链的软件之间的功能性和组织性依赖关系进行大规模分析的基础上，对软件供应链中的脆弱点进行识别、分析、预警和剔除，从而避免由此带来的潜在风险。值得一提的是，随着软件活动数据的逐渐丰富，软件供应链的研究从原来基于少量数据的定性分析方法逐步向基于大数据的量化分析方法转变。这种对供应链中的风险及其传递关系进行量化的方法，为降低这些风险及其影响力提供更好的契机。但需要指出的是，由于软件供应链几乎囊括了开发、运行过程中涉及的所有软硬件，涉及项目众多，项目间关系极其复杂，该方面的研究目前还处于初始阶段。

三、个体学习与群体协作的研究

软件涉众中的开发者在软件生态中扮演着非常重要的角色。如何帮助新开发者快速加入复杂生态并提高群体协作效率是一项关键研究内容。

（一）个体学习

随着软件生态变得越来越复杂，个体开发者在学习并加入生态方面存在诸多障碍。为了向他们提供有效帮助，相关研究应重点关注两个方面：如何利用数据来度量个体学习和认知能力，以及如何借鉴社会学的研究方法和洞见来研究软件生态中的社会性特征及相关问题。

软件活动的一个根本问题在于开发者个体的复杂性，相应的重点研究内容在于个体学习能力的度量和评估。如何利用海量的软件活动数据和先进的分析方法及工具，来建立对个体和群体行为的度量并以此来观察软件生态的特征和问题，是未来的核心挑战之一。未来研究工作需要在下述方面深入开展：更好地支持评估项目中程序员的技能与效率，支持对程序员成长轨迹的精确分析，为初学者选择合适的开发任务，把程序员的工作流和代码与人工智能技术相结合以匹配其能力需求等。

社会科学领域的诸多学科，如认知学、发展心理学、组织管理学，已经对人类学习有许多研究。更确切地说，意识和脑、思考和学习的方式、解决问题过程中神经的行为和能力的提升都被集中地研究。此外，多个分支学科发现的证据存在交集[220]。这些都使多学科交叉发展以追求对人类学习的更全面的认识成为一个重要趋势。因此，如何借用这些学科的视角去理解开发者的学习是主要研究内容之一。这方面已有很多研究值得借鉴，认知学就是这样一个范例[221]，它提供很好的方式去理解影响项目表现的最重要因素。此外，还能基于对开发者学习的研究结果普适性地理解人类的学习和认知。

（二）群体协作

群体协作在软件活动中主要体现为生态中的软件涉众为完成各项特定任务（如解决软件故障、提交代码、沟通需求、指导新手等）而协调协作所采用的方式、方法或活动流程。重点研究内容主要体现在三个方面：首先，需要理解和量化软件相关协作活动中的问题和最佳实践，以优化群体协作活动；其次，研究如何建立技术和机制来协调群体之间的依赖和消解冲突；最后，鉴于软件活动的性质（知识密集型活动）和规模，其群体协作为研究人类协作的机制机理提供契机，不仅帮助促进大规模软件生产，也可以发展更广泛的对人类群体协作的洞见。因此，群体协作的机制机理研究将是软件生态研究的重要方向。

从研究方法来说，鉴于大规模软件活动数据的存在，对群体协作的研究可以从深度和广度两个方面来开展，如图 14-4 所示。深度研究是指以典型案例为研究对象进行深入探索，在点上展开突破但研究结果可能有特定性。例如，基于某个项目研究软件缺陷的定位或修正，但其预测模型可能难以应用到不同场景的项目中。广度研究是指从尽可能广阔的视角上（如覆盖尽可能多的项目）探索问题，因此研究结果有较强的通用性。例如，以 GitHub 中海量软件项目为样本，研究软件开发中解决软件缺陷的最佳流程，或者研究开发者群体协作网络——开发者社交网络的构建可以帮助开发者定位沟通对象，识别有经验的开发者，从而提高群体协作的效率和质量。总的来说，需要围绕软件生态中的各种相关活动，从深度和广度，并从多个特征维度对群体协作进行度量，以期为复杂的群体社会化软件活动提供相关技术支撑和建议。

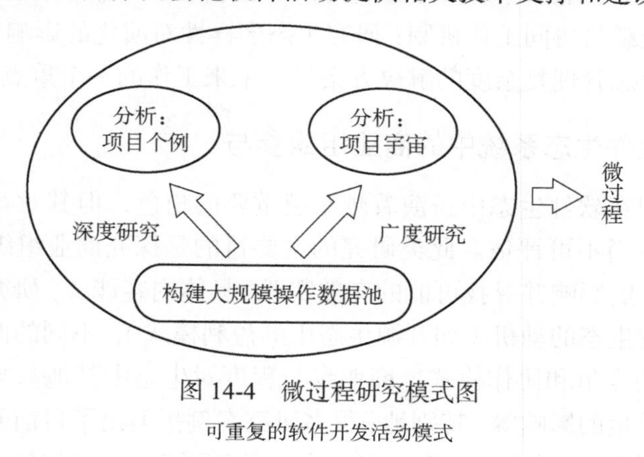

图 14-4　微过程研究模式图

可重复的软件开发活动模式

四、软件生态机制机理的研究

探究软件生态系统构建及其持续发展的理论、方法与技术是未来软件领域的一项关键研究内容。软件生态在近十多年的发展中得到学术界和产业界的广泛关注，取得一定进展，需要研究的内容主要包含以下两个方面。

（一）软件生态系统的形成和可持续发展机制机理

软件生态如何能形成是个难题，而在外界环境和内部元素不断变化的条件下生态如何得以持续更是个难题。回答这两个问题不仅可以帮助我们塑型和发展软件生态系统，对更通用的生态性质的理解也有裨益。

此类研究的主要目的是理解软件生态的形成要素和可持续发展的机制机理。首先，需要研究软件生态系统的组成要素和形成机制，研究什么样的软件技术和软件供应链、软件涉众需要形成什么样的网络关系、生态需要什么样的治理机制等才能建立一个有效生态。另外，鉴于外界环境和应用模式不断变化，构成生态的核心软件及其技术需要不断演进，以适应用户和市场，在不同的时代条件下需要研究新的可形成生态的软件和技术，并研究遗留系统如何适应变化。例如，云化和服务化是目前许多软件系统的一个发展方向和趋势，是软件生态中的技术演化需要考虑的一个重要方面，需要研究大规模软件系统的服务化改造与治理问题，研究遗留代码的自动迁移和规范化管理，研究服务化系统的智能化监控和运维问题等。

其次，需要研究软件生态系统的成熟理论，研究软件生态系统健康度的度量和评价指标等，用来评估软件的进化，如生存能力、增长潜力等；研究核心社区的工作负载与协同工作机制；研究生态多样性对演化的影响等。总之，寻找降低软件生态管理复杂度的解决方案将是未来工作的一个重点。

（二）软件生态系统中的商业组织参与

商业组织在软件生态中扮演着越来越重要的角色，但其对各种生态的各个维度的影响尚不可评估。此类研究的主要目的是探究商业组织参与模式及其对软件生态的影响并寻找可能的有效实践，具体内容涉及：研究商业组织领导或参与软件生态的动机（如开源生态中的盈利模式）、不同的商业组织在同一个生态中的竞争和协作模式、商业参与程度对生态中其他参与者角色以及生态效率和质量的影响等。特别地，很多研究案例折射出了目前开源生态系统在商业与开源混合时的困局，其中各种利益如何平衡、生态如何可持续发展等问题都需要综合多领域知识予以回答。未来的挑战还在于从各个角度探索以深入并全面地刻画生态系统中的商业参与。

第三节 本 章 小 结

当前全球化的软件活动面临复杂性不断扩张的问题：软件规模急剧增长、代码依赖错综复杂；开发者个体差异大、群体协作难以控制；广泛的社会参与形成复杂生态等。这些问题从软件生态角度为软件学科带来新的机会和挑战。生态观不仅为软件学科带来新观点和新视角，并可帮助人们更好地理解和构建软件生态。本章围绕这些挑战问题，从软件生态的三个层次出发，提出了一组重要研究内容，包括理解和利用大规模代码和项目的供应链行为、研究个体学习和群体协作，研究软件生态的形成和可持续机制机理等。

第十五章 软件学科教育

学科教育基于学科的独立知识体系，宣传和普及学科知识，培养学科专业人才。学科教育是构成学科的要素之一，并受学科的发展、教育理念和方法的进步等因素的影响。近年来，随着软件学科的边界不断拓展，内涵持续变化，地位不断提升，以及对人类社会的影响面日益扩大，软件学科教育的重要性日益凸显。与此同时，随着我国经济结构的调整和升级以及以信息技术为代表的新经济的快速发展[222]，软件学科教育需要为国家的经济转型培养高素质的专业人才。如何加强软件学科教育，提高人才培养的质量和水平，让更多的社会大众从中受惠和受益，成为全社会关注的话题。

软件学科的研究主体是人类及其思维活动，客体是软件及其内在规律。在人机物融合时代，“软件无所不在”“软件定义一切”使软件成为人类社会的重要基础设施[223]，软件系统的环境、边界、构成、形态、交互等发生深刻的变化。这些变化不仅推动软件学科的发展和进步，而且使软件学科教育的对象、面临的挑战等也随之发生变化。

首先，随着软件的日益普及，软件对人类社会和现实世界的渗透力越来越强，影响面越来越广，受其辐射和影响的人群也越来越多，并随之产生一系列新的问题，出现新的价值取向，如伦理、道德、可信、隐私保护、安全等。越来越多的大众融入软件定义的世界（如使用微信来开展社交），甚至通过编程等方式参与软件的构造。总体而言，软件学科与人类社会间的关系变得更为紧密，软件学科教育日趋普及化和全民化。

其次，随着计算平台不断向物理世界和人类社会快速延伸，软件作为

“集成器”在连接物理系统和社会系统中发挥着日趋重要的作用，软件泛在化和人机物融合的趋势日益明显，软件成为诸多行业和领域（如机器人、航空、航天、生物医学等）解决其特定问题的核心手段和必不可少的工具。这些行业、领域的专业人士需要掌握软件学科的基础知识和核心能力，学会运用软件工具来解决特定领域的问题；与此同时，软件学科的专业人才也需要向特定领域扩展和渗透，软件学科教育呈现出与其他学科教育日益交融的趋势。

再者，软件系统变得日益复杂，并体现多元价值，传统的还原论开发方法在应对软件日益增长的复杂性方面面临着诸多挑战[198，224]，需要从生态系统的角度认识软件系统及其开发和演化。随着软件学科外延的拓展和内涵的发展，软件学科需与更多的学科进行交叉。开源软件的成功以及开源文化的流行对人才培养提出新的要求[225]，使软件学科教育的知识体系[111]不断地丰富和发展，对软件专业人才的知识、能力、素质和技能等要求也随之发生变化。软件学科教育需在知识体系层面与时俱进，需从系统观和系统能力、生态观、多元价值观、伦理等方面加强专业人才的培养。

最后，当前教育理念和技术的发展日新月异，教育教学改革非常活跃，如MOOC、SPOC、个性化学习、学习路径推荐等，计算机软件在教育改革和人才培养中发挥着日益重要的作用。软件学科教育需要借鉴当前先进的教育理念和方法[226]，结合自身的特点和人才培养的特殊要求，利用软件学科已经积累的资源，交叉大数据分析、机器学习、数据挖掘等技术手段，研制教育软件工具，以推动软件学科教育和人才培养的改革。

概括起来，软件学科作为基础学科，其教育的影响面大，面临的挑战多，需要推动普及教育，加强跨学科教育，深化专业教育，重视人才培养理念和教育方法的改革，促进软件伦理建设。

第一节　重大挑战问题

为了适应人机物融合时代软件学科的发展以及人才培养的需求，软件学科教育在普及教育（本节第一部分）、跨学科教育（本节第二部分）、专业教育（本节第三部分）、教育理念和方法改革（本节第四部分）、软件伦理建设（本节第五部分）等面临一系列的重大挑战问题。

一、普及教育问题

在人机物融合时代，软件不仅是人类社会的基础设施，而且正成为承载人类文明的新载体。如何做好现代软件文明的继承者、传播者和创作者，软件学科教育必须顺应这一时代要求，从单一性的专业教育向大众化的通识教育转变，即惠及普通大众，从儿童、少年、青年、中年到老年[227]，人人能用软件，人人能评软件，人人能读软件，人人能写软件。

（一）如何培养以计算思维为核心、融合创新思维的系统性认知能力

软件是人类智力活动的创作结果。软件学科普及教育首先需要解决社会大众（尤其是青少年）针对软件及其开发的系统化认知问题。从系统观的视角上看，软件学科的核心认知能力是计算思维，它是信息社会中现代人的基本素养，也是人类诸多认知能力的核心要素之一。从内涵上看，计算思维能力绝不仅仅是编程技能，也不纯粹是掌握某些程序设计语言，而且包括应用软件来创新地解决问题以及由此所需的创新思维能力。现阶段软件已渗入自然科学、工程技术、社会人文等方方面面，计算思维与其他认知能力（如批判思维、创新思维等）相互作用，相互影响，不可分离。软件学科教育要突出软件作为“集成器”在连接物理系统和社会系统中的关键作用，强化通过软件来解决各种实际问题的思维训练。为此，软件学科的普及教育需要充分揭示计算思维能力与其他认知能力之间的关系，深化以计算思维、创新思维为核心的普及教育，提高大众的系统化认知能力。现阶段，软件学科的普及教育还是以编程技能培养为主，我们对计算思维与创新思维二者相互作用的认识还不够深入，无法满足软件学科普及性教育的需要。

（二）不同教育受众认知能力的成长有何规律，如何构建适应不同受众的普及教育知识体系

软件学科普及教育受众对象的涉及面广、差异性大，其中青少年教育是核心和关键。他们是一类认知能力正逐步成长的特殊人群，其基本认知能力，如抽象思维能力、表达交流能力、逻辑分析与推理能力、计算抽象能力等正处于逐步形成的阶段。针对不同的受众对象，他们在计算思维等认知能力的成长方面有何规律性、不同认知能力的形成存在怎样的依赖性、计算思维的训练与哪些认知能力密切相关等基础性的问题值得去探究。与此同时，计算思维等认知

能力的培养需要依托软件学科和其他学科的诸多相关知识，这些知识需要与实际问题域相结合，以加强计算思维能力的训练和实践。因此，如何以软件学科知识为核心，建立起科学的、层次性的、可满足不同受众和认知能力培养需求的知识体系，是软件学科普及教育亟须解决的关键问题。

（三）如何构建与认知能力和水平相适应且贯穿终身的软件学科普及教育理念与方法

软件学科普及教育对象来自各行各业，知识背景不一样，认知能力千差万别，且需面对从儿童期、少年期、青年期、中年期甚至到老年期等不同时期的人群，因此普及教育模式不能单一化，教育方法不能统一化。对于儿童和少年，游戏编程、可视化和实物编程有利于推动以计算思维为核心的认知能力逐步形成和深化；对于青少年，创新思维与软件核心认知能力的紧密融合可有效推动其认知能力的提升；对于成年人，通过软件创意创作把个人智慧进行沉淀和累积更能发挥其特长；对于老年人，编程成为他们除了琴棋书画、广场舞之外的另一个重要兴趣方向。与此同时，随着信息技术的发展，教育的方式和方法也在不断改变。为此，软件学科普及教育需要寻求适应不同普及对象、不同行业领域、不同认知水平的教育理念和方法。

二、跨学科教育问题

从形态观的视角，软件对人类社会和现实世界的渗透力越来越强，呈现出泛在化的趋势，与众多的专业和学科联系紧密；从系统观的视角，软件作为“集成器”在连接物理系统和社会系统中发挥关键作用，与诸多的应用领域密切相关。无疑，其他学科的专业人才越来越多地需要具备软件学科的相关知识和能力，软件学科专业的人才也需要向其他学科渗透，以帮助其他学科解决特定专业和学科领域的相关问题。如何实现软件学科教育与其他学科教育的双向融合成为当前软件学科教育面临的一项重大挑战。

（一）如何实现软件学科知识体系与其他学科专业知识体系的融合

现有的许多学科与软件学科关系紧密，但在教育层面，它们很少融合软件学科的知识体系。随着软件学科的日趋泛在化及对各个领域、行业和专业的不断渗透，以及社会对复合型、创新型人才的迫切需求，如何把软件学科的相关知识体系融入其他学科（如航空、航天、机器人、新材料等）的知识体系中，或者让软件学科的人才融入其他学科领域之中，构建跨专业、多学科交叉的融合性知识体系，将成为软件学科教育和其他学科教育面临的一项重大挑战。

其他学科教育需要借鉴和引入“软件定义+计算思维”的理念，使相关专业人才具备利用软件学科的思维方法解决专业特定问题的能力，这种新的融合性教学模式能够充分发挥软件学科的优势和专业特长，有利于激励学生探索交叉学科的新领域，促进学生能力和素质的全面发展。实现“其他学科+软件学科”相融合的教育改革，既是当前诸多专业教育面临的机遇，也是它们必须应对的挑战。针对相关学科专业（如农业、气象、生物医学、现代服务业等）的人才培养，在保障以本学科专业为主导的前提下，如何加强软件学科相关知识的学习和能力的培养，如何调整培养方案和知识体系，完成从“专业型”到“融合型”学科培养方式的转型，是当前其他学科教育亟待解决的问题。

当前各大高校设置了介绍软件学科知识的公共基础课程（如大学计算机基础、计算机导论、计算机程序设计等），以帮助相关学科和专业的学生建立起初步的计算思维和编程能力，但是统一的授课内容导致软件学科知识与其他学科知识脱节，没有考虑不同学科和专业培养目标和应用需求的差异性，未能实现个性化和差异化教学，尤其是缺乏软件学科与其他学科相结合的优秀教学案例。

（二）如何培养具有软件学科知识和能力的复合型、创新型跨界专业人才

随着行业软件化转型需求的不断增长，诸多学科和专业与软件学科的融合日趋紧密，迫切需要具有软件学科知识的复合型、创新型跨界专业人才。然而，现有的许多专业人才培养尚无法满足这一需求，极大地制约了相关行业的转型、专业和学科的发展，导致这种状况的原因是多方面的：一些其他学科的专业人才培养直接将软件学科中的某些先进软件技术套用到相关专业领域之中，并没有系统地考虑这些技术在跨界专业领域中的实用性以及软件应用需求的特殊性；它们更多地关注自身专业领域的相关知识和能力，忽视和错失了软件学科的知识和技术给专业领域问题的解决带来的新机遇。因此，如何培养具有软件学科知识和能力的复合型、创新型跨界专业人才，将是诸多专业和学科教育面临的重大机遇和挑战。在现有的人才培养体系下，我们应该深入思考如何在掌握专业基础知识的同时，将软件学科的知识与相关专业学科的知识相交叉和融合，实现从单一专业人才到跨界复合型、创新型人才的转变，满足人机物融合时代对复合型、创新型人才的巨大需求。

三、专业教育问题

在人机物融合时代，软件的环境、边界、构成、形态、交互、复杂性等发生了深刻的变化，软件学科的内涵和外延也在不断地发展，其知识体系不断地丰富，对软件学科专业人才的能力、素质和技能等要求也随之发生变化，进而对软件学科专业教育提出了新的挑战。

（一）如何认识人机物融合时代对软件学科专业能力提出的新要求?

在人机物融合时代，由于软件系统自身形态、复杂性、价值观等发生了深刻的变化。软件学科教育需要从提升可持续核心竞争力的角度，加强专业人才的能力和素质培养[226]。

复杂庞大的软件系统在人类社会的诸多领域发挥着日益重要的作用和影响，如银行金融、城市服务、国防军事、电力通信等。这类系统不仅在基本形态、运维方式、质量要求等方面有其特殊性，而且在支持这类系统建设的软件开发隐喻、软件生态环境、元级方法论等也呈现出新的特点。软件学科教育迫切需要培养能够掌握和驾驭这类软件系统开发和运维的人才。

从系统观的视角，人机物融合时代的软件系统已不再是纯粹的技术系统，而是需要与物理世界、社会系统等进行高度融合。这类系统的开发需要采用系统论方法（而非还原论方法）来驾驭复杂性，要从“人机物”相互融合的角度和层次来认识软件系统的构成，要将软件视为融合人机物的“万能集成器”；需要从横向（系统的联盟）和纵向（系统的层次）、高层、宏观、全局等视角来分析系统的构成及考虑系统的设计，需要站在系统的高度综合考虑人、机、物之间的关系，通过人、机、物三者间的协同给出软件系统的解决方案，即软件学科专业人才需要具备“系统能力”。

人机物融合时代的软件系统也呈现出新的特点，软件规模超大（如几亿甚至十几亿行代码）、软件需求不清晰且持续变化，软件系统表现为系统之系统而非单一系统、动态演化系统而非静态确定系统、社会技术系统而非纯粹技术系统[228]等。因此，软件形态和复杂性的变化以及软件学科范畴的拓展对软件学科专业人才的能力和素质提出更高的要求，他们需要具备解决人机物融合时代背景下的复杂工程问题的能力，这种能力需建立在多学科知识的基础之上，以应对人机物融合带来的各种问题和挑战。

在人机物融合时代，软件开发方式和手段也在发生深刻的变化。例如，建设开源生态、借助开源软件、利用群智开发等成为重要的趋势，开源软件已成为信息技术及产业发展的重要方向。然而，当前开源软件人才的培养无论在质或量上均存在较大不足[225]。此外，软件学科教育需要深入地探究如何有效地利用海量、多样、高质量的开源软件和群智资源来培养软件学科人才[229]。

（二）如何构建与人机物融合时代软件学科特点相适应的专业知识体系?

在人机物融合时代，不仅软件系统的构成、形态和复杂性在变，人们对软件系统的价值观认识也在变（如更加关注软件的可信性、隐私性、安全性、平等性、持续性等），支撑软件系统开发和运维的方法与技术也在不断地变化。软件开发和运维不仅是个体与团队行为，而且延伸到社会层次，表现为一种社会化行为。开源软件的成功实践表明，大规模群体化软件创作成为一种重要的软件开发方式，软件生态变得极为重要。此外，软件学科不断地与其他相关的学科进行交叉，如大数据、人工智能、社会学、系统科学等。这意味着人机物融合时代的软件学科专业教育知识体系发生深刻的变化，其知识域在不断拓展，知识点在不断增加。为了满足软件学科教育的新要求，需要建立起支撑系统能力、解决复杂工程问题能力以及创新能力等能力培养所需的知识体系。因此，软件学科专业教育需构建与人机物融合时代软件学科发展相适应、满足软件学科专业人才培养需求的知识体系。

四、教育理念和方法改革问题

在人机物高度融合的时代，软件学科教育既要根据软件学科的特点、顺应学科的发展趋势，也要充分利用好学科发展的成果，促进学科人才的培养。软件学科教育在教育理念、方法和模式等方面面临着一系列的挑战。

（一）如何借助软件学科成果来加强软件学科教育?

在几十年的发展过程中，软件学科领域积累丰富、多样和海量的资源，包括代码、模型、文档、数据、开发知识、工具等。尤其是近年来，随着开源软件、群体智能开发、软件开发知识分享等的快速发展，互联网上的开源社区汇聚大量的软件资源和开发数据。这既给软件学科教育创造了条件、提供了机会、奠定了“物质”基础，也给软件学科教育提出新的问题和挑战[229]：如何借助这些软件资源来深入探究软件学科人才（如软件工程师）的成长轨迹和培养路径？如何有效利用这些软件资源来支持软件学科的教育、促进软件人才的培养？

（二）如何顺应教育理念和方法的发展来改革软件学科教育的方式和手段？

以互联网为基础的信息技术正改变甚至颠覆着传统的教学理念和方法，以 MOOC、小规模限制性在线课程（small private online course，SPOC）等为代表的大规模在线教育意味着互联网大众不仅是教育的受益者，也是教育的参与者。软件学科教育朝着普及化和全民化的方向发展，越来越多的大众涉足软件的使用、评价甚至开发领域，因此成为软件学科教育的对象。这就需要为软件学科的大众化和普及化教育投入足够的教育资源、提供有效的方式和手段。以群体智能软件开发方法为代表的软件开发隐喻给软件学科教育提供了新的启示，借助于互联网大众、利用群体智能力量来推进软件学科教育将是未来的一个重要趋势，它不仅可以促进软件学科教育的普及化，而且还可以通过大众的参与和协同，共同分享学习的经验和资源。

（三）如何为软件学科教育提供软件工具？

软件可为特定领域的问题提供基于计算平台的解决方案。软件学科教育也是一个特殊的应用领域，它涉及与教育有关的诸多问题的解决，如教育资源的组织、分享和推荐，学习者的交互和协同，教育成效的考核和评估等。因此，如何为软件学科教育提供支撑软件成为一个开放性的问题。

五、软件伦理建设问题

在人机物融合时代，计算机软件对人类社会的方方面面产生了重大和深远的影响，也带来一些深层次、前所未有的风险和问题，如私密数据被窃取、软件留有后门、系统受到攻击等。人类社会还没有建立起针对这些风险和问题的伦理准则和法律体系；软件研究者、开发者和使用者的行为缺乏约束，也没有有效和高效的监管手段，以确保其遵守和履行法律、道德和伦理规范。软件伦理教育没有得到国家、社会、行业和公众等的足够重视。缺乏软件专业背景的人员和大众很难从系统外部及时感知和发现潜在的软件伦理问题。自动化、智能化甚至量子化软件新技术的发展及应用将给人类社会带来更多的未知，评估它们对人类社会产生的长远影响需要对技术本身以及潜在的应用场景有深入的理解，以及足够的前瞻预测能力。

第二节 主要研究内容

针对上述重大挑战问题，软件学科教育需要开展以下诸多方面的研究工作（图 15-1），包括以“知识普及+思维培养”为核心的普及教育（本节第一部分）、以“复合型+创新型”为目标的跨学科教育（本节第二部分）、以“知识体系+能力培养”为核心的专业教育（本节第三部分）、以“探究规律+方法创新”为主体的教育理念和方法改革（本节第四部分），以及以“规范内涵+自动检测”为核心的软件伦理建设（本节第五部分）。

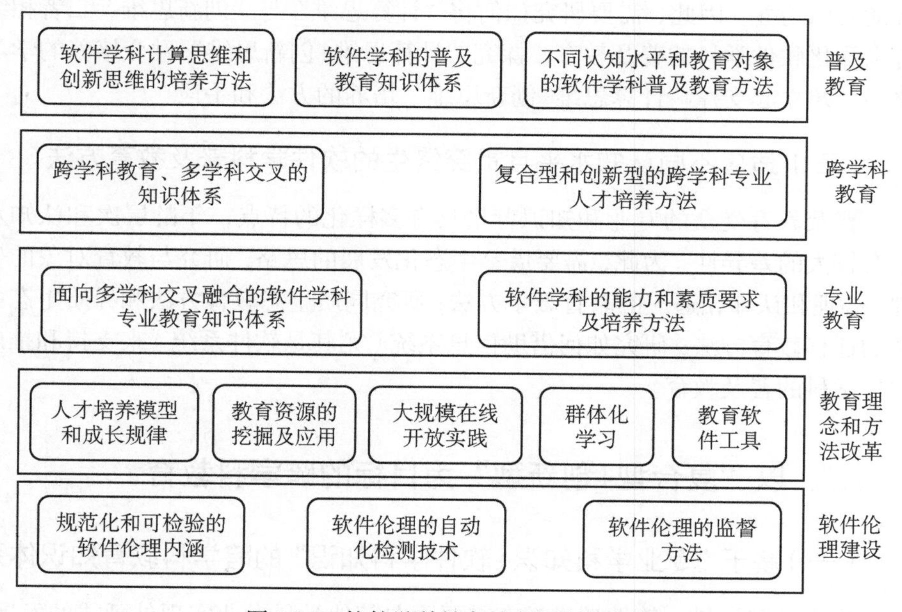

图 15-1 软件学科教育的主要研究内容

一、以“知识普及+思维培养”为核心的普及教育

（一）软件学科核心认知能力的成长模型和规律及其知识体系

软件学科的认知能力以计算思维为核心，包含抽象思维、表达交流、逻辑分析和推理、计算抽象等，这些能力有其各自的特殊性，相互间存在依赖性。

为此，需要深入研究以计算思维能力为核心的认知能力成长模型，探究不同受众认知能力的成长规律。与此同时，这些能力培养所需的知识潜藏在数学、语文、物理、化学、自然科学等课程的知识体系之中。软件学科认知能力的培养和上述知识之间存在横切关系，代表这些知识体系的课程很少与实际的软件及其开发相关联。因此，需要从横切和纵切两个方面，探究并建立起支撑软件学科核心认知能力培养的知识体系。

（二）以计算思维为核心，融合创新思维的系统化认知能力培养方法

人机物融合时代，软件使能的创新是软件学科辐射影响的主要目标，软件学科教育要在培养计算思维能力的同时，强化基于软件来解决问题的创新思维能力的培养。因此，需要研究如何将“计算思维”与“创新思维”二者相结合来深化软件学科的普及教育，探究“计算思维+创新思维”融合培养的学习路径，建立起支撑“计算思维+创新思维”培养的方法和手段。

（三）适应不同认知水平且贯穿终生的软件学科普及教育方法

普及教育受众的专业和知识背景具有多样化的特点，年龄层次和认知水平有较大的差异性。为此，需要借鉴生态化发展的思路，研究与教育对象的生理、心理和认知相适应的教育教学方法；研究同质生态教育方法和异质生态关联的迁移教育方法；研究如何借助信息系统（尤其是软件系统）来支持和推广软件学科的普及教育。

二、以“复合型+创新型”为目标的跨学科教育

（一）基于“专业学科知识+软件学科知识”的跨学科教育知识体系

作为基础学科，软件学科教育需要面向其他学科专业实现外延式的发展。针对不同专业自身的特点，结合软件学科知识在该专业人才培养中所起到的作用，采取“专业学科知识+软件学科知识”的方式来拓展专业知识体系，开展适用于自身专业需求的教学改革，使相关专业人才具备软件学科的知识并能运用它们来解决特定专业问题。为此需要研究如何将软件学科的知识差异化地融入相关专业的知识体系之中，实现与相关专业知识的有机融合，实现跨学科知识体系的交叉融合和互补，为跨界人才培养奠定基础。

（二）具有软件学科知识和能力的复合型、创新型和跨界专业人才培养方法

随着软件学科在其他专业领域的不断渗透，在这些学科专业人才培养方案的设计中，必须解决软件学科知识储备不足的问题。由于专业背景和专业思维的差异性，不同学科专业教育对软件学科知识结构的需求和相关课程衔接也不尽相同，因此跨界的软件学科人才培养需要多元化的知识和课程体系，为此需要探究如何实施“因材施教”的教学理念，分析不同专业对软件学科的“个性化”需求，构建专业软件化的新型课程体系，设计差异化的跨界软件学科人才培养方案，以实现软件学科和其他相关学科专业交叉融合，让非软件专业的学生也具备软件学科的思维能力，以满足社会对复合型、创新型的跨界软件学科人才的需求。

软件学科的跨界人才培养也是双向的。软件学科跨界进入其他学科领域的发展趋势愈发明显。在该形式的跨界教育中，教育对象已具备良好的计算思维能力，需要研究他们如何跳出软件学科知识领域的思维定式，强化跨界学科知识的学习，如何以全新的视角建立起软件学科与其他学科间的关联性，探索跨界学科计算的本质，培养适用于跨界专业的计算思维能力。

三、以“知识体系+能力培养”为核心的专业教育

（一）面向多学科交叉融合的软件学科专业教育知识体系

针对人机物融合时代的软件学科特点和人才培养要求，深入研究软件学科与哪些相关学科发生了交叉、交叉的边界和范围是什么；人们对软件的价值取向发生了什么样的变化，这些变化对学科的知识体系提出了什么样的要求；软件学科自身发展带来哪些方面的变化，这些变化处于知识体系的哪些层次和方面；需要研究如何根据产业界的成功实践以及学术界的研究成果来丰富和完善软件学科的知识体系。另外，还需要从软件学科专业人才能力培养的视角，探讨系统能力、解决复杂工程问题能力的培养对知识体系提出什么样的要求。在上述研究的基础上，建立起人机物融合时代面向多学科交叉融合的软件学科专业教育的知识体系，包括知识领域、知识单元、知识点等。

（二）软件学科专业教育的核心能力及其培养方法

创新实践能力、系统能力、解决复杂工程问题的能力等是人机物融合时代

软件学科专业教育的核心能力。这三类能力的关注点和侧重点有所不同，培养方式和手段也不尽相同。实践无疑是专业教育环节中支撑能力培养的主要手段。为此需要在软件学科的范畴中深入研究创新实践能力、系统能力和解决复杂工程问题能力的内涵、构成和模型，分析不同能力之间的内在关联性，探究能力持续性培养和形成的特点和规律性，探究如何通过渐进式、综合性的实践来促进这三类能力的培养，以及针对能力培养的考评方式和方法。

四、以“探寻规律+方法创新”为主体的教育理念和方法改革

（一）软件学科人才培养模型及规律

软件学科教育对象的涉及面广，年龄层次和知识背景差异性大，培养的目的和要求多样化。软件学科教育牵涉多方面的专业和非专业知识，需要强化不同层次的能力和素质培养。这些知识、能力和素质之间存在内在的关联性。为此，软件学科教育需要针对不同的培养对象和目标，深入探究人才培养模型，包括知识体系、能力体系、工程素质等，分析它们在培养过程中所发挥的作用以及相互之间的继承性和依赖性。此外，软件学科人才的成长受多方面因素的影响，包括自身的素质和能力，外在的教育者及合作群体，学习的环境和激励机制，甚至学习过程中所依赖的软件平台（如开源社区）等。为此，需要研究软件学科人才的成长模型，以此来指导教育政策和机制的设计以及平台的建设。

（二）软件学科资源在人才培养中的挖掘和应用

经过几十年的积累，尤其是近年来开源软件、群体智能软件开发等的发展，软件学科积累了大量、多样、极有价值的软件资源，如以开源社区为载体的开源代码、知识问答、软件开发历史数据等。软件学科教育需要深入挖掘软件学科资源，系统研究如何在课程教学、实践教学和人才培养过程中有效地应用这些资源，如何将抽象的知识与具体的资源相结合来促进知识的讲授、推动实践教学、培养能力和素养，如何建立起支撑软件学科人才培养的开源教育资源。

（三）群体化学习

借助互联网平台，通过吸引、汇聚和管理大规模的学习者，使他们以竞争和合作等多种自主协同方式来开展学习将是未来重要的学习方式，称为群体

化学习。软件学科教育需要充分借助互联网大众的智慧和理念，施行群体化学习的思想，以促进软件学科人才的大规模、高质量、普及化的培养。为此，基于群体智能理论和方法，借助互联网上的大数据分析，研究支持群体化学习的组织结构和协同模型，分析和设计群体化学习的激励机制，探究不同组织结构、协同模型和激励机制对群体化学习成效、质量和受益面等产生的影响及涌现结果，开展基于群体化学习的教育和教学方法的改革。

（四）大规模在线开放实践（MOOP）

能力和素质培养是软件学科教育的一项主要任务。针对软件学科的发展特点，需要研究软件学科人才的能力和素质模型，建立不同能力和素质之间的关系，分析普及教育、专业教育、跨学科教育等分别需要达到什么样的水平和层次，探究软件学科内涵的拓展如何影响能力和素质。实践是支撑能力和素质培养的主要教学途径。依托 MOOP 将成为能力和素质培养的重要趋势，也是对 MOOC 在该方面存在欠缺的有效弥补。为此，需要研究支撑能力和素质培养的实践体系建设；探究如何将游戏化机制等引入 MOOP 之中，以激励大众参与和贡献；分析针对 MOOP 的量化表示与评测方法，建立起针对能力和素质培养的评价体系与指标。

（五）支撑软件学科教育的软件系统

针对软件学科教育的特殊需求，借助软件学科资源大数据，交叉人工智能、大数据分析、移动计算等技术，研究支撑软件学科教育的关键软件技术，包括开源社区中学习资源（如开源软件和软件开发知识）的同步和分享技术，针对学习者个性化特点及需求的教育资源推荐技术，实现教育软件与开源社区间互操作和交互技术，基于教育大数据来构建学习者个性化学习路径的方法，对学习者的学习情况和成长进行跟踪和考评的技术等，并在此基础上研发软件学科教育软件。

五、以“规范内涵+自动检测”为核心的软件伦理建设

（一）规范化和可检验的软件伦理内涵

国家、软件行业主管部门应与行业主体、学术团体、社会公众等众多利益相关方通力合作，通过多学科交叉的方式，研究软件伦理的规范化内涵；综合

人员、过程、行为、制品、法规等多个方面，研究并制定软件伦理的可解释、可检验的条文和准则，制定相关的法律法规和行业标准。

（二）软件伦理的自动化检测技术和监督方法

研究针对软件开发者行为和制品的软件伦理合规检测技术，尤其是自动化检测技术。例如，面向软件版权保护的代码溯源技术、软件许可证违规使用检测技术，软件及软件使用者恶意和危险行为检测技术等；研究并制定软件伦理的合规监督方法，如过程、规范、标准等，形成覆盖全面、导向明确、规范有序、协调一致的检测和监督技术体系，以快速、高效和准确地发现和修正违背伦理的问题。

第三节　本 章 小 结

软件学科教育是软件学科的重要组成要素。随着软件学科的影响力不断提升和辐射面持续扩大，教育在软件学科中的地位和重要性日益凸显。在"软件定义一切"的时代，软件普及化和泛在化趋势日益明显，软件的形态和复杂性发生了深刻变化，学科的内涵和外延及知识体系不断发展，在此背景下软件学科教育既面临着严峻挑战也面临着新的机遇，包括从单一性的专业教育向大众化的通识教育转变，与其他学科和专业的融合实现跨界人才培养，顺应学科发展以及由此带来的新问题来加强和深化专业教育，适应教育理念变化、结合学科特点来改革软件学科教育方式和方法等。未来软件学科教育的研究与实践将会出现一些新的变化和关注点，包括以"知识普及+思维培养"为核心的普及教育、以"复合型+创新型"为目标的跨学科教育、以"知识体系+能力培养"为核心的专业教育、以"探究规律+方法创新"为主体的教育理念和方法改革、以"规范内涵+自动检测"为核心的软件伦理建设。本章讨论了当前软件学科教育面临的重大挑战性问题，分析和梳理了软件学科教育的主要研究内容及未来的发展方向。

第三篇　中国软件学科发展建议

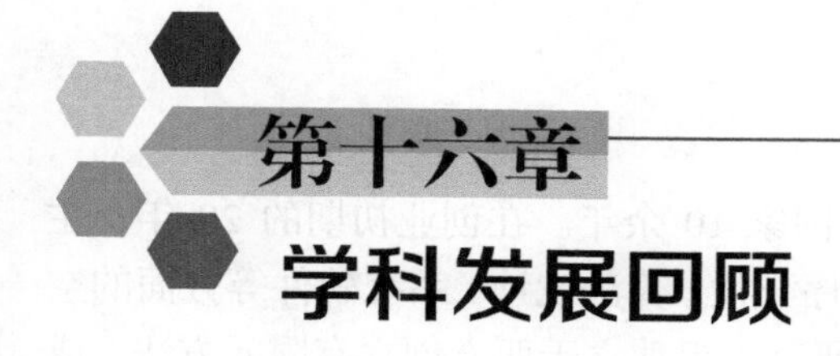

第十六章 学科发展回顾

中国计算机软件事业发展始于20世纪50年代中后期。《1956—1967年科学技术发展远景规划纲要（草案）》的第41项“计算技术的建立”为创建中国计算技术事业提供一个指导纲领。根据规划，1956年成立中国科学院计算技术研究所，其中第三研究室即计算数学室，由徐献瑜先生负责，中国软件事业由此扬帆起航。六十多年以来，我国软件科研、教育、产业不断发展壮大。创业初期，中国软件界主要是自力更生为国产计算机设备研发配套软件，初步形成程序设计语言和系统软件设计开发能力和人才储备。改革开放后，中国软件界不断扩大国际交流与合作，在跟踪学习中迅速发展，全面融入世界软件主流。随着产业发展，核心技术受制于人的问题日益凸显，在国家一系列科研、产业和人才政策支持下，中国软件逐步形成核心技术研发能力和产业生态。互联网时代，中国软件产业尤其是互联网软件产业，把握住时代机遇，深入参与全球合作与竞争。中国软件发展正在抓住数字化、网络化和智能化融合发展的机遇，呈现出加速发展的态势，部分领域进入国际先进行列。

第一节 软件科研

中国软件科研大致可以划分为三个大的阶段：第一阶段从20世纪50年代中后期到70年代末（即改革开放前），特征是创业起步、自主仿制、填补空白；第二阶段从80年代初（即改革开放初）到世纪之交，特征是全面开放、跟踪学习、进入主流；第三阶段从世纪之交至今，特征是抓住机遇、加强创新、比肩世界。

一、创业起步、自主仿制

中国软件事业起步晚于国际先进国家 10 余年。在创业初期的 20 年，主要是面向国家战略急需，迅速填补程序开发、算法设计、系统软件等方面的空白。20 世纪 60 年代初，冯康带领的研究小组独立于西方创立有限元方法，成果被公认是 20 世纪计算数学、计算力学和工程计算领域的一项重大成就。中国软件初期发展具有明显的“软硬捆绑”特点，以国家下达的计算机研制任务为牵引，采用自主仿制的方式，完成配套开发软件。面向我国自主研发的计算机，完成众多领域大量计算任务，在第一颗氢弹研制、全国首次大油田动态探测等重大工程中发挥重要作用；实现程序设计语言、编译器、操作系统等基础软件，形成软件设计开发能力的初步积累，例如，董韫美主持研制出实用高级程序语言 BCY；徐家福主持研制了 J-501 机上的 ALGOL 编译系统；陈火旺主持了全国 Fortran 编译程序会战，设计成功中国第一个 Fortran 编译系统；慈云桂主持研制的 441B/配置有中国第一个分时操作系统；孙钟秀主持研制了国产系列计算机 DJS200 系列的 DJS200/XT1 和 DJS200/XT1P 等操作系统；杨芙清主持研制了我国第一台百万次集成电路计算机多道运行操作系统和第一个全部用高级语言编写的操作系统。这些工作使中国自主设计生产的系列计算机在国民经济和国防事业发挥重大作用。

二、全面开放、进入主流

伴随着改革开放，中国软件学科迎来全面发展的阶段。1986 年成立国家自然科学基金委员会，启动 863 计划，极大地激发了科研活力。国际交流在拓展视野、学习先进成果、提升科研水平、把握研究方向等方面发挥着重要作用。中国软件科研从全面跟踪学习开始，迅速发展，并逐步进入国际主流。在这个阶段，中国科学家独立或通过国际合作在软件理论研究上取得一系列有国际影响力的研究成果。唐稚松提出世界上第一个可执行时序逻辑语言 XYZ/E。周巢尘与英国同事提出分布式系统正确性的组合式验证方法，并与英国、丹麦同事合作建立了实时系统形式设计的时段演算理论；李未与英国同事合作，系统地解决了并发式程序设计语言的操作语义问题；林惠民与英国同事合作提出并独立发展了“符号互模拟”理论，为通信并发进程推理和验证提供了理论依据；何积丰和英国同事一起提出数据精化理论和程序设计统一理论。在此期间，国际产品占据通用计算机的主要市场，但在以银河、神威、曙光、浪潮为代表的高性能计算机领域，坚持稳定、持续的自主研发，极大地带动和促进了系统软件的自主研发。1983 年我国发布了第一个自主研制的巨型机操作系统和并行编译系统，部署于银河-Ⅰ。其后，国防科技大学相继成功研制了一系列银河巨型机和超级服务器操作系统，以及能够支持多种语言及规范的银河编译系统及其工具链；江南计算技术研究所研发了面向申威单核、多核和众核系列处理器的神威睿智编译系统；中国科学院、国防科技大学还分别研发了面向国产龙芯、飞腾系列处理器的编译系统。这些系统成功用于石油勘探、气象预测、核技术研究等国防与国民经济的重要部门，在实践中经受了大型生产性业务运行的检验。“八五”和“九五”计划期间，先后有多项国产数据库的产品研发，包括武汉达梦数据库有限公司和东软集团股份有限公司研制的关系数据库和多媒体数据库、中国人民大学研制的并行数据库系统等。1983 年在北京首次举办了软件工程研讨会，标志着我国软件工程事业的开端。国家先后成立武汉大学软件工程、南京大学软件新技术、北京航空航天大学软件开发环境等 3 个国家重点实验室，中国学者在软件开发环境、软件自动化、软件过程管理等方面进行大量研究。“六五”到“九五”计划期间，杨芙清主持研发了大型软件开发环境青鸟系统，提供结构化和面向对象方法的工具集以及领域专用工具集，支持软件开发的全生命周期，为软件企业提供整体解决方案。李未在软件版本演化的“开放逻辑”理论、面向领域的软件开发平台等方面取得突破。徐家福带领团队在新型程序设计与软件自动化方面进行了开创性研究，实现多个软件自动化系统。陆汝钤带领团队开拓了基于知识的软件工程领域研究，把类自然语言理解与软件工程中的领域分析、领域建模结合起来，促进了管理软件开发的自动化。20 世纪 90 年代末期，国内开始引进、研究、推广全面质量管理和面向软件过程的能力成熟度模型及其评估框架。何新贵结合载人航天的实践，主持并制定了 GJB 5000A—2008《军用软件能力成熟度模型》，对推动国内软件工程的规范和标准的制定以及软件产业的发展起到推动作用。

三、加强创新、前沿竞争

20 世纪 90 年代中后期，互联网浪潮席卷全世界。经过近 20 年的积累，中国软件迅速抓住网络化、智能化发展机遇，加入互联网科技的前沿行列，并逐步走上加强创新、持续发展之路，国际影响力也不断扩大。90 年代，网络计算技术的发展，引发中间件技术与产品的广泛应用。中国在 90 年代中期即开始布局分布式系统中间件研发，在对象中间件、消息中间件等领域先后取得技术突破。21 世纪初，国产中间件实现从“跟踪模仿”到“自主创新”、从“单一技术”到“技术体系”的跨越，在中间件关键技术突破、核心技术产品研发、国际标准介入等方面取得重大进展。中国中间件联盟“四方国件”与欧洲 ObjectWeb 联盟合并成立的国际开源中间件联盟 OW2，通过开源软件形式在世界范围内推动中间件技术的发展。国防科技大学在 973 计划项目支持下，提出面向互联网的虚拟计算概念模型，将虚拟化的思想由计算机平台扩展到互联网平台。“十五”国家 863 计划设立“数据库管理系统”重大专项，支持武汉达梦数据库有限公司、北京人大金仓信息技术股份有限公司、东软集团股份有限公司、神通科技集团股份有限公司等企业开展国产数据库的研制工作，国产数据库技术取得重要进展。网络化、智能化对软件开发方法和技术提出新的挑战。我国学者在相关领域开展大量的国际前沿研究，尤其是在“可信软件”和“网构软件”两个领域，形成系列科研成果。2007～2016 年，国家自然科学基金委员会实施“可信软件基础研究”重大研究计划，有力推动我国可信软件理论与技术的从小到大、从散到整、由弱到强的快速发展，形成可信软件理论与技术体系，进入可信软件研究领域国际先进行列。北京大学和南京大学等在 973 计划项目支持下，针对“呈网络体系结构，在网络环境中开发，在网络平台上运行，通过网络提供服务”的新型软件形态，提出“网构软件”新范型，将构件化方法的研究扩展到互联网环境下大型复杂软件的软件工程。在 863 计划支持下，国防科技大学、北京大学、北京航空航天大学、中国科学院软件研究所等单位研制的 Trustie 平台，系统地提出基于网络的软件开发群体化方法，构建形成大规模群体智能软件开发服务环境。哈尔滨工业大学、东北大学、西北工业大学、中国人民大学等在 973 计划项目支持下，对海量信息可用性基础理论与关键技术开展系统的研究，为促进大数据计算的发展做出积极的贡献。在软件学科顶级国际期刊和学术会议上，中国学者开始大量发表研究成果，学术水平逐步得到国际学术界的认可。从计量指标来看，中国学者的论文、引文的数量以及国际合作的规模呈现出持续增长的态势[①]，在主要的会议和期刊中论文发表的比例渐增，部分指标已经

① 例如，2015～2019 年中国在计算机软件领域的 SCI 论文数量、SCI 引文数量、高被引论文数量三项计量指标上居全球第一。

位于世界前列。

第二节 软 件 教 育

20 世纪 50 年代中后期，为落实中国第一个科技发展规划，国家通过举办培训班和外派苏联学习，培养出第一批具有大学本科水平的计算技术专业人员近 700 人，其中包括软件人才。1957～1959 年，清华大学、哈尔滨军事工程学院、北京大学和中国科学技术大学等一批高等院校先后开设电子计算机专业或计算数学专业，扩大软件专业人才培养规模。自 80 年代初以来，我国的软件教育在计算机科学技术一级学科下形成独立二级学科，建立完整学位体系，构建起以计算机为核心的、与 IEEE/ACM 课程标准体系衔接的课程体系。2001 年经教育部和国家计划委员会批准，国家开展示范性软件学院的建设，全国共有 37 家（首批 35 家）重点高校试办。2010 年，教育部高等学校软件工程专业教学指导委员会编制《高等学校软件工程本科专业规范》，以指导中国软件工程专业建设。2011 年国家增设软件工程一级学科。2019 年教育部高等学校软件工程专业教学指导委员会推出中国软件工程知识体系 C-SWEBOK。截至目前，我国已有三百多所高校成立了软件学院或开设了软件工程专业，形成本、硕、博多层次成系统的软件工程教育体系，大幅度提升了软件人才培养的规模和水平。软件专业教育进一步向网络化在线教育拓展，并开始在基础教育中推动软件通识教育。2019 年教育部出台的《2019 年教育信息化和网络安全工作要点》指出，要在中小学阶段逐步推广编程教育。教材对人才培养至关重要。在计算机教材的起步阶段。1983 年国家教育委员会（教育部）颁布计算机软件专业课程教学大纲，依据课程大纲出版了一批经典的教材。1994 年初，国家教育委员会正式提出制订并实施“高等教育面向 21 世纪教学内容和课程体系改革计划”，组织编写出版的“面向 21 世纪课程教材”即该研究的重要成果之一。

第三节 软 件 产 业

中国软件市场化、产业化起步于改革开放之后。20 世纪 80 年代初，原国家电子计算机工业总局颁布试行《软件产品实行登记和计价收费的暂行办法》，软件开始作为独立的商品。此后，国家法律法规和产业政策不断完善，全面开放计算机市场，我国软件产业迅速形成并壮大。1990 年，中国计算机技术服务公司、中国软件公司合并成立中国计算机软件与技术服务总公司（中软总公司），中软是中国软件行业的先行者之一。90 年代，中国借鉴美国和印度等软件产业发达国家的经验，探索软件园的发展模式，集中地区产业优势、集成地方资源和高新区政策优势，建设软件产业集聚区。科技部从 1995 年开始试点，东大软件园是最早被认定为"国家火炬计划软件产业基地"的软件园。经过二十多年，全国软件园区发展到 40 余个。在"十五"期间，科技部围绕"基地建设"，开展了 863 软件专业孵化器建设。国家上述一系列产业发展政策，在培育和发展战略性新兴产业、推动信息化和工业化深度融合、提升我国软件产业的核心竞争力和自主创新能力等方面发挥了积极作用。改革开放初期，中国软件发展主要以应用为主，软件核心技术产业受制于人的问题日益突出。80 年代末，政府和业界就支持和鼓励国产自主操作系统开发和发展逐步达成共识。在"九五"国家重点科技攻关项目支持下，中软总公司、北京大学、南京大学等单位研发了国产系统软件平台 COSA，包括操作系统 COSIX、数据库管理系统 COBASE 和网络系统软件 CONET 三部分。2000 年 6 月国务院发布了《鼓励软件产业和集成电路产业发展的若干政策》。2006 年，国务院发布的《国家中长期科学和技术发展规划纲要（2006—2020 年）》，将"核高基"（核心电子器件、高端通用芯片及基础软件产品）项目确立为推进我国信息技术发展 16 个重大专项中的核心部分之一，并明确了发展基础软件的目标。2011 年 1 月，国务院再次发布《进一步鼓励软件产业和集成电路产业发展的若干政策》，进一步优化软件产业和集成电路产业发展环境，提高产业发展质量和水平，培育一批有实力和影响力的行业领先企业。相关政策计划的颁布和实施，极大地促进了国产系统软件产品的研制和发展，产业规模迅速扩大，技术水平显著提升。国内先后开发了多种基于 UNIX/Linux 技术体系国产操作系统，如麒麟、深度、红旗等操作系统，并在政府、军队、教育、电信、金融、电力等行业大范围应用。近十年来，中国软件规模迅速扩大。根据工业和信息化部《软件和信息技术服务业统计公报》，从 2011 年到 2019 年，软件产业收入（包括软件产品、信息技术服务、嵌入式系统软件和信息安全）从 1.88 万亿元增加到 7.17 万亿元，从业人数从 344 万人增加到 673 万人。信息技术服务加快云化发展，软件应用服务化、平台化趋势明显。2019 年信息技术服务实现收入同比增长 18.4%，增速高出全行业平均水平 3 个百分点，占全行业收入比重为 59.3%。其中，电子商务平台技术服务同比增长 28.1%；云服务、大数据服务同比增长 17.6%。

2016 年 12 月，工业和信息化部发布了《软件和信息技术服务业发展规划（2016—2020 年）》，以创新发展和融合发展为主线，提出到 2020 年基本形成具有国际竞争力的产业生态体系的发展目标。中国软件企业通过自主创新，逐渐探索出符合中国国情的发展道路，企业软件研发投入和产出持续增长，市场影响力日益扩大。中国研究机构和企业进一步建立了“产学研用”一体化产业生态链，走出了一条“遵循国际标准与自主创新并重”的道路。通过“产学研用”良性互动，中间件产业企业无论是市场竞争力、技术创新能力，还是融合应用能力，都已经达到能够与国外厂商分庭抗礼的水平，互联网应用产业进入世界第一梯队。同时，从引进、跟随到参与国际标准的制定，国际影响力和话语权也在不断提升。

第四节 本 章 小 结

我国的软件学科从艰苦创业实现零的突破、到奋起直追渐入主流、再到并肩角逐渐入无人区，几代计算机工作者的努力，为今后长期的发展奠定了坚实的基础。放眼未来，我们还应清醒地意识到，与国际先进水平相比，中国软件学科在迅速发展的同时，也存在一些长期积累的问题，在前沿竞争时面临着更加严峻的挑战。在科研方面，不同研究领域的发展很不平衡，软件理论和语言等基础研究比较薄弱，不能适应软件系统和技术发展的要求；而在软件系统方面，以操作系统、编译环境、数据库系统、开发运维环境为代表的基础性软件设施和生态还不能适应和支撑我国信息化进程的重大需求。在产业方面，企业科技创新和自我发展能力不强，数据和知识的确权、保护和共享水平亟待提高，产业链有待完善；我国软件企业的技术成熟度、国际影响力和认可度还需进一步提升。在教育方面，随着软件基础性的作用日益突出，国家对软件人才的培养缺口依然很大，对软件学科的通识教育刚刚起步，如何利用如在线教育等新兴技术也将对学科教育产生深远的影响。

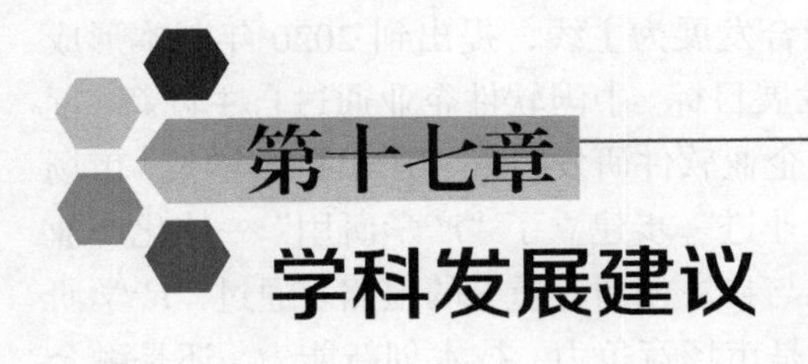

第十七章 学科发展建议

软件因可编程通用计算机的发明而生，并逐步发展演化为信息化时代人类文明的新载体。人类社会的信息化从基于计算机的数字化起步，当计算机融入数字化设备，"软件定义设备"成为趋势。伴随信息化进入网络化阶段，软件发展、积累、演变成为当今社会基础设施的灵魂，人类文明已经运行在软件之上，进而推动人类社会的信息化进入智能化的新阶段。人机物融合泛在计算时代正在开启，计算无处不在，"软件定义一切"、赋智万物。面向新时代，我们比任何时候都需要更加重视软件学科建设，牢固确立软件学科的优先发展地位，准确把握新时代软件学科的发展方向。

新时代软件的系统观、形态观、价值观和生态观为软件学科发展标定了方向。软件学科和软件产业的紧密互动关系需要我们统筹推进科研、教育和产业的协调发展。建议从加强软件基础前沿研究、升级完善软件学科高等教育体系和构建软件产业良性发展环境等维度规划我国的软件学科发展战略。

第一节 加强软件基础前沿研究

正如本书第一篇所述，传统的软件学科源于并主要关注以计算机为中心的软件，而当今的软件学科必须高度关注以网络为平台的软件带来的挑战。第二篇指出，新时代软件学科面对的软件是人机物融合、泛在、可演化的复杂系统，这样的系统已经超出传统软件学科关注的以计算机为中心的软件范畴。面对新时代的软件系统，软件学科在理论、方法、技术、工具等方面都显得滞后，不能满足要求，加强新时代软件基础前沿研究是现实而紧迫的。

一、加强面向人机物融合泛在计算模式的软件理论研究

经典软件理论针对以计算机为中心的确定性封闭场景。例如，支撑其构建的早期算法理论要求算法具有表示（编码）的有限性、行为的确定性和执行终止性。但新时代软件系统是持续演化、人机物融合、泛在的开放复杂系统。以互联网（物联网）上大量涌现的人机物融合的智能云服务系统为例，软件系统需要处理持续增长的网络大数据，融合离散计算与连续的物理空间，服务行为具有不确定性和持续演化性。此类软件系统已经超出了当前算法和程序理论的研究范畴。需要借鉴复杂系统思想、理论和方法，拓展与控制理论的交叉，研究开放的新型软件理论，为新时代软件学科提供理论支持。

二、加强面向泛在计算的程序设计语言及其支撑环境研究

传统程序设计语言研究一直是走通用路线，强调表达能力的完备性，支持软件专业人员开发软件。随着计算向各个领域的渗透，网络化、泛在化、人机物融合化要求提供领域化的程序设计语言及其支撑环境，降低普通用户学习门槛以及方便普通用户使用成为面向泛在计算的程序设计语言关注的重点。需要结合各个行业领域的软件定义需求，以领域特定的程序设计语言设计原理和高效实现为目标，研究面向领域应用的新型程序设计语言理论、程序设计语言的演化和互操作性机理、程序设计语言的支撑环境和工具链等，为高效而深入地满足各个行业领域定制计算的多样性需求，提供共性和个性兼顾的编程支撑。

三、布局基于软件定义方法的泛在操作系统原理和技术研究

传统操作系统发展是以围绕 CPU 为主线、以拓展网络通信能力为辅线，难以应对人机物融合泛在计算所带来的海量异构“物”、“人”资源的管理需求，难以支撑复杂、多样、多变的各类应用。需要研究以“连接协调”为核心的新型软件体系结构下泛在操作系统模型和机理、各类新型异构资源的抽象机制及其虚拟化技术、应用需求导向的按需高效资源调度、内生可信安全机制等，

以及研究如何充分发挥泛在操作系统的“元层”共性基础支撑作用，有效驱动和实现“信息-物理-社会”空间的协同持续演化。

四、探索以数据为中心的新型应用开发运行模式及其平台支撑

传统的应用开发运行是以计算资源为中心，通过处理输入数据获得输出结果。随着大数据应用的繁荣和数据作为主要资产定位的确立，围绕数据部署应用将成为一种主要的应用模式。需要研究异构海量数据的抽象和建模、多元（源）数据资源的互操作和调度管理技术及平台、以多元（源）数据为中心的应用快速开发和高效运行技术，以及相应的数据安全和隐私保护技术等。

五、加强对大规模代码和项目的供应链与生态行为研究

开源、众包等软件开发社区模式已成为传统组织型软件开发模式之外的重要模式，因此带来开源闭源交织的复杂软件供应链和生态，同时也在互联网上积累了丰富的软件工程大数据资源。需要以刻画和分析复杂的软件供应链模型为基础，研究个体如何高效认知复杂项目和生态、群体如何高效高质地协作完成各类软件开发相关的任务、软件涉众如何围绕软件构建可持续性演化的生态系统等。基于互联网群体智能的软件开发方法和支撑平台研究、基于软件工程大数据的软件自动化方法和技术研究以及软件知识产权的甄别和保护技术也是值得关注的重点。

六、重视软件技术研究和应用的价值取向与管理

软件的基础设施化使社会经济运行、社会治理等均与软件密不可分，软件承载的价值观与社会经济价值观的符合度将成为重要的挑战。特别需要加强软件安全和质量，尤其是复杂人机物融合系统安全可靠确保、机器学习赋能软件的质量评估和风险防控等，同步发展软件确保工具环境、软件基础设施以及软件生态治理。需要推进以人为中心的软件价值观研究和规范，研究各种社会因素带来的超越软件使用质量的新型软件价值及其约束和规范、可能风险的防护和提示机制等，软件技术及其应用的伦理研究也应受到关注。

第二节　升级完善软件学科高等教育体系

“软件定义一切”将带来软件定义的世界，无处不在的软件不仅成为社会经济活动的基础设施，还将重塑人们的思维模式。面向未来，每一个接受高等教育的成年人不仅应该是现代信息化社会的直接受益者，更应该是现代软件文明的直接创造者，软件技能不再仅仅是大学软件专业人才的专业技能，还将成为所有大学生必备的工作生活技能。因此，在现代高等教育体系中，软件教育不仅仅是面向软件专门人才的专业教育，还应该成为覆盖全体大学生的通识教育。软件教育要注重专业教育与通识教育并重，领域学科知识与软件学科知识结合，原理讲授与动手实践融合。

一、布局面向全体大学生的软件通识教育

当今的大学软件通识教育隐含在计算机通识教育之中，缺少系统性设计。未来大学软件通识教育要从两个能力入手，实现三个衔接，延伸并拓展现有国民教育体系。两个能力一是认知能力，通过以“算法抽象+编程思维”为核心的认知教育，帮助学生形成用算法和编程理解数字空间的认知能力；二是实践能力，通过以“语言案例+编程案例”为核心的实践案例教育，帮助学生形成自主学习编程工具、解决现实计算问题的实践能力。三个衔接一是衔接过去，即与中小学的计算机基础教育相衔接；二是衔接当下，即与当下大学开设的“大学计算机基础”通识课程融合衔接；三是衔接未来，即与大学各类专业教育和未来终身学习相衔接。

二、重构软件学科专业人才培养体系

当今主导软件学科专业教育的知识体系是以计算机为中心的软件知识体系。面向新时代软件新“四观”标定的软件未来走向，需将以计算机为核心的软件学科知识体系拓展为以网络为平台的软件学科知识体系，系统能力培养标准也要由计算机空间拓展到网络空间，建立与软件新“四观”相适应的高层次研究型专门人才培养方法，强化解决以网络为平台的复杂系统问题的能力，

造就勇于开拓新时代软件学科“无人区”的探索者，为中国引领新时代软件学科发展培养领军人才。

三、开展面向其他学科专业的软件工程教育

目前各专业领域的应用软件开发由于专业知识与软件知识之间的鸿沟而经常发生需求沟通、软件理解等方面的困难，迫切需要加强各专业领域中的软件工程能力培养。为了适应“软件定义一切”的时代特点，结合各行业领域信息化转型发展需求，需构建面向其他学科专业的软件工程课程体系，实现复合型、创新型和跨界人才培养，有效提升行业领域应用专门人才与软件专业人才合作开发复杂应用软件的能力，为各行业领域提供高端软件开发人才，提高基于计算机和网络开发仿真、设计、分析、制造、测试等工具软件的能力和水平。

四、构建并开放软件教育支撑平台

软件学科是实践动手能力要求很高的学科专业，软件开发环境是软件学科人才培养的基础支撑。要把握软件学科实践性的特点，坚持以泛在化的计算机和网络为支撑工具，支持软件人才实践能力培养，研发支持软件人才培养的支撑软件和 MOOC，与开源软件资源以及开源软件开发部署云平台对接，构建开放共享的软件开发、部署、维护、升级和演化的实训平台，推广大规模开放在线实践教学，对接软件产业环境，形成支撑大学教育和终身教育的开放平台。

第三节　构建软件产业良性发展环境

软件学科总体而言是一个以解决问题为目标的技术学科，支撑产业发展是其使命，产业需求反过来又为其发现研究问题提供了源头。过去，软件学科的战略地位通过其支撑的战略性新兴产业——软件产业——得到强化。今天，在“软件定义一切”、成为经济社会基础设施的时代背景下，软件产业与软件学科的战略意义将进一步彰显。一个强大的软件产业需要强大的软件学科支撑，同时也提供了软件学科发展的沃土。我国软件产业基础还相对薄弱，还处于产业链的中低端，需要把握住新时代软件带来的颠覆式发展机遇期，实现创

新发展和跨越发展。

一、完善知识产权保护

我国软件产业还处于产业链的中低端的一个重要原因，是全社会对软件知识产权保护的认识和手段严重缺失。需加强软件知识产权保护的宣传，加强各个领域、各种形态、各种应用场景下的软件技术知识产权保护方法和措施研究以及法规制定，完善健全软件知识产权保护体系并建立严格的实施机制，切实保护软件技术和应用创新。

二、大力发展融合应用

在智慧城市、社会治理、智能交通、敏捷物流、信息消费等重点领域加强投入，发展软硬融合垂直设计技术，构建人机物融合的关键应用系统；推进相关抽象规范和软件标准的制定，引导形成以 API 经济为基础的人机物融合应用生态；构建相应的大数据互操作平台和应用开发工具，支撑高附加值软件产品和服务的技术创新和应用。

三、布局新基础设施建设

结合数字中国建设和数字经济发展新需求，打造新一代信息技术主导的社会经济活动的新型基础设施，如 5G 通信网、物联网、人工智能开放平台和大型数据中心等。同时，加快推动传统物理基础设施的软件定义改造和升级，如电力传输网、交通路网等。以此为基础，面向传统行业领域数字化转型、网络化重构和智能化提升的迫切需求，大力推进软件定义方法在各行业的推广应用，推进工业互联网技术研发和平台构建，按需打造各行业特定的泛在操作系统。

四、积极培育开源生态

开源生态是新时代软件发展的重要时代特征。需培育基于开源模式的公益性生态环境建设，采取“参与融入、蓄势引领”的开源策略（“参与融入”针对国际成熟开源社区，“蓄势引领”则从中文开源社区建设切入），发展开源软件生态，探索开源生态下的新型商业模式，并以其为抓手提升我国在信息技术领域的核心竞争力和国际影响力，特别是通过中文开源平台的建设构建国家软件资产托管和共享体系。

五、推进公共数据开放

新时代软件发展的一个重要特征是大数据驱动。需通过政策和法规制定，鼓励地理、气候、统计、环境、交通等政府数据和公共数据开放，构建基于互联网的大数据开放共享平台及开放的数据分析工具库，支持不同组织和个人开展数据汇聚、管理、分析和应用的大规模协作以及高附加值的数据类软件产品及服务创新。

参考文献

[1] Mei H, Liu X Z. Internetware: A New Software Paradigm for Internet Computing. New York: Springer Publishing Company, 2016.

[2] Brooks F P. No silver bullet: Essence and accidents of software engineering. Computer, 1987, 20 (4): 10-19.

[3] 张效祥. 计算机科学技术百科全书. 北京：清华大学出版社，2005.

[4] Turing A M. On computable numbers, with an application to the entscheidungs problem. Proceedings of the London Mathematical Society, 1937, s2-42 (1): 230-265.

[5] Cooper S B. Computability Theory. Boca Raton: CRC Press, 2002.

[6] Cook S A. An overview of computational complexity. Communications of the ACM, 1983, 26 (6): 400-408.

[7] Simon H A. The Sciences of the Artificial . 3rd ed. Cambridge: MIT Press, 1996.

[8] Aspray W. International diffusion of computer technology, 1945-1955. Annals of the History of Computing, 1986, 8 (4): 351-360.

[9] Ridgway R K. Compiling routines. Proceedings of the ACM National Meeting, Toronto, 1952: 1-5.

[10] Carhart R R. A Survey of the Current Status of the Electronic Reliability Problem. Rand Memorandum. Santa Monica: RAND Corporation, 1953.

[11] Tukey J W. The teaching of concrete mathematics. The American Mathematical Monthly, 1958, 65 (1): 1-9.

[12] Humphrey W S. Software unbundling: A personal perspective. IEEE Annals of the History

of Computing，2002，24（1）：59-63.

[13] Naur P，Randell B. Software Engineering：Report of A Conference Sponsored by the NATO Science Committee，Garmisch，1968.

[14] Cameron L. What to know about the scientist who invented the term software engineering. IEEE Computing Edge，2018：230-265.

[15] Naur P. ALGOL 60". ALGOL Bull. 9，1960：0084-6198.

[16] Dahl O J，Dijkstra E W，Hoare C A R. Structured Programming. London：Academic Press，1972.

[17] Booch G. Object-oriented development. IEEE Transactions on Software Engineering，1986，12（2）：211-221.

[18] Meyer B. Object-oriented Software Construction. 2nd ed. Englewood Cliffs：Prentice-Hall，1997.

[19] Heineman G T，Councill W T. Component-based Software Engineering：Putting the Pieces Together. Boston：Addison-Wesley Longman Publishing，2001.

[20] Huhns M N，Singh M P. Service-oriented computing：Key concepts and principles. IEEE Internet Computing，2005，9（1）：75-81.

[21] Booch G，Maksimchuk R，Engle M，et al. Object-Oriented Analysis and Design with Applications. 3rd ed. New Jersey：Addison-Wesley，2007.

[22] Kramer J. Is abstraction the key to computing? Communications of the ACM，2007，50（4）：36-42.

[23] Lucy J A. Linguistic relativity. Annual Review of Anthropology，1997，26（1）：291-312.

[24] Floyd R W. The paradigms of programming. Communications of the ACM，1978，22（8）：455-460.

[25] Lü J，Ma X X，Huang Y，et al. Internetware：A shift of software paradigm. Proceedings of the 1st Asia-Pacific Symposium on Internetware，Beijing，2009，(7)：1-9.

[26] Mei H，Huang G，Xie T. Internetware：A softwareparadigm for internet computing. Computer，2012，45（6）：26-31.

[27] Kuhn T S. The Structure of Scientific Revolutions. Chicago：University of Chicago Press，1970.

[28] Backus J. The history of Fortran Ⅰ，Ⅱ，and Ⅲ. ACM Sigplan Notices，1978，13（8）：165-180.

[29] Sammet J E. The early history of COBOL//Wexelblat R L. History of Programming Languages . New York：ACM，1981：199-243.

[30] Perlis A J. The American side of the development of ALGOL // Wexelblat R L. History of Programming Languages. New York：ACM，1981：75-91.

[31] Naur P. The European side of the last phase of the development of ALGOL//Wexelblat R L. History of Programming Languages. New York：ACM，1981：92-139.

[32] Wirth N. Recollections about the development of Pascal. The 2nd ACM SIGPLAN Conference on History of Programming Languages. HOPL-II，Cambridge，1993：333-342.

[33] Ritchie D M. The development of the C language. The 2nd ACM SIGPLAN Conference on History of Programming Languages，Cambridge，1993：201-208.

[34] Arnold K，Gosling J，Holmes D. The Java Programming Language. 3rd ed. New Jersey：Addison-Wesley Longman Publishing，2000.

[35] Nygaard K，Dahl O J. The development of the SIMULA languages// Wexelblat R L. History of Programming Languages. New York：ACM，1981：439-480.

[36] Kay A C. The early history of Smalltalk. The 2nd ACM SIGPLAN Conference on History of Programming Languages，Cambridge，1993：69-95.

[37] Stroustrup B. A history of C++：1979-1991. The 2nd ACM SIGPLAN Conference on History of Programming Languages，Cambridge，1993：271-297.

[38] McCarthy J. History of LISP//Wexelblat R L. History of Programming Languages. New York：ACM，1981：173-185.

[39] Colmerauer A，Roussel P. The birth of Prolog. The 2nd ACM SIGPLAN Conference on History of Programming Languages，Cambridge，1993：37-52.

[40] Chamberlin D. Early history of SQL. IEEE Annals of the History of Computing，2012，34（4）：78-82.

[41] Gordon M，Milner R，Morris L，et al. A metalanguage for interactive proof in LCF. Proceedings of the 5th ACM SIGACT-SIGPLAN Symposium on Principles of Programming Languages，Tucson，1978：119-130.

[42] Hudak P，Hughes J，Peyton J S，et al. A history of Haskell：Being lazy with class. Proceedings of the 3rd ACM SIGPLAN Conference on History of Programming Languages，San Diego，2007：12-1-12-55.

[43] Backus J. Can programming be liberated from the von Neumann style? A functional style and its algebra of programs. Communications of the ACM，1978，21（8）：613-641.

[44] Dean J，Ghemawat S. MapReduce：Simplified data processing on large clusters. Communications of the ACM，2008，51（1）：107-113.

[45] Ethereum. Solidity Documentation. https：//solidity.readthedocs.io [2020-02-18].

[46] Floyd R W. Assigning meaning to programs. Mathematical Aspects of Computer Science，1967，19：19.
[47] 陆汝钤. 计算系统的形式语义. 北京：清华大学出版社，2017.
[48] Clarke E M Jr，Grumberg O，Peled D A. Model Checking. Cambridge：MIT Press，1999.
[49] Liskov B. Perspectives on system languages and abstraction. SOSP History Day 2015. SOSP '15. Monterey，California：Association for Computing Machinery，2015.
[50] Booch G，Rumbaugh J，Jacobson I. The Unified odeling Language User Guide. Redwood City：Addison Wesley Longman Publishing，1999.
[51] Liskov B，Zilles S. Programming with abstract data types. Proceedings of the ACM SIGPLAN Symposium on Very High Level Languages，Santa Monica，1974：50-59.
[52] Schmidt D C. Guest editor's introduction：Model-driven engineering. Computer，2006，39（2）：25-31.
[53] Wirth N. A brief history of software engineering. Annals of the History of Computing IEEE，2008，30（3）：32-39.
[54] Denning P J，Comer D E，Gries D，et al. Computing as a discipline. Communications of the ACM，1989，32（1）：9-23.
[55] Kernighan B W，Ritchie D M. The C Programming Language. 2nd ed. Englewood Cliffs：Prentice Hall，1988.
[56] Rossum G V，Drake F L. The Python Language Reference Manual. Surrey：Network Theory Ltd，2011.
[57] Stroustrup B. The C++ Programming Language. New York：Pearson Education India，2000.
[58] Hejlsberg A，Wiltamuth S，Golde P. The C# Programming Language. Upper Saddle River：Addison-Wesley，2006.
[59] Crockford D. Javascript：The Good Parts. New York：O'Reilly Media Inc，2008.
[60] Lerdorf R J，Tatroe K，Kaehms B，et al. Programming PHP. O'Reilly Media，2002.
[61] Sebesta R W. Concepts of Programming Languages. 11th ed. Boston：Pearson，2016.
[62] Dijkstra E W. Go to statement considered harmful. Communications of the ACM，1968，11（3）：147-148.
[63] 唐稚松. 时序逻辑程序设计与软件工程. 北京：科学出版社，2002.
[64] Lämmel R. Google's MapReduce programming model—Revisited. Science of Computer Programming，2008，70（1）：1-30.
[65] Turing A. Checking a Large Routine. Cambridge：MIT Press，1989：70-72.

[66] 王戟，詹乃军，冯新宇，等. 形式化方法概貌. 软件学报，2019，30（1）：33-61.

[67] 周巢尘，詹乃军. 形式语义学引论. 2 版. 北京：科学出版社，2018.

[68] Hoare C A R. An axiomatic basis for computer programming. Communications of the ACM，12（10）：576-580.

[69] Goguen J A，Burstall R M. Institutions：Abstract model theory for specification and programming. Journal of the ACM，1992，39（1）：95-146.

[70] Hoare C A R，He J F. Unifying Theories of Programming. Vol. 14. Englewood Cliffs：Prentice Hall，1998.

[71] Roşu G. From Rewriting Logic，to Programming Language Semantics，to Program Verification. Logic，Rewriting，and Concurrency- Essays dedicated to José Meseguer on the Occasion of His 65th Birthday，2015：598-616.

[72] Pnueli A，Rosner R. On the synthesis of a reactive module. Proceedings of the 16th ACM SIGPLAN-SIGACT Symposium on Principles of Programming Languages，1989：179-190.

[73] Bullynck M. What Is An Operating System? A Historical Investigation（1954-1964）. Reflections on Programming Systems. New York：Springer International Publishing，2018：49-79.

[74] Patrick R L. General motors/North American monitor for the IBM 704 computer. International Workshop on Managing Requirements Knowledge，1987：797.

[75] Bauer W F. An integrated computation system for the ERA-1103. Journal of the ACM，1956，3（3）：181-185.

[76] Dijkstra E W. The structure of “THE”-multiprogramming system. Communications of the ACM，1968，11（5）：341-346.

[77] Bauer W F. Computer design from the programmer’s viewpoint. Papers and Discussions Presented at the December 3-5，1958. Eastern Joint Computer Conference：Modern Computers：Objectives，Designs，Applications，Philadelphia，1958：46-51.

[78] Lee J A N. Time-Sharing at MIT：Introduction. IEEE Annals of the History of Computing，1992，14（1）：13-15.

[79] Corbató F J，Vyssotsky V A. Introduction and overview of the multics system. Proceedings of the November 30-December 1，1965，Fall Joint Computer Conference，Part I，Las Vegas，1965：185-196.

[80] Bach M J. The Design of the UNIX Operating System. Englewood Cliffs：Prentice-Hall，1986.

[81] Mealy G H. The functional structure of OS/360，Part I：Introductory survey. IBM Systems Journal，1966，5（1）：3-11.

[82] Hopper G M，Mauchly J W. Influence of programming techniques on the design of computers. Proceedings of the IRE，1953，41（10）：1250-1254.

[83] Sammet J E. The early history of COBOL. SIGPLAN Not，1978，13（8）：121-161.

[84] Dahl O J，Myhrhaug B，Nygaard K. Some features of the SIMULA 67 language. Proceedings of the 2nd Conference on Applications of Simulations，New York，1968：29-31.

[85] Chomsky N. Three models for the description of language. IRE Transactions on Information Theory，1956，2（3）：113-124.

[86] 梅宏，王怀民. 软件中间件技术现状及发展. 中国计算机学会通讯，2015，1（1）：2-14.

[87] Buxton J N，Randell B. Software Engineering Techniques：Report on a Conference Sponsored by the NATO Science Committee. NATO Science Committee：Available from Scientific Affairs Division，NATO，1970.

[88] Jenkins B. Developments in computer auditing. Accountant，1972：537.

[89] Tanenbaum A S，Renesse R，Staveren H，et al. Experiences with the Amoeba distributed operating system. Communications of the ACM，1990，33（12）：46-63.

[90] Tanenbaum A S，van Renesse R. Distributed operating systems. ACM Computing Surveys，1985，17（4）：419-470.

[91] Birrell A D，Nelson B J. Implementing remote procedure calls. ACM Transactions on Computer Systems，1984，2（1）：39-59.

[92] Black A P. Supporting Distributed Applications：Experience with Eden//Baskett F，Birrell A，Cheriton D R. Proceedings of the 10th ACM Symposium on Operating System Principles，Orcas Island，1985：181-193.

[93] Emmerich W，Aoyama M，Sventek J. The impact of research on the development of middleware technology. ACM Transactions on Software Engineering & Methodology，2008，17（4）：1-48.

[94] Lu X C，Wang H M，Wang J，et al. Internet-based virtual computing environment：Beyond the data center as a computer. Future Generation Computer Systems，2013，29（1）：309-322.

[95] 杜小勇，卢卫，张峰. 大数据管理系统的历史、现状与未来. 软件学报，2019，30（1）：127-141.

[96] Bachman C W. The Origin of the Integrated Data Store（IDS）：The First Direct-Access DBMS. IEEE Annals of the History of Computing，2009，31（4）：42-54.

[97] Codd E F. A relational model of data for large shared data banks. Communications of the ACM，1970，13（6）：377-387.

[98] Chang F，Dean J，Ghemawat S，et al. Bigtable：A distributed storage system for structured data. ACM Transactions on Computer Systems，2008，26（2）：1-26.

[99] Corbett J C，Dean J，Epstein M，et al. Spanner：Google's globally-distributed database. ACM Transactions on Computer Systems，2013，31（3）：1-22.

[100] Naur P，Randell B. Software Engineering-Report on a Conference Sponsored by the NATO Science Committee. NATO Scientific Affairs Div（1968）. http://homepages.cs.ncl.ac.uk/brian.randell/NATO/nato1968.PDF.

[101] Dijkstra E W. The humble programmer. Communications of the ACM，1972，15（10）：859-866.

[102] Brooks F. The Mythical Man-Month：Essays on Software Engineering. Upper Saddle River：Addison-Wesley，1995.

[103] Laplante P. What Every Engineering Should Know about Software Engineering. Boca Raton：CRC Press，2007.

[104] Sommerville I. Software Engineering. One Lake Street，Upper Saddle River：Addison-Wesley，1982.

[105] IEC，ISO. IEEE，Systems and software engineering-Vocabulary. Piscataway：IEEE Computer Society，2010.

[106] IEEE Standards. IEEE Standard Glossary of Software Engineering Terminology（IEEE Std 610. 12-1990）. New York：Standards Coordinating Committee of the Computer Society of IEEE，1990.

[107] Pressman R S. Software Engineering：A Practitioner's Approach. 2nd ed. New York：McGraw-Hill，2005.

[108] Ghezzi C，Jazayeri M，Mandrioli D. Fundamentals of Software Engineering. Englewood Cliffs：Prentice Hall PTR，2002.

[109] van Vliet H. Software Engineering：Principles and Practice. New York：John Wiley & Sons，2008.

[110] Bjorner D. 软件工程（卷 1-卷 3）. 刘伯超，向剑文，等译. 北京：清华大学出版社，2010.

[111] Bourque P，Dupuis R，Abran A，et al. The guide to the software engineering body of

knowledge. IEEE Software，1999，16（6）：35-44.

[112] Hamilton M H. What the errors tell us. IEEE Software，2018，35（5）：32-37.

[113] Hamilton M H，Hackler W R. Universal systems language：Lessons learned from Apollo. Computer，2008，41（12）：34-43.

[114] Prieto-Diaz R，Neighbors J M. Module interconnection languages. Journal of Systems and Software，1986，6（4）：307-334.

[115] Taylor R N，Medvidovic N，Dashofy E M. Software Architecture：Foundations，Theory and Practice. New York：John-Willey，2009.

[116] Checkland P，Scholes J. Soft Systems Methodology in Action. New York：John Wiley & Sons Ltd，1990.

[117] Yourdon E，Constantine L. Structured Design：Fundamentals of a Discipline of Computer Program and Systems Design. Englewood Cliffs：Prentice-Hall，1979.

[118] Yourdon E. Modern Structured Analysis. Englewood Cliffs：Prentice-Hall，1989.

[119] Jackson M. Principle of Program Design. New York：Academic Press，1975.

[120] Jackson M. System Development. Englewood Cliffs：Prentice Hall，1983.

[121] deMarco T. Structure Analysis and System Specification. Pioneers and Their Contributions to Software Engineering. New York：Springer International Publishing，1979：255-288.

[122] Booch G，Maksimchuk R，Engle M，et al. Object-oriented Analysis and Design with Applications. 2nd ed. New York：Addision-Wesley，1993.

[123] Rumbaugh J，Blaha M R，Lorensen W，et al. Object-oriented Modeling and Design. Englewood Cliffs：Prentice-Hall，1991.

[124] Jacobson I. Object oriented software engineering：A use case driven approach. New York：Addison Wesley Longman Publishing，1992.

[125] Jacobson I，Booch G，Rumbaugh J. The Unified Software Development Process. New York：Adisson-Wesley，1998.

[126] Krechten P. The Rational Unified Process：An Introduction. New York：Addison-Wesley，2004.

[127] Gamma E，Helm R，Johnson R，et al. Design Patterns. New York：Addison-Wesley，1994.

[128] 杨芙清，梅宏，李克勤. 软件复用与软件构件技术. 电子学报，1999，27（2）：68-75.

[129] Papazoglou M P，Traverso P，Dustdar S，et al. Service-oriented computing：State of the art and research challenges. Computer，2007，40（11）：38-45.

[130] Chrissis M B，Konrad M，Shrum S. CMMI Guidelines for Process Integration and Product

Improvement. New York：Addison-Wesley Longman Publishing，2003.

［131］Rienstra F. ISO 9000 for Software Quality Systems// Morais C C，et al. Proceedings of the 2nd International Conference on the Quality of Information and Communications Technology，Lisboa，1995：1-9.

［132］Larman C，Basili V R. Iterative and incremental developments. A brief history. Computer，2003，36（6）：47-56.

［133］Gilb T. Evolutionary development. ACM SIGSOFT Software Engineering Notes，1981，6（2）：17.

［134］Edmonds E A. A process for the development of software for non-technical users as an adaptive system. General Systems，1974，19：215-218.

［135］梅宏，王千祥，张路，等. 软件分析技术进展. 计算机学报，2009，32（9）：1697-1710.

［136］Pohl K. Requirements Engineering：Fundamentals，Principles，and Techniques. New York：Springer International Publishing，2010.

［137］van Lamsweerde A. Requirements Engineering：From System Goals to UML Models to Software Specification. New York：John Wiley & Sons，2009.

［138］Yu E，Giorgini P，Maiden N，et al. Social Modeling for Requirements Engineering. Cambridge：MIT Press，2010.

［139］Sutcliffe A. Scenario-based requirements engineering. Proceedings of 11th IEEE International Requirements Engineering Conference，Monterey Bay，2003：320-329.

［140］Jackson M. Problem Frames：Analysing and Structuring Software Development Problems. New York：Addison-Wesley，2001.

［141］Kang K C，Kim S，Lee J，et al. FORM：A feature-oriented reuse method with domain-specific reference architectures. Annals of Software Engineering，1998，5（1）：143.

［142］工业和信息化部. 2019 年全国软件和信息技术服务业主要指标快报表. http://www.miit.gov.cn/n1146312/n1146904/n1648374/c7663942/content［2020-10-20］.

［143］美国计算机行业协会（CompTIA）. IT Industry Outlook 2020. https：//www.comptia.org/content/research/it-industry-trends-analysis［2020-01-10］.

［144］傅荣会. 中国软件产业发展的理论与实践. 北京：北京理工大学出版社，2017.

［145］王建平. 软件产业理论与实践. 北京：中国经济出版社，2003.

［146］中国电子信息产业发展研究院. 2017—2018 年中国软件产业发展蓝皮书. 北京：人民出版社，2018.

［147］Johnson L. A view from the 1960s：How the software industry began. IEEE Annals of the

History of Computing，1998，20（1）：36-42.
[148] 梅宏. 建设数字中国：把握信息化发展新阶段的机遇. 人民日报，2018-08-19.
[149] 梅宏，金芝，周明辉. 开源软件生态：研究与实践. 中国计算机学会通讯，2016，12（2）：22-23.
[150] 金芝，周明辉，张宇霞. 开源软件与开源软件生态：现状与趋势. 科技导报，2016，34（14）：42-48.
[151] Mei H，GuoY. Toward ubiquitous operating systems：A software-defined perspective. Computer，2018，51（1）：50-56.
[152] Peter Deutsch L，Finkbine R B. ACM Fellow profile. ACM SIGSOFT Software Engineering Notes，1999，24（1）：1-21.
[153] Philip Chen C L，Zhang C Y. Data-intensive applications，challenges，techniques and technologies：A survey on big data. Information Sciences，2014，275：314-347.
[154] Lunze J，Lamnabhi-Lagarrigue F. Handbook of Hybrid Systems Control：Theory，Tools，Applications. Cambridge：Cambridge University Press，2009.
[155] Herlihy M，Shavit N. The art of multiprocessor programming. Kybernetes，2012，10（9-10）：S255b-S255.
[156] Leck Sewell T A，Myreen M O，Klein G. Translation validation for a verified OS kernel. Proceedings of the 34th ACM SIGPLAN Conference on Programming Language Design and Implementation，Seattle，2013：471-482.
[157] Montanaro A. Quantum algorithms：An overview. NPJ Quantum Information，2016，2（1）：1-8.
[158] Lomonaco S J. Shor's quantum factoring algorithm. Proceedings of Symposia in Applied Mathematics，2002，58：161-180.
[159] Grover L K. A fast quantum mechanical algorithm for database search. Proceedings of the 28th Annual ACM Symposium on Theory of Computing，Philadephia，1996：212-219.
[160] Ying M S. Foundations of Quantum Programming. San Francisco：Morgan Kaufmann，2016.
[161] Huang X W，Kwiatkowska M，Wang S，et al. Safety Verification of Deep Neural Networks//Majumdar R，Kunčak V. Computer Aided Verification. New York：Springer International Publishing，2017：3-29.
[162] Rastogi A，Hammer M A，Hicks M. Wysteria：A programming language for generic，mixed-mode multiparty computations. IEEE Symposium on Security and Privacy，Berkeley，2014：655-670.

[163] Wampler D，Clark T. Guest editors' introduction：Multiparadigm programming. IEEE Software，2010，27（5）：20-24.

[164] Hu Z J，Hughes J，Wang M. How functional programming mattered. National Science Review，2015，2（3）：349-370.

[165] Torra V. Scala：From a Functional Programming Perspective—An Introduction to the Programming Language. New York：Springer International Publishing，2016.

[166] Markus V，Sebastian B，Christian D，et al. DSL Engineering：Designing，Implementing and Using Domain-Specific Languages. CreateSpace Independent Publishing Platform，2013.

[167] Thereska E，Ballani H，O'Shea G，et al. IOFlow：A software-defined storage architecture. Proceedings of the 24th ACM Symposium on Operating Systems Principles，Farminton，2013：182-196.

[168] Rompf T，Odersky M. Lightweight Modular Staging：A Pragmatic Approach to Runtime Code Generation and Compiled DSLs. ACM Sigplan Notices，2012，55（6）：121-130.

[169] Chen T Q，Moreau T，Jiang Z H，et al. TVM：An automated end-to-end optimizing compiler for deep learning. Proceedings of the 12th USENIX Conference on Operating Systems Design and Implementation，Carlsbad，2018：579-594.

[170] Monsanto C，Foster N，Harrison R，et al. A compiler and run-time system for network programming languages. Proceedings of the 39th Annual ACM SIGPLAN-SIGACT Symposium on Principles of Programming Languages，Philadelphia，2012：217-230.

[171] Leroy X. Formal verification of a realistic compiler. Communications of the ACM，2009，52（7）：107-115.

[172] Wang Y T，Wilke P，Shao Z. An abstract stack based approach to verified compositional compilation to machine code. Proceedings of the ACM on Programming Languages，2019，3：1-30.

[173] Yang X J，Chen Y，Eide E，et al. Finding and understanding bugs in C compilers. Proceedings of the 32nd ACM SIGPLAN Conference on Programming Language Design and Implementation，San Jose，2011：283-294.

[174] Nathan Foster J，Greenwald M B，Moore J T，et al. Combinators for bidirectional tree transformations：A linguistic approach to the view-update problem. http://doi.acm.org/10.1145/1232420.1232424 [2007-10-3].

[175] Carpenter B，Gelman A，Hoffman M D，et al. Stan：A probabilistic programming language. Journal of Statistical Software，2017，76（1）：1-32.

[176] Anderson C J, Foster N, Guha A, et al. NetKAT: Semantic foundations for networks. ACM SIGPLAN Notices, 2014, 49(1): 113-126.

[177] Bosshart P, Daly D, Izzard M, et al. P4: Programming protocol-independent packet processors. ACM SIGCOMM Computer Communication Review, 2014, 44(3): 87-95.

[178] Gulwani S, Polozov O, Singh R. Program synthesis. Foundations and Trends in Programming Languages, 2017, 4(1-2): 1-119.

[179] Vechev M T, Yahav E. Programming with "Big Code". Foundations and Trends in Programming Languages, 2016, 3(4): 231-284.

[180] Jin Z. Environment Modeling-based Requirements Engineering for Software Intensive Systems. Amsterdam: Elsevier Science, 2018.

[181] Endsley M R. Designing for Situation Awareness: An Approach to User-Centered Design. 2nd ed. Boca Raton: CRC Press, 2011.

[182] Broy M, Schmidt A. Challenges in engineering cyber-physical systems. Computer, 2014, 47(2): 70-72.

[183] ZhangW, Mei H. Software development based on collective intelligence on the internet: feasibility, state-of-the-practice, and challenges. SCIENTIA SINICA Information, 2017, 47(12): 1601-1622.

[184] Sifakis J. Autonomous Systems—An Architectural Characterization// Boreale M, et al. Models, Languages, and Tools for Concurrent and Distributed Programming: Essays Dedicated to Rocco De Nicola on the Occasion of His 65th Birthday. New York: Springer International Publishing, 2019: 388-410.

[185] Wang H M. Harnessing the crowd wisdom for software trustworthiness. ACM SIGSOFT Software Engineering Notes, 2018, 43(1): 1-6.

[186] Mei H, Zhang L. Can big data bring a breakthrough for software automation. Science China Information Sciences, 2018, 61(5): 056101.

[187] Fitzgerald B, Stol K J. Continuous software engineering: A road map and agenda. Journal of Systems and Software, 2017, 123: 176-189.

[188] Francesco P D, Malavolta I, Lago P. Research on architecting microservices: Trends, focus, and potential for industrial adoption. IEEE International Conference on Software Architecture, Gothenburg, 2017: 21-30.

[189] Myrbakken H, Colomo-Palacios R. DevSecOps: A multivocal literature review// Mas A, et al. Software Process Improvement and Capability Determination. New York: Springer International Publishing, 2017: 17-29.

[190] 梅宏，郭耀. 面向网构软件的操作系统：发展及现状. 科技导报，2016，34（14）：33-41.

[191] Román M，Hess C，Cerqueira R，et al. Gaia：A middleware platform for active spaces. ACM SIGMOBILE Mobile Computing and Communications Review，2002，6（4）：65-67.

[192] Quigley M，Conley K，Gerkey B，et al. ROS：An open-source robot operating system. Proceedings of the IEEE International Conference on Robotics and Automation，Kobe，2009：1-8.

[193] Tuttlebee W H W. Software-defined radio：Facets of a developing technology. Personal Communications IEEE，1999，6（2）：38-44.

[194] Gude N，Koponen T，Pettit J，et al. NOX：Towards an operating system for networks. ACM Sigcomm Computer Communication Review，2008，38（3）：105-110.

[195] Androulaki E，Barger A，Bortnikov V，et al. Hyperledger fabric：A distributed operating system for permissioned blockchains. Proceedings of the 13th EuroSys Conference，Porto，2018：1-15.

[196] Wang H M，Ding B，Shi D X，et al. Auxo：An architecture-centric framework supporting the online tuning of software adaptivity. Science China Information Sciences，2015，58（9）：1-15.

[197] 王怀民，毛晓光，丁博，等. 系统软件新洞察. 软件学报，2019，30（1）：22-32.

[198] 王怀民，吴文峻，毛新军，等. 复杂软件系统的成长性构造与适应性演化. 中国科学：信息科学，2014，44（6）：743-761.

[199] Satyanarayanan M. The emergence of edge computing. Computer，2017，50（1）：30-39.

[200] Madhavapeddy A，Mortier R，Scott D，et al. Unikernels：Library operating systems for the cloud. ACM SIGARCH Computer Architecture News，2013，41（1）：461-472.

[201] 杜小勇，陈红. 大数据管理和分析系统生态：独立与融合发展并存，前沿科学，2019，2：84-87.

[202] 杜小勇. 大数据管理. 北京：高等教育出版社，2019.

[203] 崔斌，高军，童咏昕，等. 新型数据管理系统研究进展与趋势. 软件学报，2019，30（1）：164-193.

[204] 陈跃国，范举，卢卫杜，等. 数据整理——大数据治理的关键技术. 大数据，2019，5（3）：16-25.

[205] 信俊昌，王国仁，李国徽，等. 数据模型及其发展历程. 软件学报，2019，30（1）：142-163.

[206] Sculley D，Holt G，Golovin D，et al. Hidden technical debt in machine learning systems. Advances in Neural Information Processing Systems，2015，2：2503-2511.

[207] Cousot P，Giacobazzi R，Ranzato F. Program analysis is harder than verification：A computability perspective. International Conference on Computer Aided Verification，Oxford，2018：75-95.

[208] 张健，张超，玄跻峰，等. 程序分析研究进展. 软件学报，2019，30（1）：80-109.

[209] Ammar M，Russello G，Crispo B. Internet of things：A survey on the security of IoT frameworks. Journal of Information Security and Applications，2018，38：8-27.

[210] Brumley D，Poosankam P，Song D，et al. Automatic patch-based exploit generation is possible：Techniques and implications. Proceedings of the IEEE Symposium on Security and Privacy，Oakland，2008：143-157.

[211] Herbsleb J D，Moitra D. Global software development. Software IEEE，2001，18（2）：16-20.

[212] Mockus A. Keynote：Measuring open source software supply chains. Proceedings of the 27th ACM Joint Meeting on European Software Engineering Conference and Symposium on the Foundations of Software Engineering，Tallinn，2019：1-3.

[213] Ma Y，Bogart C，Amreen S，et al. World of code：An infrastructure for mining the universe of open source VCS data. IEEE/ACM 16th International Conference on Mining Software Repositories，Montreal，2019：143-154.

[214] Zhou M H，Mockus A. Who will stay in the FLOSS community? Modeling participant's initial behavior. IEEE Transactions on Software Engineering，2015，41（1）：82-99.

[215] Astromskis S，Bavota G，Janes A，et al. Patterns of developers behaviour：A 1000-hour industrial study. Journal of Systems & Software，2017，132：85-97.

[216] Vygotsky L. Interaction between learning and development. Readings on the Development of Children，1978，23（3）：34-41.

[217] Zhang Y X，Zhou M H，Mockus A，et al. Companies' participation in OSS development—An empirical study of openstack. IEEE Transactions on Software Engineering，2019，（99）：1.

[218] Zhou M H，Mockus A，Ma X J，et al. Inflow and retention in OSS communities with commercial involvement：A case study of three hybrid projects. ACM Transactions on Software Engineering & Methodology，2016，25（2）：1-29.

[219] Tu F F，et al. Be careful of when：An empirical study on timerelated misuse of issue tracking data. Proceedings of the 26th ACM Joint Meeting on European Software

Engineering Conference and Symposium on the Foundations of Software Engineering，Lake Buena Vista，2018：307-318.

[220] Bransford J D. How People Learn：Brain，Mind，Experience，and School：Expanded Edition. New York：Academies Press，2000.

[221] Curtis B. Fifteen years of psychology in software engineering：individual differences and cognitive science. Proceedings of the 7th International Conference on Software Engineering，New York，1984：97-106.

[222] 吴爱华，侯永峰，杨秋波，等. 加快发展和建设新工科：主动适应和引领新经济. 高等工程教育研究，2017，(1)：1-9.

[223] 梅宏. 万物皆可互联，一切均可编程. 方圆，2018，(12)：24.

[224] 王怀民，吴文峻，毛新军，等. 复杂软件系统的成长性构造与适应性演化. 中国科学：信息科学，2014，45(6)：743-761.

[225] 梅宏，周明辉. 开源对软件人才培养带来的挑战. 计算机教育，2017，(1)：2-5.

[226] "计算机教育 20 人论坛" 编写组. 计算机教育与可持续竞争力. 北京：高等教育出版社，2019.

[227] 李晓明. 老年编程的畅想. 中国计算机学会通讯，2019，15(5)：51.

[228] Sommerville I，Cliff D，Calinescu R，et al. Large-scale complex IT system. Communication of ACM，2012，55(7)：71-77.

[229] 毛新军，王涛，余跃. 软工程实践教程：基于开源和群智的方法. 北京：高等教育出版社，2019.

关键词索引

G

H

J

K

L

M

T

W

X

Y

Z